清華 科技大讲堂

程序设计竞赛入门

（Python版）

黄龙军 ◎ 编著

清華大学出版社
北京

内容简介

本书主要以Python语言描述过程化程序设计，以问题求解为主线，并着重引入程序设计竞赛的基础知识。本书包括绪论、程序设计基础知识、程序控制结构、列表与字典、函数、类与对象、链表和程序设计竞赛基础等8章内容，介绍程序设计的概念、思想和方法及程序设计竞赛相关知识，培养学生的计算思维，分析、解决具体问题的能力及创新能力。程序设计竞赛基础主要介绍递推与动态规划、简单数学问题与高精度处理、贪心法与回溯法及搜索入门等方面的入门知识。

本书可作为高等学校本、专科各类专业学生零基础学习程序设计或程序设计竞赛通识课程的教材，也可以作为中小学信息学竞赛参加者、大学生程序设计竞赛参加者及Python语言自学者、开发者的入门参考书，对开设Python语言程序设计课程或指导程序设计竞赛、信息学竞赛的教师也有一定的参考作用。

图书在版编目(CIP)数据

程序设计竞赛入门：Python版/黄龙军编著．—北京：清华大学出版社，2021.2
(清华科技大讲堂)
ISBN 978-7-302-57123-0

Ⅰ.①程…　Ⅱ.①黄…　Ⅲ.①软件工具－程序设计－高等学校－教材　Ⅳ.①TP311.561

中国版本图书馆CIP数据核字(2020)第259251号

责任编辑：闫红梅　薛　阳
封面设计：刘　键
责任校对：徐俊伟
责任印制：丛怀宇

出版发行：清华大学出版社
网　　址：http://www.tup.com.cn，http://www.wqbook.com
地　　址：北京清华大学学研大厦A座　　**邮　　编**：100084
社 总 机：010-62770175　　**邮　　购**：010-83470235
投稿与读者服务：010-62776969，c-service@tup.tsinghua.edu.cn
质量反馈：010-62772015，zhiliang@tup.tsinghua.edu.cn
课件下载：http://www.tup.com.cn，010-83470236
印 装 者：三河市君旺印务有限公司
经　　销：全国新华书店
开　　本：185mm×260mm　　**印　张**：16.75　　**字　　数**：420千字
版　　次：2021年4月第1版　　**印　　次**：2021年4月第1次印刷
印　　数：1～2000
定　　价：59.80元

产品编号：089993-01

前言

“人生苦短，我用 Python。”用 Python 语言编写程序，代码量小、编程效率高。在争分夺秒的程序设计竞赛中，Python 的优势显而易见。目前，国际大学生程序设计竞赛（International Collegiate Programming Contest，ICPC）、中国大学生程序设计竞赛（China Collegiate Programming Contest，CCPC）及团体程序设计天梯赛（Group Programming Ladder Tournament，GPLT）等是国内大学生主要参加的大规模赛事。信息学竞赛则是中学生主要参加的程序设计类竞赛。这些竞赛已支持或将逐渐支持提交 Python 语言编写的代码。

对于零基础学习程序设计课程且希望在程序设计竞赛方面具有较好基础的学生而言，程序设计竞赛与课程教学相结合的教材比较难寻。《大学生程序设计竞赛入门——C/C++程序设计（微课视频版）》是一本赛课结合的教材，但对于非计算机类相关专业的学生而言较难。因此，我们用 Python 语言改写了上述教材，以作为程序设计竞赛入门通识课程的教材。

本书重点讨论程序设计的基础知识、程序控制结构、函数、列表与字典、类与对象和链表等方面的内容，希望能为零基础学习 Python 程序设计的读者打下较好的基础。另外，本书还引入程序设计竞赛的基础知识，主要包括用空间换时间的思想与方法、递推与动态规划、高精度处理、贪心法和回溯法入门、搜索入门等，希望对拟参加程序设计竞赛的读者有所帮助。

本书立足于在线测评系统（Online Judge，OJ），以 OJ 上的问题为载体和核心，把对问题的分析和求解作为主线。本书以问题为导向，适合学生针对 OJ 问题进行探究式学习，注重培养学生的计算思维及编程求解具体问题的能力。本书的例题与习题较多，教师可以酌情选讲，学生也可以酌情选学。

本书中的编程例题、习题主要来自 OJ。书中大部分例题和编程习题来自绍兴文理学院 OJ（简称 HLOJ），这离不开绍兴文理学院程序设计类课程组教师历年来的辛勤工作，在此表示由衷的感谢！书中部分编程例题和习题参考和改编自浙江大学 OJ（简称 ZOJ）、杭州电子科技大学 OJ（简称 HDOJ）、浙江工业大学 OJ（简称 ZJUTOJ）等 OJ 上的题目，在此对出题者及相关的老师们、同学们表示由衷的感谢！为便于读者在 OJ 练习，每章的 OJ 题解及 OJ 编程题标注了至少一个出处（标题、描述等方面可能有所改编）。

为方便读者练习，书中大部分 OJ 编程题已添加到 PTA（Programming Teaching Assistant）程序设计类实验辅助教学平台，这里对 PTA 网站的开发者、管理者及相关教师表示真挚感谢！若是读者个人希望在 PTA 网站练习本书题目，可发邮件告知邮箱、账号等用户信息，以便我们把读者添加到题目集的用户组中。

书中有些题目由于时间跨度较长等原因难以找到原始出处及其作者，若读者发现本书例题、习题原始出处，也请与编者联系，便于编者在 HLOJ 及 PAT 网站注明来源。再次对本书所引用资源的相关人员表示衷心感谢！

在编写本书的过程中，编者参考了一些 Python 相关的程序设计及数据结构方面的著作，在这里对所参考著作的作者表示衷心感谢！

在编写本书的过程中，编者力图在问题驱动、竞赛引导、能力导向及强化实践等方面有所突破、有所创新，然而受限于能力和水平，书中难免存在疏漏和不足之处，恳请阅读本书的读者批评指正。

编　者

2021 年 1 月

目录

第1章　绪　论

1.1　程序设计竞赛简介

目前，ACM国际大学生程序设计竞赛（ACM International Collegiate Programming Contest，ACM-ICPC或ICPC）、中国大学生程序设计竞赛（China Collegiate Programming Contest，CCPC）、团体程序设计天梯赛（Group Programming Ladder Tournament，GPLT）等是国内大学生以参赛队形式参加的主要程序设计类赛事。其中，ICPC、CCPC的每个参赛队人数不超过3个，GPLT的每个参赛队人数不超过10人。

ICPC、CCPC比赛时长为5h，比赛中，每队参赛选手独立使用一台计算机编写程序求解7～13道题目，并提交程序由在线测评系统（Online Judge，OJ）评判程序的正确性与时空效率。OJ根据预先设置的测试数据自动评判选手所提交程序的对错，程序仅在通过一道题目的所有测试用例时方可被判为正确解出该题（得到Accepted反馈，AC）。所有参赛队按照解题数从多到少排名；若解题数相同，再按总用时从少到多排名；若解题数和总用时都相同，则排名并列。总用时为所有AC赛题所用时间之和，而每道AC赛题的用时是从竞赛开始到成功解出该题为止，其间每一次被判为错误的提交将被罚时20min。

ICPC的历史可以上溯到1970年，当时在美国得克萨斯A&M大学举办了首届比赛。1977年，在国际计算机学会（Association for Computing Machinery，ACM）计算机科学会议期间举办了首次全球总决赛（World Finals，WF）。ICPC旨在“展示大学生创新能力、团队精神和在压力下编写程序、分析和解决问题能力”。经过50年的发展，ICPC已经发展成为全球最具影响力的大学生程序设计竞赛。ICPC赛事由各大洲区域预选赛（简称区域赛）和全球总决赛两个阶段组成，其中，区域赛包含网络预赛和现场赛两个阶段。ICPC全球总决赛安排在每年的3～5月举行，而区域赛一般安排在上一年的9～12月举行。一般情况下，每个参赛队员最多可以参加两站区域赛的现场赛，每个学校最多可以有一支队伍参加全球总决赛。自1996年中国首次举办ICPC亚洲区域赛以来，ICPC的竞赛模式吸引了中国高校学生和教师，参与者与日俱增，陆续衍生出校赛、省赛、地区赛等各级赛事。目前，ICPC WF支持提交的程序设计语言包括Python 3、C、C++及Java等。更多的ICPC信息，详见ICPC官网 https://icpc.global。

CCPC借鉴了ICPC的规则与组织模式。CCPC旨在“通过竞赛来提高并展示中国大学生程序设计创新与解决实际问题的能力，发现优秀的计算机人才，引领并促进中国高校程序设计教学改革与人才培养”。首届CCPC于2015年10月在南阳理工学院举办，从2016年第二届CCPC开始，每年的上半年举办省赛、地区赛、邀请赛及女生专场赛等赛事，每年的8月举办网络选拔赛，9～12月举办全国分站赛和全国总决赛。更多的CCPC信息，详见

CCPC官网 https://ccpc.io。

GPLT是中国高校计算机大赛的竞赛版块之一,旨在"提升学生计算机问题求解水平,增强学生程序设计能力,培养团队合作精神,提高大学生的综合素质,同时丰富校园学术气氛,促进校际交流,提高全国高校的程序设计教学水平"。比赛重点考查参赛队伍的基础程序设计能力、数据结构与算法应用能力,并通过团体成绩体现高校在程序设计教学方面的整体水平。竞赛题目均为在线编程题,难度分为基础级、进阶级、登顶级3个梯级,以个人独立竞技、团体计分的方式进行排名。2016年7月,首届GPLT全国总决赛在全国11个赛点同步举行。从第二届GPLT开始,决赛一般安排在每年的3月,比赛时长3h。比赛中,每个参赛选手独立使用一台计算机编写程序求解15道题(其中,基础级8道题,进阶级4道题,登顶级3道题)并提交到测评系统。参赛选手可以反复提交代码求解某一道题目直到正确为止。测评系统自动评判参赛选手所提交程序的对错,未最终正确的题目按所提交程序通过的测试用例计算得分。更多的GPLT信息,详见GPLT官网 https://gplt.patest.cn。

在中小学,与程序设计相关的竞赛主要是信息学竞赛。信息学竞赛旨在"向那些在中学阶段学习的青少年普及计算机科学知识;给学校的信息技术教育课程提供动力和新的思路;给那些有才华的学生提供相互交流和学习的机会;通过竞赛和相关的活动培养和选拔优秀计算机人才"。信息学竞赛分为全国青少年信息学奥林匹克竞赛(National Olympiad in Informatics,NOI)、全国青少年信息学奥林匹克联赛(National Olympiad in Informatics in Provinces,NOIP)和国际信息学奥林匹克竞赛(International Olympiad in Informatics,IOI)等。更多的信息学竞赛信息,详见NOI官网 http://www.noi.cn。

1.2 程序设计及其语言简介

1.2.1 程序与程序设计

什么是程序?程序是用程序设计语言编写的指令序列,以实现特定目标或解决特定问题。

关于程序,著名计算机科学家尼古拉斯·沃思(Niklaus Wirth)曾提出如下公式。

程序=数据结构+算法

其中,数据结构是对数据的描述,包括数据类型和数据的组织形式;算法是对操作的描述,即操作步骤,可以理解为解决问题的策略。一个程序的算法部分通常包含输入、处理、输出三方面。

例如,一杯水和一杯酒要互换杯子,处理方面的算法如何设计呢?

显然,可以借助一个空杯(设为C),先把水倒入C,再把酒倒入原来的水杯(设为A),最后再把C中的水倒入原来的酒杯(设为B),这个操作步骤就可以视为互换杯子的算法,可简单描述为A→C,B→A,C→B。

什么是程序设计?简言之,程序设计是使用程序设计语言编写程序解决特定问题的过程。程序设计是一种挑战性工作,极富魅力和创造性。自计算机问世以来,人们都是在研究、设计各种各样的程序,使计算机完成各种各样的任务。

1.2.2 程序设计语言

程序设计语言作为人和计算机之间通信的媒介，不断地从低级向高级发展，历经机器语言、汇编语言、高级语言等阶段。

机器语言由二进制指令构成，每条指令都是一个固定长度的且由指令码和地址码组成的0、1串。机器语言是面向计算机的，机器完全可以"看"懂，但对于程序员来说却很不方便。高级语言是面向程序员的，程序员很容易看懂，但机器却不能直接"看"懂，因此需要用编译器或解释器等对高级语言进行编译或翻译。Python、Java、C++和C等都是高级语言，其中，前三者也是面向对象程序设计语言。

面向对象是一种对现实世界理解与抽象的方法。现实世界客观存在的事物都可以视作对象。例如，每个学生是一个对象。而具有共同特性和行为的对象可以抽象为类。例如，学生都具有学号、姓名、年龄和性别等特性及吃饭、学习、运动和睡觉等行为，因此可以抽象为一个学生类。

在面向对象程序设计中，对象是数据(属性)和行为(方法)的结合体。面向对象程序设计具有抽象、封装、继承和多态等特性。这些特性简要说明如下。

抽象指的是把同一类对象的属性和方法抽象为类。

封装指的是把属性和方法绑定在一起。

继承指的是可从已有类继承属性和方法派生出新类。

多态指的是允许相同或不同的对象对同一消息做出不同响应。运算符重载和函数重载等支持多态性的实现。

运算符重载指的是同一运算符对于不同类型数据的含义不同，例如，运算符+对数值型数据作加法运算，对字符串类型数据作连接运算。

函数重载指的是定义若干个功能类似的同名函数(通过参数不同加以区分)。

Python语言是荷兰计算机程序员吉多·范罗苏姆(Guido van Rossum)在1989年发明的，并在1991年发行第一个公开发行版。Python语言是一种解释型的、面向对象的、带有动态语义的高级语言。

Python语言是解释型的，指的是Python在执行时，先将Python源文件(扩展名为.py)中的源代码编译为Python字节码(在解释器程序中对应为PyCodeObject对象)，再由Python字节码虚拟机中的解释器逐条执行字节码指令。基于C语言的字节码文件的扩展名为.pyc。

Python语言是面向对象的，指的是在Python语言中，数值、字符串、函数和模块等都是对象，而且支持抽象、封装、继承和多态等面向对象特性。

Python语言是带有动态语义的，指的是Python在执行前不先确定语义，也不检查对象是否具有相应的属性或者方法，而是在运行时再作检查并确定语义。

Python语言支持互动模式，易于学习、阅读、维护，可扩展、移植、嵌入，支持数据库及GUI编程。Python语言的标准库和扩展库丰富，在大数据、人工智能等领域应用得非常好。近年来，随着大数据研究的发展及人工智能热潮再度掀起，Python语言越来越受到人们的欢迎，根据最近(2020年6月)TIOBE(The Importance Of Being Earnest)公司公布的编程语言排行榜，Python语言位列第三，仅次于C和Java。

1.3 简单的 Python 程序

例 1.3.1 输出"Hello World!"

```
print("Hello World!")        #第一个 Python 程序,用 Python 向世界打个招呼
```

运行结果:

```
Hello World!
```

Python 内置函数 print()用于输出数据,例如,本例中的 print("Hello World!")把双引号""中的字符串输出并自动换行。Python 中的字符串常量可以用双引号或单引号作为界定符。"Hello World!"这个字符串常量中的各个字符都是普通字符,输出时原样输出,而作为字符串常量界定符的双引号本身不输出。

在 Python 中,用符号#表示单行注释,即当前行从#开始都是注释。注释被编译器及解释器视作空白,但看程序的人可以看到。因此,通过给程序添加必要的注释可以增加程序的可读性。另外,配对使用的"""(三个双引号)、'''(三个单引号)用作多行注释。例如:

```
'''
Description: say hello to world by Python
Note: print() is a output function in Python
'''
print("Hello World!")
```

或

```
"""
Description: say hello to world by Python
Note: print() is a output function in Python
"""
print("Hello World!")
```

若希望注释选中的多行代码,可以使用 Alt+3 组合键,此时各行被注释的代码前都会加两个#;而 Alt+4 组合键会去掉所选各行之前的#从而取消注释。若未选中代码,则这两个组合键分别对光标所在行添加注释或取消注释。

代码正确缩排是 Python 的语法要求。因此,在编写 Python 代码时,需特别注意代码的正确缩排。在缩排时,多或少一个空格都可能产生 SyntaxError 异常。Python 的基本缩排要求:第一层次的代码之前不能有多余的空格,下一层次的代码位于上一层次的冒号之后,若换行书写则相对上一层次默认向右缩进一个 Tab 键(默认 4 个空格)。可用组合键 Ctrl+[(左中括弧)、Ctrl+](右中括弧)对选中的代码向左减少或向右增加缩进量。

例 1.3.2 a+b

在一行上输入两个整数,求两者之和。

```
a,b = input().split()            # 输入一个字符串并分隔为两个字符串赋值给变量 a、b
c = int(a) + int(b)              # 把 a、b 转换为整数相加并赋值给变量 c
print(c)                         # 输出变量 c 中的值
```

运行结果：

```
1 2↵
3
```

Python 内置函数 input()用于输入一行数据并返回一个字符串。字符串的成员函数(或称方法)split()的功能是把字符串以空格(默认的间隔符)分隔为若干字符串。赋值运算符=，把其右侧的值赋值给其左侧的变量，从而创建该变量。例如，语句"a，b=input(). split()"把输入的一个字符串以空格分隔为两个字符串并分别赋值给用逗号分隔的两个变量 a 和 b。Python 内置函数 int(val)把参数 val(通常由数字字符构成的字符串或其他类型的数值)转换为整数，例如，int(a) 用于把字符串 a 转换为整数。算术运算符+实现两个数值型数据的相加。键盘输入时，确认输入需按键盘上的 Enter 键，本书中用"↵"表示。变量相当于一个容器，可以存放不同类型的数据。Python 中的变量不需要预先指定类型，赋值时由赋值运算符=右侧表达式的类型决定，而且可以先后存放不同类型的数据。例如：

```
a = input();a = int(a)           # 写在一行上的多条语句用分号;分隔
print(a + 1)                     # a 为整型，+ 表示加法
```

这里用分号";"间隔同一行上的多条语句。第一条赋值语句使得 a 成为字符串类型；第二条赋值语句使得 a 成为整型。注意，Python 代码中的分号、逗号、括号、点号等这些符号都是西文状态下的。

分号是一行上多条语句的间隔符。反斜杆"\"是一条语句写在多行上的续行符，若一条语句在一行上写不下，需分行写时，可在前一行的最后加上续行符。例如：

```
a \
 = \
1
print(a)
```

上面的代码中，把赋值语句 a=1 写在三行上，因此在前两行的最后加上续行符\(本行的\之后不能有空格等任何内容)。

函数 print()可以用于格式化输出，带有格式引导符%的格式串放在双引号中，输出项置于格式串后的百分号%之后。整型、浮点型(实型)和字符串等类型的格式字符分别为 d、f 和 s。例如：

```
print("%d" % (1+2))                 # 输出 3，表达式形式的输出项须用括号括起来
print("%d+%d=%d" % (1,2,1+2))       # 输出 1+2=3，多个输出项以逗号分隔用括号括起来
print("%.2f" % 3.14159)             # 输出 3.14，"%.2f"中.2 表示小数点后四舍五入保留 2 位小数
t = "Hello"                         # 创建字符串变量 t
```

```
print("%s" % t)                      #输出 Hello
print("%c" % 'A')                    #输出 A
print("%c" % 65)                     #输出 A
```

注意,若输出项是表达式或多个,则表达式输出项或多个输出项(之间以逗号分隔)须用小括号()括起来。单引号''引起来的一个字符也作为一个字符串。可以用内置函数 type()求得表达式或变量等的类型。例如,在交互模式(在 Shell 窗口的“>>>”之后输入)下的运行情况如下。

```
>>> print(type('A'))                 #>>>后有一个空格
<class 'str'>                        #字符串类型
>>> print(type(3))
<class 'int'>                        #整数类型
>>> pi = 3.14159;print(type(pi))
<class 'float'>                      #实数类型或浮点数类型
```

1.4 Python 开发环境简介

本书选择 Python 3.8.3 作为 Python 程序的开发环境,该软件的下载地址如下。

https://www.python.org/downloads

安装之后,启动 Python 3.8.3 开发环境,进入 Shell 窗口,如图 1-1 所示。

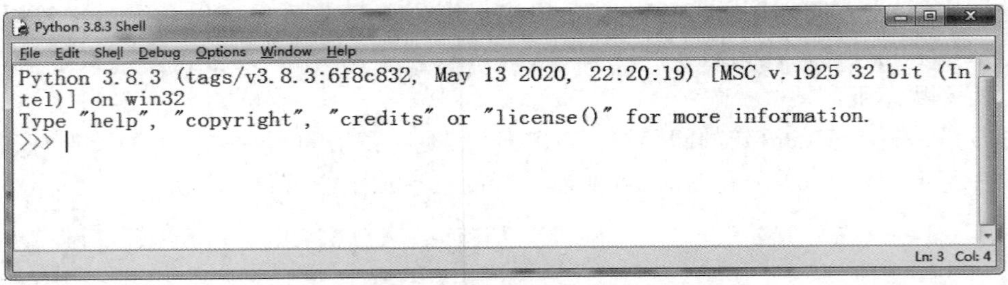

图 1-1　启动后进入 Shell 窗口

此时进入的是交互模式,提示符号“>>>　”(>>>后有一个空格)之后有光标在闪烁,等待用户输入。用户输入表达式、语句或代码,并按回车键确认之后,Python 解释器将输出表达式的值或执行语句、代码。交互模式下,适合进行一些简单的表达式、语句及函数调用等的实验。对于较复杂的代码,一般通过新建文件进入编程模式下完成。

使用 Python 3.8.3 开发一个 Python 程序一般包括以下步骤:启动 Python 3.8.3→新建文件→编辑程序→保存程序→运行程序。

1. 新建文件

新建文件可以使用组合键 Ctrl+N,或选择 File 菜单中的 New File 子菜单选项,如图 1-2 所示。

2. 编辑程序

在新建的文件中输入代码,如图 1-3 所示。

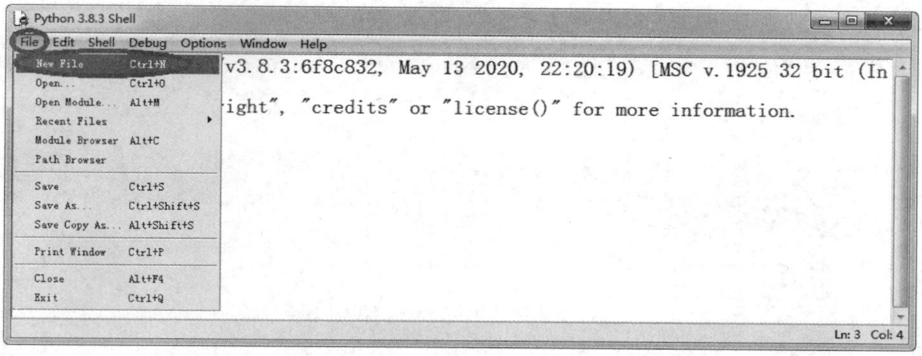

图 1-2　Dev-C++新建源代码

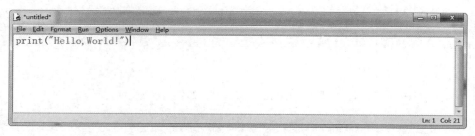

图 1-3　编辑程序

3. 保存程序

保存程序可以使用组合键 Ctrl+S,或选择 File 菜单中的 Save As 子菜单选项,选择保存的文件夹,为程序取名后单击“另存为”对话框中的“保存”按钮,如图 1-4 所示。图中文件名为 first,默认扩展名为. py。

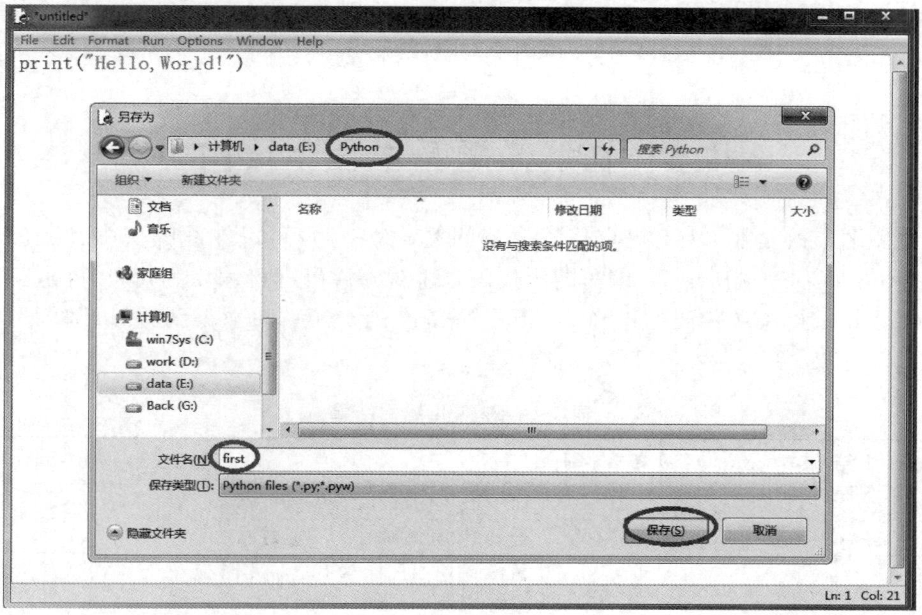

图 1-4　保存程序

4. 运行程序

运行程序可以使用F5键,或选择Run菜单中的Run Module子菜单选项,如图1-5所示。

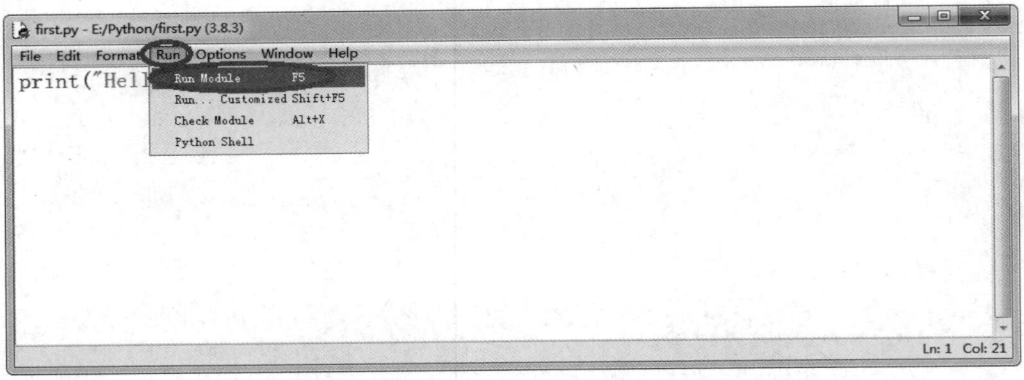

图1-5　运行程序

运行结果"Hello,World!"显示在Shell窗口中,如图1-6所示。

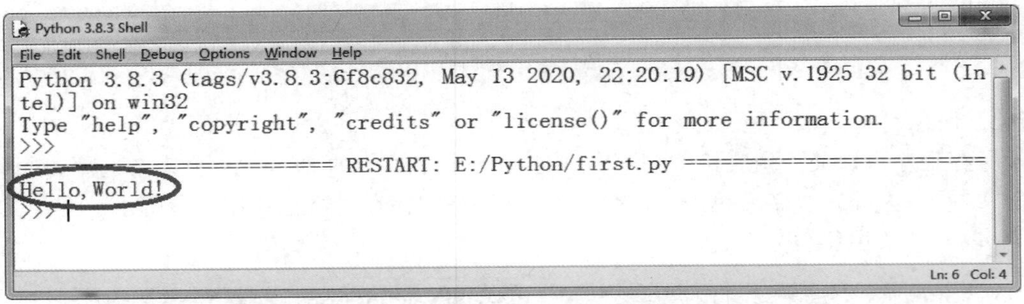

图1-6　运行结果

1.5　在线做题基本程序结构

在线做题指的是在OJ上提交代码求解问题。OJ用户可以在线提交多种程序设计语言(如Python、C、C++、Java等)编写的源代码,OJ对源代码进行编译和执行,并通过预先设计的测试数据来检验源代码的正确性。源代码提交到OJ后,可以得到类似于如表1-1所示的常见返回结果。

表1-1　OJ常见返回结果

返回结果	返回结果缩写	备　注
Accepted	AC	程序正确,通过所有测试数据
Wrong Anwser	WA	答案错,有测试数据不通过
Compile Error	CE	编译错,程序编译不过;此时应单击错误链接查看错误信息

续表

返回结果	返回结果缩写	备注
Presentation Error	PE	格式错,程序没按规定的格式输出答案;一般应检查是否少了或多了空格符、换行符
Time Limit Exceeded	TLE	超时,程序没在规定时间内得出答案
Memory Limit Exceeded	MLE	超内存,程序没在规定空间内得出答案
Run Time Error	RTE	程序运行出错,意外终止等

提交代码给 OJ 测评前,至少需保证按样例输入得到样例输出,不能有任何多余或遗漏的内容,即便多一个空格或少一个"."都不能得到 AC 反馈。

在程序设计比赛和 OJ 做题时,每道题目通常包含多组测试数据。在 GPLT 及 NOI 等比赛及其相应 OJ 做题时,一般写一组测试的代码即可。而在 ICPC、CCPC 等比赛及相应 OJ 做题时,一般需要控制多组测试数据,常用"处理 T 次""处理到特值结束"及"处理到文件尾"三种基本程序结构。

1.5.1 处理 T 次

例 1.5.1 又见 a+b(1)(HLOJ 1945)

Problem Description(问题描述)

求两个整数之和。

Input(输入)

首先输入一个正整数 T,表示测试数据的组数,然后是 T 组测试数据。每组测试在一行上输入两个整数 a、b。

Output(输出)

对于每组测试,输出一行,包含一个整数,表示 a、b 之和。

Sample Input(样例输入)	Sample Output(样例输出)
2 1 2 3 4	3 7

对于此例,使用 for 循环语句的代码如下。

```
T = int(input())                    #输入测试组数 T
for i in range(T):                  #控制从 0 到 T-1 共 T 次循环,注意最后应有冒号
    a,b = input().split()           #输入 2 个字符串,注意缩排
    c = int(a) + int(b)             #a、b 转换为整数并把相加结果赋值给 c
    print(c)                        #输出 c 的值
```

运行结果:

```
2↵
1 2↵
```

```
3
3 4↵
7
```


这个运行结果看起来和 Sample Input 和 Sample Output 分别是一个整体，不太一致，但这就是在线做题正确的输入输出，并不需要一次性输入所有数据再一次性输出所有结果，只要根据每组输入都得到相应的预期输出即可。

Python 内置函数 range([start,] stop [,step])以步长 step 产生一个闭开区间[start, end)范围内的整数构成的数列；参数 start 可以省略，默认值为 0；参数 step 也可以省略，默认值为 1。例如，range(T)相当于 range(0,T,1)，产生从 0 到 T−1 长度为 T 的一个数列。

“for i in range(T)”表示 i 从 0 到 T−1 共进行 T 次循环，每次循环执行冒号“:”之后的若干条语句构成的循环体。冒号“:”用于类定义的类名之后、函数定义的()之后、if 和 while 等语句的条件之后、for 语句的可迭代对象(如 range(T))之后或 else 子句之后，表示其后语句应缩进，从而从属于该类、函数或语句/子句。注意，循环体中同一层次的语句要保持统一的缩进量，例如默认的 4 个空格。在 Python 中，同一层次的代码的缩进量要相同，否则将导致“意外缩进”(unexpected indent)错误。

也可使用 while 循环控制 T 组测试，具体代码如下。

```
T = int(input())              # 输入测试组数 T
i = 1                         # 循环变量 i 从 1 开始
while i <= T:                 # 当 i 小于或等于 T 时执行循环体,<= 是关系运算符,表示"小于或等于"
    a, b = input().split()    # 输入 2 个字符串,注意缩排
    c = int(a) + int(b)       # a、b 转换为整数并把相加结果赋值给 c
    print(c)                  # 输出 c 的值
    i += 1                    # += 是赋值缩写,i += 1 相当于 i = i + 1,使得 i 的值增加 1
```

“while i<=T”表示当 i 小于或等于 T 时执行循环体，其中，“<=”是关系运算符，表示“小于或等于”的含义。“i<=T”是一个关系表达式，表示执行循环的条件(其后应有一个冒号)，若 i 小于等于 T 成立，则该表达式值为 True(逻辑真)，执行循环体，否则该表达式值为 False(逻辑假)，结束循环。“+=”是赋值缩写，“i+=1”表示“i=i+1”，即把 i 的值增加 1 再赋值给 i。

1.5.2 处理到特值结束

例 1.5.2　又见 a+b(3)(HLOJ 1947)

Problem Description

求两个整数之和。

Input

测试数据有多组。每组测试在一行上输入两个整数 a、b，当 a、b 同时为 0 时，输入结束。

Output

对于每组测试，输出一行，包含一个整数，表示 a、b 之和。

Sample Input
1 2
3 4
0 0

Sample Output
3
7

对于此例，具体代码如下。

```
while True:
    a,b = input().split()              #输入 2 个字符串，注意缩排
    if a == "0" and b == "0":          #若 a、b 都是"0"，则结束循环
        break                          #break 语句用于跳出循环
    c = int(a) + int(b)                #a,b 转换为整数并相加赋值给 c
    print(c)                           #输出
```

运行结果：

```
1 2↵
3
3 4↵
7
0 0↵
```

"while True"是一个永真循环，若循环体中无结束循环的语句，则循环将一直执行，成为无限循环(或称死循环)。break 语句用于跳出循环，从而结束循环。if a=="0" and b=="0": break 是一个 if 语句，其中，a=="0" and b=="0" 是一个条件(注意其后加":")，若 a、b 同时为"0"则该表达式的值为 True，否则为 False。==是表示"等于"含义的关系运算符，"and"是表示"并且"含义的逻辑与运算符。

1.5.3 处理到文件尾

例 1.5.3 又见 a+b(2)(HLOJ 1946)

Problem Description

求两个整数之和。

Input

测试数据有多组，处理到文件尾。每组测试在一行上输入两个整数 a、b。

Output

对于每组测试，输出一行，包含一个整数，表示 a、b 之和。

Sample Input
1 2
3 4

Sample Output
3
7

Python 程序在遇到文件尾时返回 EOFError 异常，因此可以在 while True 外面套一个 try 语句，使得程序在捕获到 EOFError 异常时执行 except 子句后的空语句 pass 而结束程序运行，具体代码如下。

```
try:                              #用try语句处理异常
    while True:
        a,b = input().split()
        c = int(a) + int(b)
        print(c)
except EOFError: pass             #except子句,遇到EOFError异常执行空语句
```

运行结果:

```
1 2↵
3
3 4↵
7
```

上面的代码结构在捕捉到文件尾异常EOFError时执行空语句pass,结束while True循环。在本地测试时可以用组合键Ctrl+D表示文件尾。

控制到文件尾也可使用for循环,当for循环的迭代变量能从系统模块sys的标准输入sys.stdin中得到数据时继续执行循环,具体代码如下。

```
import sys                        #引入系统模块sys
for obj in sys.stdin:             #sys.stdin表示标准输入,其中还能取得对象时执行循环
    a,b = obj.split()
    c = int(a) + int(b)
    print(c)
```

运行结果:

```
1 2↵
3
3 4↵
7
```

注意,使用标准输入sys.stdin之前,需用import语句导入系统模块sys。

上面是三种基本的在线做题程序结构,在线做题时可能会遇到综合运用各种程序结构的情况。读者可以在不断的解题过程中逐步熟悉和掌握在线做题的程序结构。初学者在OJ做题时遇到多组测试,可以直接套用以下在线做题基本程序结构,只要把一组测试的代码替换为具体题目的解题代码即可。

1. 处理T次

(1) 用for循环控制T组测试的代码结构。

```
T = int(input())
for i in range(T):
    #一组测试的代码
```

(2) 用while循环控制T组测试的代码结构。

```
T = int(input())
i = 1
while i <= T:
    i += 1
    # 一组测试的代码
```

2. 处理到特值结束

处理到特值结束的代码结构(设控制到 n 为 0 时结束)。

```
while True:
    n = int(input())            # 输入根据具体题目调整
    if n == 0:                  # n == 0 这个条件根据具体题目调整
        break                   # break 语句用于跳出循环
    # 一组测试的代码
```

3. 处理到文件尾

(1) 用 while 循环控制到文件尾的代码结构。

```
try:
    while True:
        # 一组测试的代码
except EOFError: pass
```

(2) 用 for 循环控制到文件尾的代码结构。

```
import sys                  # 引入系统模块 sys
for obj in sys.stdin:       # sys.stdin 表示标准输入,其中还能取得对象时执行循环
    # 一组测试的代码
```

1.6 OJ 题目求解

例 1.6.1 输出乘法式子(HLOJ 1900)

Problem Description

输出两个整数的乘法式子。

Input

输入两个整数 a、b。

Output

输出形如"a * b = c"的乘法式子,其中,a、b、c 分别用其值代替,如 Sample Output 所示。

Sample Input	Sample Output
2 5	2＊5=10

本题需输出被乘数 a、乘数 b、乘积 a＊b 及乘号＊与等号=。普通字符＊和=可以作为字符串常量(以单引号或双引号界定)原样输出,具体代码如下。

```
a,b = input().split()          #输入 2 个字符串,注意缩排
c = int(a) * int(b)            #a、b 转换为整数并把相乘结果赋值给 c
print(a,end = '',)             #print 默认输出后换行,若不希望换行,则把 end 参数置为空串
print(" * ",end = '')
print(b,end = '')
print(" = ",end = '')
print(c)
```

运行结果:

```
10 20 ↵
10 * 20 = 200
```

上面的代码输出时用 print()函数逐项输出,而且要通过指定 end 参数为空串来保证不换行,比较麻烦。实际上,用格式化的 print()函数更简洁,具体代码如下。

```
a,b = input().split()                 #输入 2 个字符串,注意缩排
a = int(a)                            #把 a 转换为整型
b = int(b)                            #把 b 转换为整型
c = a * b                             #计算 a * b
print(" %d * %d = %d" % (a,b,c))      #格式化输出,格式字符 d 对应整型数据
```

运行结果:

```
7 3 ↵
7 * 3 = 21
```

格式化输出语句 print("%d＊%d=%d" % (a,b,c))中,双引号中的是格式控制串,格式字符 d 对应整型数据,输出时替代%d 的多个数据以逗号分隔用小括号()括起来并置于双引号之后的%之后,而普通字符＊和=直接写在双引号中,输出时将原样输出。

另外,也可用字符串的格式化成员函数 format()简化编程,具体代码如下。

```
a,b = input().split()                    #输入 2 个字符串,注意缩排
a = int(a)                               #把 a 转换为整型
b = int(b)                               #把 b 转换为整型
c = a * b                                #计算 a * b
print("{0} * {1} = {2}".format(a,b,c))
```

运行结果:

```
9 7 ↵
9 * 7 = 63
```

"{0} * {1}={2}".format(a,b,c)表示输出时把字符串"{0} * {1}={2}"中的三个参数{0}、{1}和{2}分别用其成员函数format()中的三个参数a,b,c的值来代替,而普通字符*和=则按原样输出。若成员函数format()的各参数仅用一次,则{}中的参数序号(从0开始)可以省略,即输出语句可改为print("{} * {}={}".format(a,b,c))。

例1.6.2　输出漏斗图形(HLOJ 1901)

输出如Sample Output所示的漏斗图形。

```
Sample Output
*********
 *******
  *****
   ***
    *
   ***
  *****
 *******
*********
```

由于本题图形是固定的,因此可以直接逐行输出,代码如下。

```
print("*********")
print(" *******")
print("  *****")
print("   ***")
print("    *")
print("   ***")
print("  *****")
print(" *******")
print("*********")
```

运行结果:

```
*********
 *******
  *****
   ***
    *
   ***
  *****
 *******
*********
```

需要注意的是,OJ做题时一般每行的后面是没有多余空格的,否则将得到格式错(PE)的反馈。固定图形的输出可以用print()函数逐行输出。但若不是固定的图形,那又该如何输出呢?读者可以先行思考如何求解“输入一个整数n,再输出一个2n−1行的漏斗图形”。具体代码可在熟练掌握循环语句之后再回头实现。

习　题

一、选择题

1. 在 Python 语言中，若多条语句写在一行上，则语句之间以(　　)间隔。
   A. 空格　　B. 冒号　　C. 逗号　　D. 分号
2. Python 语言不可用的注释符有(　　)。
   A. //　　B. """…"""(一对各三个的双引号)
   C. #　　D. '''…'''(一对各三个的单引号)
3. Python 语言的输入函数是(　　)。
   A. printf()　　B. print()　　C. input()　　D. format()
4. Python 语言的输出函数是(　　)。
   A. printf()　　B. print()　　C. input()　　D. format()
5. 若有 a="123"，则把 a 转换为整数的语句正确的是(　　)。
   A. a=(int) a　　B. a=ord(a)　　C. a=int(a)　　D. a=(ord) a
6. 在一行上输入两个字符串到两个变量 a、b 中的语句正确的是(　　)。
   A. a,b=input()　　B. a,b=input().split()
   C. a=input(); b=input()　　D. a=input(b)
7. Python 源程序文件的扩展名为(　　)。
   A. py　　B. cpp　　C. txt　　D. exe
8. 以下不属于面向对象语言的是(　　)。
   A. Python 语言　　B. Java 语言　　C. C++语言　　D. C 语言

二、OJ 编程题

1. 显示两句话(HLOJ 2000)

请编写一个程序，显示如 Sample Output 所示的两句话。

Sample Output
Everything depends on human effort. Just do it.

2. 输出@字符矩形(HLOJ 2001)

输出如 Sample Output 所示由@字符构成的矩形。

Sample Output
@@@@@@@@@@@@@@@@@@@@ @@@@@@@@@@@@@@@@@@@@ @@@@@@@@@@@@@@@@@@@@ @@@@@@@@@@@@@@@@@@@@

3. 立方数(HLOJ 2002)

输入 1 个正整数 x(x<1000)，求其立方数并输出。

Sample Input	**Sample Output**
3	27

第2章 程序设计基础知识

2.1 进制基础

2.1.1 二进制

二进制逢二进一，每位的取值只能是0或1。例如，二进制数1001等于十进制数9，记作$(1001)_2=(9)_{10}$。

计算机中的整型数据是以二进制补码表示的；正数的补码（符号位为0）和原码相同；负数的补码（符号位为1）是将该数的绝对值的二进制按位取反再加1。

求正整数原码的方法：**除以2（基数）逆序取余数至商为0为止。**

例如，12（设为2个字节长）的原码为0000000000001100。

求负整数补码的方法：**先求负数的绝对值，接着求该绝对值的原码，再对该原码按位取反，最后再加1**。

例如，求－12（设为2个字节长）的补码的步骤如下。

（1）先求－12的绝对值12的原码：

0	0	0	0	0	0	0	0	0	0	0	0	1	1	0	0

（2）按位取反：

1	1	1	1	1	1	1	1	1	1	1	1	0	0	1	1

（3）再加1，得－12的补码：

1	1	1	1	1	1	1	1	1	1	1	1	0	1	0	0

由此可知，－12的补码为1111111111110100，其中左边的第一位（最高位）是符号位。

二进制的缺点是表示一个数需要的位数多，书写数据和指令时不够简洁。方便起见，可以把二进制数转换为八进制数或十六进制数。

2.1.2 八进制与十六进制

八进制逢八进一，每一位的取值范围为0～7。若将二进制数从低位到高位每三位组成一组，每组的值大小是$(000)_2$～$(111)_2$，即0～7，就可以把二进制数表达为八进制数。

例如，对于二进制数$(100100001101)_2$，每三位一组得到$(100,100,001,101)_2$，则可表示成八进制数$(4415)_8$。

十六进制**逢十六进一**，每一位的取值范围为0～15，其中，10～15分别用A、B、C、D、E、F(或a、b、c、d、e、f)表示。若将二进制数从低位到高位每四位一组，每组的取值范围为$(0000)_2$～$(1111)_2$，即0～15，就可以把二进制数表达为十六进制数。

例如，把二进制数$(100100001101)_2$每四位一组得到$(1001,0000,1101)_2$，则可以表示成十六进制数$(90D)_{16}$。

2.1.3 进制转换

十进制数转换为其他进制数的方法如下。

(1) **整数部分：除以基数逆序取余数至商为0为止。**

(2) **小数部分：乘以基数顺序取整数部分至(去掉整数后的)小数为**0**或达到需要的精度为止。**

例如：

$(123)_{10}=(01111011)_2=(173)_8=(7B)_{16}$

$(0.8125)_{10}=(0.1101)_2=(0.64)_8=(0.D)_{16}$

十进制数123转换为十六进制数和八进制数的过程如下。

```
16 | 123
16 | 7      ……11
     0      ……7

8 | 123
8 | 15     ……3
8 | 1      ……7
    0      ……1
```

其中，十六进制逆序取余数得到7和11，其中11以B表示，所以得到$(7B)_{16}$；八进制逆序取余数得到1、7和3，所以得到$(173)_8$。

十进制数0.8125转换为二进制数，过程如表2-1所示。

表2-1 十进制数0.8125转换为二进制数

步骤	乘以2	整数部分	小数部分
1	0.8125×2=1.625	1	0.625
2	0.625×2=1.25	1	0.25
3	0.25×2=0.5	0	0.5
4	0.5×2=1	1	0

即不断乘以2并顺序取得整数部分1、1、0和1，所以得到$(0.1101)_2$，注意，不能漏写“0.”。

其他进制数转换为十进制数时，采用按权相加法，即根据按权展开式计算。设基数为base，共有n位的其他进制数为$k_1k_2\cdots k_{n-1}k_n$，则k_n的权值为$base^0$，k_{n-1}的权值为$base^1$，…，k_1的权值为$base^{n-1}$，则十进制数$d=\sum_{i=n}^{1}k_i\cdot base^{n-i}$。例如：

$(173)_8=3\times8^0+7\times8^1+1\times8^2=(123)_{10}$

$(7B)_{16}=11\times16^0+7\times16^1=(123)_{10}$

2.2 标识符、常量、变量与序列

2.2.1 标识符

Python 标识符通常用作变量、函数、类及其他对象的名字。

Python 标识符一般由字母、数字和下画线构成，且不能以数字开头。例如，X、_s、py_1 等是合法的标识符，而 1a、a b、a. b 等都是非法的标识符。

Python 标识符区分字母的大小写，例如，max、Max 是两个不同的标识符。

注意，用户自定义标识符不能与关键字同名。Python 的关键字可以先在 Shell 窗口交互模式下调用内置函数 help()进入帮助状态（“>>>更改为“help >”），再输入 keywords 获得，如下。

```
>>> help()
Welcome to Python 3.8's help utility!
...
help > keywords

Here is a list of the Python keywords.  Enter any keyword to get more help.

False               class               from                or
None                continue            global              pass
True                def                 if                  raise
and                 del                 import              return
as                  elif                in                  try
assert              else                is                  while
async               except              lambda              with
await               finally             nonlocal            yield
break               for                 not
```

若需要进一步了解各个关键字，可以在帮助状态输入该关键字获得更详细的帮助信息，例如，对于 Python 中表示空值的常量 None，帮助信息如下。

```
help > None
Help on NoneType object:

class NoneType(object)
 |  Methods defined here:
 |
 |  __bool__(self, /)
 |      self != 0
 |
 |  __repr__(self, /)
 |      Return repr(self).
 |
```

```
 |  ----------------------------------------------------------------------
 |  Static methods defined here:
 |
 |  __new__(*args, **kwargs) from builtins.type
 |      Create and return a new object.  See help(type) for accurate signature.
```

若在帮助状态下输入关键字 lambda,则显示帮助信息如下。

```
help> lambda
Lambdas
*******

   lambda_expr        ::= "lambda" [parameter_list] ":" expression
   lambda_expr_nocond ::= "lambda" [parameter_list] ":" expression_nocond

Lambda expressions (sometimes called lambda forms) are used to create
anonymous functions. The expression "lambda parameters: expression"
yields a function object.  The unnamed object behaves like a function
object defined with:

   def <lambda>(parameters):
       return expression

See section Function definitions for the syntax of parameter lists.
Note that functions created with lambda expressions cannot contain
statements or annotations.

Related help topics: FUNCTIONS
```

当帮助信息的行数较多时,信息不直接显示而挤压显示为一个按钮,例如,输入关键字 for 之后的信息挤压显示按钮如图 2-1 所示。

此时可双击提示挤压信息的按钮,或右击该按钮选择 view 查看详细帮助信息。

若需退出帮助状态,则可在帮助状态输入 quit 命令即可,如下。

help> for
Squeezed text (59 lines).

图 2-1　帮助信息的挤压显示

```
help> quit
```

读者若需自主学习 Python 相关知识,则可在 Shell 窗口的帮助状态下输入关键字或函数名等获取帮助信息,也可以参考 Python 网络文档(网址 https://docs.python.org/3.8/tutorial),还可以在 Python 教程网站(网址 http://www.pythontutor.com)查看可视化代码运行结果及获得帮助。

另外,内置函数名 print 不能作为用户自定义标识符;而内置函数名 sum、max、min 等可以作为用户自定义标识符。

2.2.2 常量

常量是在程序运行中其值始终保持不变的量。根据类型不同，常量可分为整型常量、实型常量、字符串常量和逻辑常量等。

1. 整型常量

整型常量(类型为< class 'int'>)包括十进制、八进制和十六进制等形式。

十进制：123 (以非 0 数字开头)

二进制：0b11 (以 0b 或 0B 开头，等于十进制数 3)

八进制：0o123 (以 0o 或 0O 开头，等于十进制数 83)

十六进制：0x123 (以 0x 或 0X 开头，等于十进制数 291)

　　　　　0x7fffffff(等于十进制数 2 147 483 647)

　　　　　0x80000000(等于十进制数 2 147 483 648)

二进制整型常量以 0b 或 0B 开始，如 0b111 表示二进制数 111，等于十进制数 7；八进制整型常量以 0o 或 0O 开始，如 0o12 表示八进制数 12，等于十进制数 10；十六进制整型常量以 0x 或 0X 开始，如 0x12 表示十六进制数 12，等于十进制数 18。

在 Python 中，可以认为整型能够表示的范围不受限，如此一来，在 C 或 C++ 中代码量较大的高精度(大整数运算)处理在 Python 中处理起来非常简单。例如，两个大整数的加法直接使用运算符＋即可，而 1000！也可以把 1～1000 直接乘到整型连乘单元(初值为 1)中。

2. 实型常量

实型常量也称浮点型常量(类型为< class 'float'>)，通常有小数和指数两种表示形式。

小数形式：12.3

指数形式：1.23e1(表示 1.23×10^{1}，即 12.3)，1e-9(表示 1×10^{-9}，即 0.000 000 001)

指数形式的实型常量需用字母 e 或 E，而且 e 或 E 后应是一个整数。

输出时，实型数据默认具有 16 位有效位。例如，输出语句 print(3.141 592 653 589 793 238 46)的结果为：3.141 592 653 589 793。

3. 字符串常量

字符串常量(类型为< class 'str'>)是用一对双引号""或一对单引号''(Python 默认的字符串界定符)括起来的若干字符，例如，"hello world"、"你好"、""(空串，也可以是'')、"　　"(空格串，引号中至少一个空格符，也可以是'　　')、'C/C++'、'Python'等。注意，以单引号引起来的单个字符在 Python 中也是作为字符串处理的，例如，'a'、'A'、'@'、'\n'都是字符串常量。

以反斜杆“\”开头的字符是转义字符，例如，'\n'是换行符，'\r'是回车符，'\t'是水平制表符，'\\'是反斜杆“\”，'\"'是双引号“"”(也可表示为'"'，一对单引号中有一个双引号)，'\''单引号“'”(也可表示为"'"，一对双引号中有一个单引号)。

在 Python 3 中，字符按 Unicode 编码，Unicode 又称为统一码、万国码、单一码，一般一个字符用两个字节表示，这与一个字符用一个字节表示的 ASCII(美国信息交换标准码)不同。当然，对于 ASCII 码值范围[0,127]内的字符，其 Unicode 码值与 ASCII 码值是相等的。可用内置函数 ord()求得字符的 Unicode 码值，可用内置函数 chr()求得 Unicode 码值对应的字符。例如：

```
>>> ord('0')
48
>>> ord('\0')
0
>>> ord('z')
122
>>> ord('Z')
90
>>> ord('\n')
10
>>> ord('\r')
13
>>> ord('人')
20154
>>> chr(48)
'0'
>>> chr(65)
'A'
>>> chr(97)
'a'
>>> chr(25105)
'我'
```

数字字符'0'～'9'的 Unicode 码值范围是[48,57]，大写字母'A'～'Z'的 Unicode 码值范围是[65,90]，小写字母'a'～'z'的 Unicode 码值范围是[97,122]。

4. 逻辑常量

逻辑常量也称布尔常量(类型为<class 'bool'>)，仅包含 True(逻辑"真")、False(逻辑"假")两个值。

以上这些常量及元组属于不可变对象，而后面涉及的列表、集合、字典属于可变对象。判断一个对象是否可变对象是根据其相应内存单元中的内容(值)是否可以更新作为依据的。

2.2.3 变量

变量是程序运行过程中其值可以改变的量。Python 中的变量不需要指定数据类型，但在使用前都必须赋值，因为在 Python 中通过赋值语句完成变量的创建(同时也确定数据类型)。注意，在 Python 中，变量在内存中不存在其本身实际的存储单元，仅是其引用的对象(在内存中存在实际的存储单元)的一个标识。当然，作为对象的标识，可通过变量使用其引用的对象。因此，可以通过变量名获得变量值、变量的内存地址(可用内置函数 id()求得)及变量的类型(可用内置函数 type()求得)。例如：

```
>>> a = 1                          #通过赋值语句创建变量
>>> print(a, id(a), type(a))       #输出变量的值、内存地址及类型
1 1484126128 <class 'int'>
```

若把变量 a 理解为一个小房间的名字，则用 id(a)求得的内存地址相当于这个小房间的门牌号。把变量 a 赋值为 1，相当于把内存中存放对象 1 的小房间取名为 a，而输出变量 a 则将输出该房间中的内容(值)。

1. 创建变量

```
>>> a = 1;b = 2                         # 创建两个整型变量 a,b
>>> a
1
>>> b
2
>>> d = 3.14159                         # 创建实型变量
>>> d
3.14159
>>> s = 'Python'                        # 创建字符串变量
>>> s
'Python'
>>> flag = True                         # 创建逻辑型变量
>>> flag
True
```

2. 变量的输入、输出

```
>>> a = input()                         # 输入字符串变量,确认输入需按回车键
Hello Python ↵
>>> a
'Hello Python'
>>> print(a)                            # 输出变量 a 的值,自动换行
Hello Python
>>> b = int(input())                    # 输入整型变量(实际上是输入字符串再转换为整型)
123 ↵
>>> print(b)                            # 输出变量 b 的值,自动换行
123
>>> d = float(input())                  # 输入实型变量(实际上是输入字符串再转换为实型)
12.345678 ↵
>>> d
12.345678
>>> print("%.2f" % d)                   # 输出实型数据,保留 2 位小数
12.35
>>> print("%.2f %.2f" % (d,b * b * d))  # 输出两个实型数据,各保留 2 位小数
12.35 186777.76
>>> from math import *                  # 导入数学模块 math 的所有内容
>>> print("%.2f %.2f" % (e,pi))         # 使用 math 模块中的自然常数 e 和圆周率 pi
2.72 3.14
```

创建变量之后，若更新变量的值，则实际上是使该变量成为其他对象的引用。例如：

```
>>> a = 1                               # 变量 a 是对象 1 的引用
>>> id(1)
1381562288
```

```
>>> id(a)
1381562288
>>> a = 3                              # 变量 a 成为新对象 3 的引用
>>> id(3)
1381562320
>>> id(a)
1381562320
```

语句序列 a=1；a=3 在用对象"1"创建变量 a 后，把 a 的值更新为 3，实际上是使 a 成为对象"3"的引用，如图 2-2 所示。

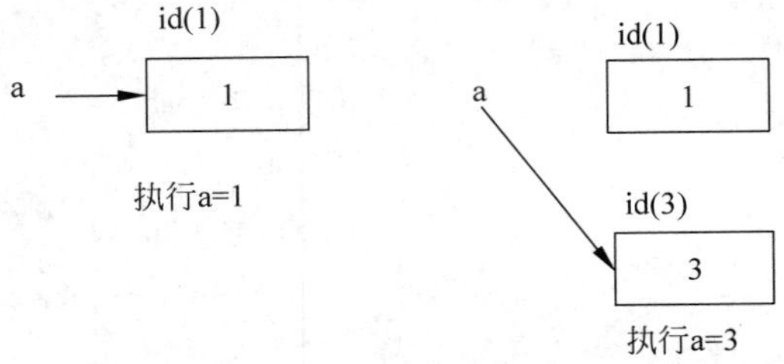

图 2-2　变量更新示意图

2.2.4　序列

序列是可以通过下标或序号等索引(index)来访问其中各个数据(元素)的一类数据容器。字符串、列表和元组等都是一种序列，通过"**序列名[下标]**"或"**序列名[-序号]**"等带[]的形式引用其中的各个元素。Python 的下标默认从 0 开始，最大的下标为序列长度减 1。若[]中为"-序号"，则表示取倒数第"序号"个元素。例如：

```
>>> s = "abcdefg"                      # 创建字符串 s
>>> s[0]                               # 取字符串 s 的第一个字符(下标为 0)
'a'
>>> s[6]                               # 取字符串 s 的最后一个字符(下标为 6)
'g'
>>> s[-1]                              # 取字符串 s 的倒数第一个字符(序号为 1)
'g'
>>> s[-7]                              # 取字符串 s 的倒数第 7 个字符(序号为 7)
'a'
>>> s[3]                               # 取字符串 s 的第 4 个字符(下标为 3)
'd'
>>> s[-4]                              # 取字符串 s 的倒数第 4 个字符(序号为 4)
'd'
```

可以使用内置函数 type()求得序列及其他对象的类型，而内置函数 len()求得列表、元组及字符串等序列及其他可迭代对象的长度(元素个数)。

1. 列表

列表是由若干元素置于中括号"[]"中而构成的一种序列，若中括号中无元素，则为空列

表,非空列表的元素之间以逗号“,”间隔。例如:

```
>>> l = []                              # 创建空列表 l(字母)
>>> type(l)                             # 求得 l 的类型
<class 'list'>
>>> l = [1,3,5]                         # 创建包含三个元素的列表
>>> len(l)                              # 求得 l 的长度
3
>>> print(l[0],l[1],l[2])               # 通过下标访问列表中的各元素
1 3 5
```

可以使用列表的成员函数 append()往列表中添加元素。例如:

```
>>> l.append(7)
>>> print(l)
[1, 3, 5, 7]
```

可以使用内置函数 list()把可迭代对象转换为列表。例如:

```
>>> s = 'abcdefg'                       # 创建字符串 s
>>> s = list(s)                         # 把字符串 s 转换为列表 s
>>> s
['a', 'b', 'c', 'd', 'e', 'f', 'g']
```

更多的列表知识详见 2.3.6 节及第 4 章等相关章节。

2. 元组

元组是由若干元素置于小括号“()”中而构成的一种序列,若小括号中无元素,则为空元组,非空元组的元素之间以逗号间隔。若元组中仅包含一个元素,则该元素后需添加一个逗号,否则小括号被理解为改变优先级的界定符。例如:

```
>>> t = ()
>>> type(t)
<class 'tuple'>
>>> t = (1)                             # 如此并非创建元组,()被认为是改变优先级的界定符
>>> type(t)
<class 'int'>
>>> t = (1,)                            # 创建包含一个元素的元组
>>> type(t)
<class 'tuple'>
>>> t
(1,)
>>> t = (1,3,5)
>>> print(t[0],t[1],t[2])
1 3 5
>>> t = (1,2,3,4,5)                     # 创建包含 5 个整数的一个元组
>>> print(t)
(1, 2, 3, 4, 5)
>>> print(len(t))                       # 内置函数 len()求对象的长度,此处求元组 t 的长度
```

```
5
>>> print(t[1],t[4])            # 输出元组中下标为 1 和 4 的元素
2 5
>>> t = list(t)                 # 将元组 t 转换为列表 t
>>> t
[1, 2, 3, 4, 5]
```

注意,元组是不可变对象,不能进行项赋值(即给其某个元素赋值)。例如:

```
>>> t = (1,2,3,4,5)             # 创建一个包含 5 个整数的元组
>>> t[0] = 6                    # 企图把第一个元素改为 6 时,产生以下错误信息
Traceback (most recent call last):
  File "<pyshell#1>", line 1, in <module>
    t[0] = 6
TypeError: 'tuple' object does not support item assignment
```

3. 字符串

字符串也是一种序列,可用下标访问其中的元素。例如:

```
>>> s = "abc"
>>> print(s[0],s[1],s[2])
a b c
>>> type(s)
<class 'str'>
>>> len(s)
3
```

注意,字符串是不可变对象,不能进行项赋值。例如:

```
>>> s = "abcdefg"
>>> s[0] = 'A'                  # 企图把首字母改为大写时,产生以下错误信息
Traceback (most recent call last):
  File "<pyshell#1>", line 1, in <module>
    s[0] = 'A'
TypeError: 'str' object does not support item assignment
```

更多的字符串知识详见 2.4 节。

切片是截取列表、字符串和元组等序列中连续若干元素的一种重要操作。其形式如下。

序列名[start: stop]

若 start 和 stop 为非负数,则表示截取从起始下标 start 到终止下标 stop-1 的这一段元素,其中默认 start 为 0,stop 默认为序列长度;若 start 或 stop 为负数,则表示从倒数第 -start 开始截取或者取到倒数-stop 之前。例如:

```
>>> l = [1,2,3,4,5]             # 创建列表 l(字母)
>>> l[0:3]                      # 截取 l[0]~l[2]
```

```
[1, 2, 3]
>>> l[len(l)//2:]              # 截取后半部分(l[2]～l[4])
[3, 4, 5]
>>> l[1:]                      # 截取去掉 l[0]后的剩余部分(l[1]～l[4])
[2, 3, 4, 5]
>>> l[:4]                      # 截取 l[4]之前的部分(l[0]～l[3])
[1, 2, 3, 4]
>>> l[:]                       # 截取整个列表(l[0]～l[4])
[1, 2, 3, 4, 5]
>>> s = "abcdefghijk"          # 创建字符串 s
>>> len(s)
11
>>> s[1:5]                     # 截取 s[1]～s[4]
'bcde'
>>> s[0:1]                     # 截取第一个字符 s[0]
'a'
>>> s[len(s) - 3:]             # 截取后三个字符(s[8]～s[10])
'ijk'
>>> s[0:3]                     # 截取前三个字符(s[0]～s[2])
'abc'
>>> t = (1,2,3,4,5)            # 创建元组 t
>>> t[1:4]                     # 截取下标从 1 到 3 的所有元素(t[1]～t[3])
(2, 3, 4)
>>> t[2:]                      # 截取下标从 2 开始的所有元素(t[2]～t[4])
(3, 4, 5)
>>> t[:3]                      # 截取下标 3 之前的元素(即 t[0]～t[2])
(1, 2, 3)
>>> s = "abcdefg"
>>> s[: - 1]                   # 截取倒数第 1 个元素之前的字符(即 s[0]～s[5])
'abcdef'
>>> s[ - 5: - 1]               # 截取从倒数第 5 个到倒数第 1 个元素之前的字符(即 s[2]～s[5])
'cdef'
>>> s[ - 7: - 2]               # 截取从倒数第 7 个到倒数第 2 个元素之前的字符(即 s[0]～s[4])
'abcde'
>>> s[0: - 2]                  # 截取从第 1 个到倒数第 2 个元素之前的字符(即 s[0]～s[4])
'abcde'
>>> s[2: - 1]                  # 截取从第 3 个到倒数第 1 个元素之前的字符(即 s[2]～s[5])
'cdef'
>>> s[ - 5:5]                  # 截取从倒数第 5 个到下标为 5 的元素之前的字符(即 s[2]～s[4])
'cde'
```

列表是可变类型的数据，因此可以更新列表元素。使用内置函数 list()可以把其他可迭代对象转换为列表。因此，若希望更新字符串的某些字符，可以先用 list()函数把字符串转换为列表后更新，再用字符串的成员函数 join()把列表元素拼接为字符串。元组也可以先用 list()函数转换为列表后更新，再用内置函数 tuple()转换为元组。例如：

```
>>> s = "abc"                  # 创建字符串 s
>>> s = list(s)                # 把 s 转换为列表，每个字符作为一个元素
```

```
>>> s[0] = 'A'                    #更新列表元素 s[0]
>>> print(s)                      #输出列表 s
['A', 'b', 'c']
>>> s = "".join(s)                #以空串为间隔符拼接列表中的所有元素为一个字符串
>>> print(s)
Abc
>>> t = (1,3,5,7,9)               #创建元组 t
>>> t = list(t)                   #把元组 t 转换为列表 t
>>> t[0] = 2                      #更新列表元素 t[0]
>>> t = tuple(t)                  #把列表 t 转换为元组
>>> t
(2, 3, 5, 7, 9)
```

语句 s="".join(s)在拼接列表 s 中的所有元素为一个字符串 s 时,以空串为间隔符,即各字符之间无间隔符;若""(空串)改为" "(引号中有一个空格),则各字符之间以一个空格间隔。当然,也可用其他字符作为间隔符。

2.2.5 部分常用内置函数

在前面的章节中,已经接触到 input()、print()、type()、len()及 list()等内置函数。下面列出一些常用的内置函数,如表 2-2 所示。

表 2-2 部分常用内置函数

函数	功能	示例
input(prompt=None)	按字符串类型的提示信息 prompt(可省略)输入字符串数据	>>> input() >>> input('Please input a string: ')

print(val, …, sep=' ', end='\n')	以间隔符 sep(默认为一个空格)输出以逗号分隔的若干输出项 val…,并以结束符 end(默认为换行符)结尾	>>> print(123,'abc')
		>>> print(1,2,3,sep='*',end='')
		>>> print('%.2f' % 3.14159)

id(obj)	返回对象 obj 的内存地址	>>> a = 1; id(a)
type(obj)	返回对象 obj 的类型	>>> s = '0000000000'; type(s)
len(iterable)	返回可迭代对象 iterable 的长度(元素个数)	>>> b = [1,2,3,4,5]; len(b) >>> len(range(10))
int(obj)	返回数值或数字字符串对象 obj 转换而成的整数	>>> int(12.34); int('123'); int('1')
float(obj)	返回数值或数字字符串对象 obj 转换而成的实数	>>> float(123) >>> float("123.56")
str(obj)	返回对象 obj 转换而成的字符串	>>> str(123.56); str(1)
ord(obj)	返回字符对象 obj 的 Unicode 码值	>>> ord('A'); ord('a'); ord('0'); ord('\n')
chr(obj)	返回整型对象 obj(Unicode 码值)对应的字符	>>> chr(13 + (ord('A') - 10)) >>> chr(ord('A') + 32);chr(ord('a') - 32)

续表

函　数	功　能	示　例
abs(val)	返回 val 的绝对值	>>> abs(- 38000)
sum(iterable, start=0)	对数值型可迭代对象 iterables 从 start(默认为 0)开始求和	>>> sum(range(10)) >>> sum([1,3,5,7],2)

max (iterable [, key = func]) 或 max(arg1, arg2, * args[, key=func])	根据关键字参数 key 指定函数 func 的返回值,对可迭代对象 iterables 或不定长的若干个参数 arg1, arg2,…求最大值	>>> max([2,8,5])
		>>> max(2,5,8)
		>>> max(3, - 8,5,key = lambda x:abs(x))

min(iterable[, key=func]) 或 min(arg1, arg2, * args [, key=func])	根据关键字参数 key 指定函数 func 的返回值,对可迭代对象 iterables 或不定长的若干个参数 arg1, arg2,…求最小值	>>> min((2,5,8))
		>>> min(8,2,5)
		>>> min(- 3, - 8, - 5,key = lambda x:abs(x))

map(func, * iterables)	根据函数参数 func,对不定长的若干可迭代对象 iterables 做映射,返回一个 map 对象	>>> map(int, "12 34 56".split())

range([start,]stop[, step])	返回初值为 start(默认值为 0),终值为 stop(不包含),步长为 step(默认值为 1)的数列	>>> range(10)
		>>> range(1,11)
		>>> range(1,100,2)
		>>> range(10, - 1, - 1)

list(iterable=())	返回可迭代对象 iterable 转换而成的列表	>>> s = list("abcde")
		>>> a = list(range(10))
		>>> a = list(map(int,input().split()))

2.3　运　算　符

2.3.1　算术运算符

算术运算符有：+(加)、-(减)、*(乘)、/(除)、//(取整除,例如 5//2=2)、%(求余,取模,读作“mod”)、**(幂,例如 2 ** 3=8)。由算术运算符构成的式子称为算术表达式。其他表达式也可由运算符命名,例如,赋值表达式、关系表达式、逻辑表达式等。

思考两个问题：

(1) 如何判断 n 是否偶数?

(2) n=123,如何取 n 的各数位上的数字?

对于问题(1),可以考虑 n 除以 2 后余数是否为 0,即 n%2==0,其中,==是“等于”运算符。

问题(2)是一个数位分离问题,即把一个整数的一位位取出来,对于此问题,可以考虑用%、//运算符。例如,n=123,则 n%10=3,n//10%10=2,n//100=1。

+、-也可以表示数据的符号,此时用在一个数值型数据之前,表示正号和负号,如-1,此时是+、-是单目运算符；当有两个运算数时+、-分别为加号和减号,此时+、-是双目运算符。

数学上的式子 2i,在写 Python 代码时须写成 2 * i,即乘号 * 要明确写出。

若 a、b 都为整数,则 a//b 的结果为整数。例如,5//2=2、2//5=0；若 a、b 不都为整数,则 a//b 的结果为实数,例如,5//2.0=2.0,5.0//2=2.0。

注意,5/2=2.5,5//2=2,也就是说,若要取两个整数相除的整数商,需用取整除运算符//。

%只能作用于整数,a % b 的结果与 b 同号,若 a、b 同号则按绝对值求余数,如 5%2=1,-5%-2=-1;若 a、b 异号则按 a+k*b 计算,其中,$k=\left\lceil \frac{|a|}{|b|} \right\rceil$,例如 13%-4=-3,-13%4=3。⌈·⌉表示上取整,例如,⌈3.25⌉=4。

算术表达式的求值顺序:先求幂,再乘、除、取整除、取模,最后加、减。此求值顺序表明了运算符的优先级。用小括号( )可以改变表达式的求值顺序。

2.3.2 赋值运算符

思考:设 a、b 分别等于 1、3,如何交换 a、b 两个变量的值?

可以借助一个临时变量 t,使用如下语句。

```
t = a;a = b;b = t              #多条语句写在一行上时,可用;间隔各条语句
```

这三条语句中的=即为赋值运算符,其功能是将=右边的表达式的值赋给其左边的变量。例如,上面的 t=a 是把 a 的值 1 赋给变量 t,使得 t 的值为 1。

或者使用如下更简洁的赋值语句。

```
a,b = b,a;
```

这个赋值语句的含义是把原来的 b 值赋值给 a,把原来的 a 值赋值给 b。

由赋值运算符构成的式子称为赋值表达式,如 t=a 是一个赋值表达式;赋值表达式的形式如下。

变量 1[,变量 2,…,变量 n] = 表达式 1[,表达式 2,…,表达式 n]

此式表示把表达式 1 的值赋值给变量 1,把表达式 2 的值赋值给变量 2,…,把表达式 n 的值赋值给变量 n。

思考:把 1、2、3 赋值给三个变量 a、b、c 有哪些写法?其中比较简洁的一种写法如下。

```
a,b,c = 1,2,3
```

赋值运算符可以与算术等运算符构成赋值缩写,如 a=a+b 可以缩写为 a+=b;而 a*=2 表示 a=a*2,a+=1 表示 a=a+1。

语句 a=b=1 的作用把变量 a、b 同时赋值为 1;执行的顺序如下。

```
b = 1;a = b
```

可见,赋值运算符“=”的结合性是从右往左结合的。

2.3.3 关系运算符与逻辑运算符

仅由关系运算符或逻辑运算符构成的表达式分别称为关系表达式或逻辑表达式，这两种表达式的值为逻辑值 True 或 False。if 语句的条件和循环语句的循环条件通常是结果为 True 或 False 的表达式。

1. 关系运算符

思考：给定三个正整数 a、b、c，如何表达这三个整数能构成三角形的条件？

对于能构成三角形的三条边，要求任意两边之和大于第三条边。即要求满足条件：a+b>c 且 a+c>b 且 b+c>a。

其中，>就是关系运算符中的“大于”运算符；“且”可用逻辑运算符 and 表示。

关系运算符也可称为比较运算符，共有 6 种：==(等于)、!=(不等于)、>(大于)、<(小于)、>=(大于或等于)、<=(小于或等于)。

关系运算后的结果为逻辑值 True 或 False。例如，3!=5 结果为 True，3>5 结果为 False。

在 Python 中，6 种关系运算符的优先级相同。

2. 逻辑运算符

思考两个问题：

(1) 如何判断 n 同时是 3,5,7 的倍数？

(2) 给定年份 year，如何判断该年份是闰年？

其中，闰年的判定规则如下。

若年份 year 为闰年，则 year 能被 4 整除但不能被 100 整除，或者 year 能被 400 整除。例如，1900、2021 不是闰年，2000、2012、2020 是闰年。

显然，是否倍数、能否整除可以用%和关系运算符表达；而且，问题(1)需要表达“并且”的关系；问题(2)要表达“并且”和“或者”的关系，这可以用逻辑运算符。

逻辑运算符包括：not(非)、and(与)、or(或)。逻辑表达式的结果为 True 或 False。运算规则如下。

(1) not a：若 a 为 True 则 not a 为 False，若 a 为 False 则 not a 为 True。

(2) a and b：若 a、b 同时为 True 则 a and b 为 True，否则为 False。

(3) a or b：若 a、b 同时为 False 则 a or b 为 False，否则为 True。

逻辑运算符的优先级相同，处于最低一级。

通过关系运算符和逻辑运算符，可以得到前面思考题中的表达式。

判断三个整数能构成三角形的条件可以表达如下。

```
a + b > c and a + c > b and b + c > a
```

判断整数 n 同时是 3,5,7 倍数的条件可以表示如下。

```
n % 3 == 0 and n % 5 == 0 and n % 7 == 0
```

判断年份 year 是闰年的条件可以表示如下。

```
year % 4 == 0 and year % 100!= 0 or year % 400 == 0
```

思考：如何用 Python 表达式表示数学式 1≤x≤10?

通常,需要同时满足的若干条件用逻辑与运算符 and 连接。因此,数学式 1≤x≤10 可以用类似 C 或 C++中的如下表达：

```
1 <= x and x <= 10
```

特别地,在 Python 中数学式 1≤x≤10 也可以直接表达如下。

```
1 <= x <= 10
```

2.3.4 位运算

由于位运算执行效率更高,在程序设计竞赛中经常使用位运算提高程序执行效率,有些题目可以运用位运算表达的算法来避免超时。位运算时,运算数转换为二进制补码形式,按位进行运算得到运算结果。位运算符共有六种：&(按位与)、|(按位或)、^(按位异或)、~(按位取反)、<<(左移)、>>(右移)。下面用二进制表达整数时,一般仅给出低八位,而省略高位 0。

1. 按位与

按位与运算符 & 是双目运算符,运算规则：同 1 才 1,有 0 则 0,即参与运算的两数各对应的两个二进制位均为 1 时,结果位才为 1,否则为 0。

例如,9&3 的运算式如下。

```
  00001001        (9 的二进制补码)
& 00000011        (3 的二进制补码)
 --------
  00000001        (1 的二进制补码)
```

即 9&3=1。

按位与运算通常用来对某些位清 0 或保留某些位。

例如,对于 2 字节长的短整型变量 a,表达式 a=a&255 将把 a 的高 8 位清 0 而保留其低 8 位。因为 255 的二进制数为 0000000011111111,而 a 对应位与 0 相与得 0,与 1 相与得原值。

2. 按位或

按位或运算符|是双目运算符,运算规则：同 0 才 0,有 1 则 1,即参与运算的两数各对应的两个二进制位有一个为 1 时,结果位就为 1,同时为 0 时结果位才为 0。

例如,9|3 的运算式如下。

```
  00001001
| 00000011
 --------
  00001011        (11 的二进制补码)
```

即 9|3=11。

3. 按位异或

按位异或运算符^是双目运算符,运算规则：异为 1,同为 0,即参与运算的两数各对应的两个二进制位相异时,结果为 1,否则为 0。

例如,9^3 的运算式如下。

```
  00001001
^ 00000011
 ---------
  00001010        (10的二进制补码)
```

即 9^3=10。

可以用按位异或运算直接实现两个整型变量的交换,具体代码如下。

```
a,b = 1,3
a = a^b
b = a^b                        #b = a^b = a^b^b = a^0 = a
a = a^b                        #a = a^b = a^b^a = a^a^b = 0^b = b
print("%d %d" % (a,b))
```

此代码可以实现交换变量 a、b 的值,原因在于 a^a=0,a^b=b^a,a^0=a。

4. 按位取反

按位取反运算符~为单目运算符,运算规则:反 0 为 1,反 1 为 0,即参与运算的数的各二进制位若为 0 则求反为 1,否则求反为 0。

例如,~10 的运算如下:

$\sim(00001010)_2$ 得 $(11110101)_2$,转换为十进制数:符号位 1 不变,数值位按位取反再加 1(或先减 1 再按位取反)得 $(10001011)_2$,结果为−11。

对于整数 n,$\sim n=-(n+1)$,$\sim\sim n=n$。

5. 左移

左移运算符<<是双目运算符,运算规则:把<<左边的运算数的各个二进制位全部左移其右边的运算数指定的位数,高位丢弃,低位补 0。

例如,设两个字节长的整数 a=5,则 a<<4 表示把 a 的各二进制位向左移动 4 位,运算如下。

$a=(00000101)_2$,左移 4 位后得 $(01010000)_2$,即十进制数 80。

可见,对于整数 a 和正整数 n,a<<n 相当于 $a\times 2^n$。

6. 右移

右移运算符>>是双目运算符,运算规则:把>>左边的运算数的各个二进制位全部右移其右边的运算数指定的位数。

例如,设两个字节长的整数 a=25,则 a>>2 表示把 a 的各二进制位向右移动 2 位,运算如下。

$a=(00011001)_2$,右移 2 位后得 $(00000110)_2$,即十进制数 6。

可见,对于正整数 a 和 n,a>>n 相当于 $a//2^n$。

对于有符号数,在右移时,符号位将随同移动。当为正数时,最高位补 0;而为负数时,符号位为 1,最高位是补 0 或是补 1 取决于编译系统的规定,而很多编译系统的规定是补 1。例如,在 Python 下,−9>>2=−3,分析如下。

−9 的补码:11110111

右移 2 位(最高位补 1):11111101

符号位不变,数值位按位取反再加 1：10000011

转换为十进制数为－3。

位运算符优先级从高到低为：～、(<<、>>)、&、(^、|)。

2.3.5 运算符重载

前面介绍的一些运算符,在用于其他类型数据时运算符的含义发生变化,可称之为运算符重载。例如,对于运算符＋,用于两个数值型数据时表示“加法”；用于两个复数时,表示“复数加法”；用于两个字符串数据时,表示“字符串连接”；用于两个一维列表时,表示“列表合并”；用于两个元组时,表示“元组合并”,例如：

```
>>> a,b = 1,2                         #创建两个整数型变量
>>> a + b                             #此处的 + 表示加法
3
>>> c,d = 1 + 2j,5 + 9j               #创建两个复数变量,其中复数的虚部带后缀 j
>>> c + d                             #此处的 + 表示复数加法
(6 + 11j)
>>> s,t = "abc","123"                 #创建两个字符串变量
>>> s + t                             #此处的 + 表示字符串连接
'abc123'
>>> m,n = [1,3,5],[2,4,6]             #创建两个一维列表
>>> m + n                             #此处的 + 表示列表合并
[1, 3, 5, 2, 4, 6]
>>> e,f = (1,3,5),(2,4,6)             #创建两个元组
>>> e + f                             #此处的 + 表示元组合并
(1, 3, 5, 2, 4, 6)
```

复数包含实部和虚部,其中虚部后面带字符“j”。可以用复数的 real、imag 属性分别取得其实部和虚部。例如：

```
>>> c = 1 + 2j
>>> c.real
1.0
>>> c.imag
2.0
>>> type(c)
<class 'complex'>
```

运算符 &、|、^也可用于两个集合之间。集合是由不重复元素构成的可迭代对象,但不确保集合中的元素有序。可用大括号{}界定若干元素表示一个集合。注意,空的大括号表示空字典,空集合需用内置函数 set()创建。例如：

```
>>> s = {}                                #创建空字典
>>> type(s)
<class 'dict'>
>>> s = set()                             #创建空集合
```

```
>>> type(s)
<class 'set'>
>>> s = {1,3,5,7}               # 创建集合 s
>>> s
{1, 3, 5, 7}
>>> a,b = {6,3,2,1},{6,9,1}     # 创建集合 a、b
>>> a - b                       # 运算符 - 用于集合,求两个集合的差集
{2, 3}
>>> a|b                         # 运算符|用于集合,求两个集合的并集
{1, 2, 3, 6, 9}
>>> a&b                         # 运算符 & 用于集合,求两个集合的交集
{1, 6}
>>> a^b                         # 运算符^用于集合,求两个集合中对称差集
{2, 3, 9}
```

集合运算一、|、& 和^分别用于求得集合的差集、并集、交集和对称差集(不同时出现在两个集合中的元素构成的集合)。实际上,集合的差集、并集、交集和对称差集也可用集合的成员函数 difference()、union()、intersection()、symmetric_difference()求得,这四个函数的参数是另一个集合。另外,集合的成员函数 add()、remove()和 clear()分别用于在集合中添加元素、删除元素和清空集合。例如:

```
>>> a,b = {6,3,2,1},{6,9,1}
>>> a.difference(b)             # 集合的成员函数 difference(),返回两个集合的差集,原集合不变
{2, 3}
>>> a
{1, 2, 3, 6}
>>> a.union(b)                  # 集合的成员函数 union(),返回两个集合的并集
{1, 2, 3, 6, 9}
>>> a.intersection(b)           # 集合的成员函数 intersection(),返回两个集合的交集
{1, 6}
>>> a.symmetric_difference(b)
                              # 集合的成员函数 symmetric_difference(),返回两个集合的对称差集
{2, 3, 9}
>>> a.add(10)                   # 集合的成员函数 add(),在集合中添加元素
>>> a
{1, 2, 3, 6, 10}
>>> a.remove(6)                 # 集合的成员函数 remove(),在集合中删除元素
>>> a
{1, 2, 3, 10}
>>> b.clear()                   # 清空集合
>>> b
set()
```

注意,集合中的各元素不一定按升序排列。例如:

```
>>> a = set("hgsf")             # 创建字符集合 a
>>> a                           # 集合中的元素不一定有序
```

```
{'s', 'h', 'f', 'g'}
>>> b = set("dfg")                         #创建字符集合 b
>>> b
{'d', 'f', 'g'}
>>> a - b
{'s', 'h'}
>>> b = {11.2,12.3,10.2}
>>> b                                      #集合中的元素不一定有序
{12.3, 10.2, 11.2}
```

2.3.6 其他运算符

1. 成员运算符

成员运算符 in 用于判断元素是否在可迭代对象中,形式如下。

元素 in 可迭代对象

若元素在可迭代对象中则返回 True,否则返回 False;运算符 in 可与运算符 not 一起使用,构成运算符 not in,用于判断元素是否不在可迭代对象中,若不在则返回 True,否则返回 False。可迭代对象可为列表、集合、字符串、元组及字典等对象。例如:

```
>>> 3 in [1,5,3]                           #判断 3 是否在列表中
True
>>> 3 in {1,5,3}                           #判断 3 是否在集合中
True
>>> 2 not in (1,5,3)                       #判断 2 是否不在元组中
True
>>> '3' in "153"                           #判断 '3' 是否在字符串中
True
>>> '3' not in "153"                       #判断 '3' 是否不在字符串中
False
```

可迭代对象也可为由内置函数 range()产生的数列。range()函数产生一个数列,形式如下。

range([start,] stop [, step])

参数 stop 表示终止值,但该值不包含在数列中。可缺省参数 start 表示起始值,默认为 0;可缺省参数 step 表示步长(后一个数与前一个数的差值),默认为 1,若 step 为负数,则 start 应大于 stop,从而产生从大到小的数列。例如:

```
>>> type(range(3))
<class 'range'>
>>> 3 in range(10)                         #判断 3 是否在数列 0 1 2 3 4 5 6 7 8 9 中
True
>>> 3 in range(3)                          #判断 3 是否在数列 0 1 2 中
```

```
False
>>> 3 not in range(3)                  # 判断 3 是否不在数列 0 1 2 中
True
>>> 3 in range(1,4)                    # 判断 3 是否在数列 1 2 3 中
True
>>> 5 in range(1,10,2)                 # 判断 5 是否在数列 1 3 5 7 9 中
True
>>> 4 in range(1,10,2)                 # 判断 4 是否在数列 1 3 5 7 9 中
False
```

运算符 in 通常与内置函数 range()一起用于 for 循环,控制循环的执行次数。例如:

```
>>> s = []
>>> for i in range(5):s.append(2 * i)   # 控制从 0 到 4 共进行 5 次循环,注意此行后要按回车键
↵
>>> s
[0, 2, 4, 6, 8]
```

实际上,可以使用更简洁的列表产生式来创建列表,方法如下。

[expression for item in iterable [if condition]]

此产生式在列表界定符[]中使用 for 循环和 if 条件(若不需要则省略)。表达式 expression 通常与迭代变量 item 相关,可迭代对象 iterable 可以是内置函数 range()产生的数列,也可以是列表、字符串和元组等序列及集合、字典等对象。例如:

```
>>> s = [i for i in range(10)]             # 可迭代对象由 range()创建,产生 0~9 构成的列表
>>> s
[0, 1, 2, 3, 4, 5, 6, 7, 8, 9]
>>> s = [i for i in range(1,10,2)]         # 创建 1~9 的奇数列表
>>> s
[1, 3, 5, 7, 9]
>>> s = [i for i in range(10, -1, -1)]     # 创建由 10~0 构成的列表
>>> s
[10, 9, 8, 7, 6, 5, 4, 3, 2, 1, 0]
>>> s = [i for i in range(10) if i % 2 == 0]  # 带 if 条件的列表产生式
>>> s
[0, 2, 4, 6, 8]
>>> s = [i * i for i in [1,2,3,4,5]]       # 可迭代对象为列表,表达式为迭代变量的平方
>>> s
[1, 4, 9, 16, 25]
>>> s = [it for it in "abcdef"]            # 可迭代对象为字符串
>>> s
['a', 'b', 'c', 'd', 'e', 'f']
>>> s = [it for it in (3,6,9,12)]          # 可迭代对象为元组
>>> s
[3, 6, 9, 12]
```

```
>>> s = [it for it in {2,4,6,8}]      #可迭代对象为集合
>>> s
[8, 2, 4, 6]
```


列表产生式中表达式 expression 还可以是一个条件表达式。例如：

```
>>> s = [i if i % 2 == 1 else 1/i for i in range(1,10)]
>>> s
[1, 0.5, 3, 0.25, 5, 0.16666666666666666, 7, 0.125, 9]
```

其中,"i if i%2==1 else 1/i"是一个条件表达式,若 i 为奇数,则取其本身,否则取其倒数。

另外,集合也可以用产生式创建。例如：

```
>>> a = {i for i in range(1,10)}
>>> a
{1, 2, 3, 4, 5, 6, 7, 8, 9}
```

2. 身份运算符

身份运算符 is 用于判断两个对象是否同一对象,若是则返回 True,否则返回 False。另外,is 也可与 not 一起使用,构成 is not 运算符,含义与 is 相反。例如：

```
>>> a,b = 1,1                         #a、b是相同的对象
>>> a is b
True
>>> a is not b
False
>>> c,d = [1,2,3],[1,2,3]             #c、d是不同的对象
>>> c is d
False
>>> c is not d
True
>>> f = [1,1,1]                       #若创建列表时各元素值相同,则各元素是相同对象
>>> f[0] is f[1]
True
>>> f[1] is f[2]
True
>>> f[0],f[1],f[2] = 3,5,7            #给列表元素赋不同值之后,各元素成为不同对象
>>> f
[3, 5, 7]
>>> f[0] is f[1]
False
```

2.3.7 运算符的优先级

Python 语言运算符优先级如表 2-3 所示。另外,可用小括号()改变运算顺序。

表 2-3 Python 语言运算符优先级

优先级	运算符	备注
1	函数调用运算符() 成员选择运算符. 下标运算符[]	例如：math.sqrt(2)、math.pi ** 2、a[0] ** 3
2	幂次运算符 **	幂次
3	单目运算符－、＋、～	－：负号，＋：正号，～：按位取反
4	算术运算符 * 、/、//、%	乘、除、取整除、求余
5	算术运算符＋、－	加、减
6	位运算符<<、>>	左移、右移
7	位运算符 &	按位与
8	位运算符^、|	按位异或、按位或
9	关系运算符>、>=、<、<=、==、!=	结果为 True 或 False
10	赋值运算符＝及其缩写	*=、/=、//=、%=、+=、-=、<<=、>>=、&=、^=、|=
11	身份运算符 is、is not	x=y=1，则 x is y 为 True，x is not y 为 False
12	成员运算符 in、not in	1 in range(5)为 True，0 not in [1,2,3]为 True
13	逻辑运算符 not、and、or	结果为 True 或 False

2.4 使用字符串

字符串是一种常见序列，包含若干字符(用双引号或单引号界定)，通过下标或序号形式引用字符串的各个字符。需要注意的是，因为字符串是不可变对象，所以不能给字符串中的各个元素(项)赋值。字符串使用比较运算符直接比较大小，使用运算符＋连接字符串，通过切片(中括号中含冒号)取子串。例如：

```
>>> s = "abcdefg"                    #字符串 s 以双引号界定
>>> t = '1234'                       #字符串 t 可用单引号界定
>>> s > t                            #字符串比较直接使用关系运算符
True
>>> s + t                            #字符串连接使用连接运算符" + "
'abcdefg1234'
>>> s[1:5]                           #取 s[1]～s[4]构成的子串
'bcde'
>>> s[1:]                            #取去掉第一个字符后的子串
'bcdefg'
>>> s[:len(s) - 1]                   #取去掉最后一个字符后的子串
'abcdef'
>>> s[: - 1]                         #取去掉最后一个字符后的子串
'abcdef'
>>> print(s[0],s[len(s) - 1])        #s[0]、s[len(s) - 1]分别表示取首、尾字符
a g
>>> print(s[2:])                     #输出去掉前两个字符后的子串
cdefg
```

```
>>> print(s[:len(s) - 2])              #输出去掉后两个字符后的子串
abcde
>>> s[: - 2]                           #取去掉后两个字符后的子串
'abcde'
```

字符串可用运算符 * 复制生成,例如:

```
>>> s1 = '0' * 10;s1
'0000000000'
>>> s2 = "abc" * 5;s2
'abcabcabcabcabc'
>>> n = 5;c = '3';s3 = c * n;s3
'33333'
```

字符串的很多操作都可以通过其成员函数实现。字符串的成员函数较多,本书涉及的字符串部分常用成员函数列举如表 2-4 所示,其中,示例所使用的字符串变量创建如下。

```
>>> s = "Accepted";t = "12534567589520";subs = "cept"
```

表 2-4 字符串部分常用成员函数

成员函数(方法)	功能	示例
upper()	返回转换为大写的字符串	>>> s.upper() 'ACCEPTED'
lower()	返回转换为小写的字符串	>>> s.lower() 'accepted'
isalpha()	判断是否都是字母,是则返回 True,否则返回 False	>>> s.isalpha() True
isdigit()	判断是否都是数字字符,是则返回 True,否则返回 False	>>> t.isdigit() True
isupper()	判断是否都是大写字母,是则返回 True,否则返回 False	>>> s.isupper() False
islower()	判断是否都是小写字母,是则返回 True,否则返回 False	>>> subs.islower() True

find(sub[,start [,end]])	从位置(下标)start(默认为 0)开始到位置 end−1 查找子串 sub,找到则返回子串(首字母)首次出现的位置(下标),否则返回−1	>>> s.find(subs)
		2
		>>> t.find('205')
		-1

replace(old,new)	把所有 old 子串替换为 new,返回替换后的字符串	>>> t.replace('5',' ') '12 34 67 89 20'
split(sep=None)	以 sep 为分隔符(默认为空格)分隔字符串,返回字符串列表	>>> t.split('5') ['12', '34', '67', '89', '20']
c.join(iterable)	根据间隔符 c 把可迭代对象 iterable 中的元素拼接为一个字符串	>>> " ".join(t.split('5')) '12 34 67 89 20'

下面再通过一些示例说明字符串成员函数的用法。

```
>>> s = "abcdefg"
>>> t = '1234'
>>> s.upper()                    # 成员函数 upper()返回转换为大写的字符串
'ABCDEFG'
>>> s                            # s 本身不变
'abcdefg'
>>> s = s.upper()                # 把 s 中的所有字符都转换为大写
>>> print(s)
ABCDEFG
>>> s = s.lower()                # 成员函数 lower()返回转换为小写的字符串
>>> print(s)
abcdefg
>>> print(s.isalpha())           # 使用成员函数 salpha()判断是否都是英文字母
True
>>> print(t.isdigit())           # 使用成员函数 isdigit()判断是否都是数字字符
True
>>> print(s.isupper())           # 使用成员函数 isupper()判断是否都是大写字母
False
>>> print(s.islower())           # 使用成员函数 islower()判断是否都是小写字母
True
>>> print(s.find("cde"))         # 使用 find()查找子串,若找不到则返回 -1
                                 # 若找到则返回子串首字符在主串首次出现的下标
2
>>> print(s.find("cde",3))       # find()的第二个参数表示在主串中查找时的开始位置
-1
>>> s.replace('a','A')           # replace()返回用第二个参数替换第一个参数后的字符串
'Abcdefg'
>>> print(s)
abcdefg
>>> print("{0}*{0}*{0}+{1}*{1}*{1}+{2}*{2}*{2}={3}".format(1,5,3,153))
1*1*1+5*5*5+3*3*3=153
>>> ts = "Just do it"
>>> ts.split()                   # 根据空格分隔字符串得到字符串列表
['Just', 'do', 'it']
>>> ts = "*".join(list(ts))      # list(ts)把 ts 的每个字符作为一个元素构成列表
                                 # 以*为分隔符拼接列表元素构成字符串
>>> ts
'J*u*s*t* *d*o* *i*t'
>>> ts = "Just do it"
>>> ls = ts.split()              # 根据空格分隔字符串得到字符串列表 ls
>>> rs = "".join(ls)             # 以空串为分隔符拼接字符串列表 ls 的所有元素为一个字符串
>>> print(rs)
Justdoit
>>> lst = list(ts);
>>> print(lst)
['J', 'u', 's', 't', ' ', 'd', 'o', ' ', 'i', 't']
```


例 2.4.1　取子字符串

在一行上输入两个整数 m、n,下一行输入一个包含空格的字符串,取该字符串从第 m

个字符开始的 n 个字符构成的子字符串。

Sample Input
3 4 welcome to acm world

Sample Output
come

设字符串为 s,则可以采用 s[m: m+n]截取字符串 s 从 m 开始长度为 n(若长度不足则取完为止)的子串,具体代码如下。

```
m,n = input().split()
m = int(m)
n = int(n)
s = input()
res = s[m:m + n]                #截取从字符 t[m]到字符 t[m + n - 1]构成的子串
print(res)
```

运行结果:

```
3 11 ↵
welcome to acm world ↵
come to acm
```

当然,也可以考虑把字符串转换为列表,切片后再用字符串的成员函数 join()拼接,具体代码如下。

```
m,n = input().split()
m = int(m)
n = int(n)
s = input()
s = list(s)                          #字符串转换为列表
res = "".join(s[m:m + n])            #列表切片再无间隔符地拼接为字符串
print(res)
```

运行结果:

```
0 7 ↵
welcome to acm world ↵
welcome
```

例 2.4.2　逆置字符串

输入一个字符串(可能包含空格),把该字符串逆置后输出。

Sample Input
mca ekil I

Sample Output
I like acm

在线做题时,可以直接逆序输出字符串中的各个字符,具体代码如下。

```
s = input()
for i in range(len(s) - 1, - 1, - 1):          # 从 len(s) - 1 到 0 逆序循环
    print(s[i],end = '')
print()
```

运行结果：

```
mca ekil I ↵
I like acm
```

若需要真正逆置字符串，可以考虑以字符串的中间为界交换左右对称位置上的字符。由于字符串不支持项赋值，可以把字符串转换为列表进行处理后再拼接，具体代码如下。

```
s = input()
s = list(s)                                   # 字符串转换为列表
n = len(s)                                    # 求列表长度
for i in range(n//2):                         # 以中间位置为界，左右对称位置上的字符进行交换
    s[i],s[n - 1 - i] = s[n - 1 - i],s[i]
res = "".join(s)                              # 无间隔符地拼接列表元素为字符串
print(res)
```

运行结果：

```
dlrow mca ot emoclew ↵
welcome to acm world
```

实际上，列表的成员函数 reverse()可以实现列表的逆置，因此本例也可用以下代码实现。

```
s = list(input())                             # 输入字符串转换为字符列表
s.reverse()                                   # 调用列表成员函数 reverse()逆置列表
s = "".join(s)                                # 无间隔符地拼接列表元素为字符串
print(s)
```

运行结果：

```
ti od tsuJ ↵
Just do it
```

2.5 OJ 题目求解

例 2.5.1　求矩形面积(HLOJ 1902)

已知一个矩形的长和宽，计算该矩形的面积。矩形的长和宽用整数表示，由键盘输入。

Sample Input	Sample Output
4 3	12

本题直接使用矩形面积公式求解,具体代码如下。

```
a,b = map(int,input().split())          # 输入
s = a * b                               # 处理
print(s)                                # 输出
```

运行结果:

```
6 5 ↵
30
```

一个简单程序一般包含输入、处理、输出三部分。此代码通过内置函数 map()把输入的数据转换为整型。

例 2.5.2　求圆周长和面积(HLOJ 1903)

已知一个圆的半径,计算该圆的周长和面积,结果保留两位小数。半径为实数,由键盘输入。设圆周率等于 3.141 59。

Sample Input	Sample Output
3	18.85 28.27

本题直接使用圆的周长和面积公式求解,具体代码如下。

```
pi = 3.14159                     # 圆周率也可从数学模块导入:from math import pi
r = float(input())               # float()函数把其参数转换为实型数据
c = 2 * pi * r                   # 求周长
s = pi * r ** 2                  # 求面积
print("%.2f %.2f" % (c,s))       # 以小数点后保留两位小数的形式输出周长 c 和面积 s
```

运行结果:

```
5 ↵
31.42 78.54
```

注意乘号 * 必须明确写出来。另外,保留两个小数位数的输出,在函数 print()中使用格式字符 f 并在其前加“.2”。多个变量的格式化输出,可以在 print()函数的格式控制串中用多个%引导的格式字符(间隔符按原样给定),例如"%.2f %.2f";而要输出的多个输出项用()括起来并以逗号“,”间隔放在%之后,例如“% (c,s)”。若题目要求更高精度的圆周率,则可从数学模块 math 导入。

```
>>> from math import pi          # 导入周周率 pi
>>> pi
3.141592653589793
```

类似地，若需导入某模块中的某个成员，则可用 from…import 语句导入，例如：

```
>>> from math import sqrt                # 导入开根号函数 sqrt()
>>> sqrt(2)
1.4142135623730951
>>> from random import randint           # 导入随机函数 randint()
>>> randint(0,100)                       # 产生闭区间[0,100]范围内的一个随机整数
8
```

若需要导入某模块的所有成员，则可用如下两种方式。

方式 1：

from 模块名 import *

方式 2：

import 模块名

方式 1 可以直接使用成员名引用模块成员，方式 2 需要在成员名之前带上模块名(两者之间添加成员运算符"."），例如：

```
>>> from math import *                   # 用方式 1 导入数学模块 math
>>> sin(pi/6)                            # 直接引用正弦函数 sin()和圆周率 pi
0.49999999999999994
>>> cos(pi/3)                            # 直接引用余弦函数 cos()和圆周率 pi
0.5000000000000001
>>> log10(e)                             # 直接引用以 10 为底的对数函数 log10()和自然常数 e
0.4342944819032518
>>> import random                        # 用方式 2 导入随机模块 random
>>> random.random()                      # 产生闭开区间[0.0,1.0)范围内的一个随机浮点数，须带模块名
0.8181881307469177
>>> random.uniform(10.0,50.0)            # 产生闭区间[10.0,50.0]范围内的一个随机浮点数，须带模块名
23.372874971719998
```

例 2.5.3　温度转换(HLOJ 1905)

输入一个华氏温度 f(整数)，要求根据公式 $c=\frac{5}{9}(f-32)$ 计算并输出摄氏温度，其中，f 由键盘输入，结果保留 1 位小数。

Sample Input	Sample Output
100	37.8

本题直接根据所给公式计算，具体代码如下。

```
f = int(input())
c = 5/9 * (f - 32)
print("%.1f" % c)
```

运行结果:

```
97 ↲
36.1
```

注意,在 Python 中,5/9 结果为 0.555 555 555 555 555 6。

例 2.5.4　反序显示一个四位数(HLOJ 1906)

从键盘上输入一个四位整数,将结果按反序显示出来。

Sample Input	Sample Output
1234	4321

本题涉及数位分离(把一个整数的各个数位上的数字分离出来),可以使用%、//运算符。例如,整数 n 的个、十、百、千位可以分别表示为 n%10、n//10%10、n//100%10、n//1000。根据得到的个、十、百、千位可以构造出逆序四位数输出。若是在线做题则也可以从个数到千位逆向输出,具体代码如下。

```
n = int(input(""))
a = n % 10
b = n//10 % 10                        #整除用//
c = n//100 % 10
d = n//1000
m = a * 1000 + b * 100 + c * 10 + d   #在线做题可以直接:print(a,b,c,d,sep = '')
print(m)
```

运行结果:

```
9768 ↲
8679
```

本题也可以直接使用字符串处理,具体代码如下。

```
n = input()
m = n[3] + n[2] + n[1] + n[0]         #+ 是连接符,4 个字符的字符串的下标范围区间为[0,3]
print(m)
```

运行结果:

```
5201 ↲
1025
```

例 2.5.5　交换两实数的整数部分(HLOJ 1907)

输入两个实数,将其整数部分交换后输出,结果保留两位小数。

Sample Input	Sample Output
23.45 54.22	54.45 23.22

本题需要把两个实数的整数部分和小数部分拆分出来。实数取整数部分可以使用函数int(),而小数部分可用原数减去整数部分,具体代码如下。

```
a,b = map(float,input().split())
ia = int(a)                          # 取得 a 的整数部分
ib = int(b)                          # 取得 b 的整数部分
fa = a - ia                          # 取得 a 的小数部分
fb = b - ib                          # 取得 b 的小数部分
c = ib + fa
d = ia + fb
print("%.2f,%.2f" % (c,d))
```

运行结果:

```
2020.7511 2009.0716 ↵
2009.75,2020.07
```

例 2.5.6　英文字母的大小写转换(HLOJ 1908)

输入一个大写字母 c1 和一个小写字母 c2,把 c1 转换成小写,c2 转换成大写,然后输出。

Sample Input	Sample Output
Y e	y,E

若要把字符串中的大写字母转换为小写,则可调用字符串的成员函数 lower();而若要把字符串中的小写字母转换为大写,则可调用字符串的成员函数 upper(),具体代码如下。

```
c1,c2 = input().split()
c1 = c1.lower()                 # 成员函数 lower()实现把大写字母转换为小写
c2 = c2.upper()                 # 成员函数 upper()实现把小写字母转换为大写
print("%c,%c" % (c1,c2))
```

运行结果:

```
A c ↵
a,C
```

注意,需要把 lower()或 upper()转换后的结果重新赋值给变量,否则变量不会改变。

字符串的成员函数 lower()或 upper()是对整个字符串中的英文字母进行小写或大写转换。实际上,对于一个字母的大小写转换,可以先求得一个字母的小写与大写之间的 Unicode 码值之差(也是 ASCII 码值之差)diff,再用内置函数 ord()求得待转换字母的 Unicode 码值,并加上或减去 diff 后用内置函数 chr()转换为小写或大写字母即可,具体代码如下。

```
c1,c2 = input().split()
diff = ord('a') - ord('A')           # 求得大小写字母之间的 Unicode 码值之差 diff
c1 = chr(ord(c1) + diff)             # 把大写字母的 Unicode 码值加上 diff,再转换为字符
```

```
c2 = chr(ord(c2) - diff)        #把小写字母的 Unicode 码值减去 diff,再转换为字符
print("%c, %c" % (c1,c2))
```

运行结果:

```
O k↲
o,K
```

习　　题

一、选择题

1. 以下属于合法的 Python 语言用户标识符是(　　)。
   A. a.123　　B. a_b　　C. def　　D. 1Max
2. 以下不属于合法的 Python 语言用户标识符是(　　)。
   A. print　　B. abc　　C. max　　D. sum
3. Python 语言(3.8 版本)中字符常量在内存中存放的是(　　)。
   A. ASCII 码值　　B. Unicode 码值
   C. 内码值　　D. 十进制代码值
4. Python 语言中,非法的常量是(　　)。
   A. 0o12　　B. 'abcde'　　C. 1e−6　　D. true
5. 已知 'A'的 Unicode 码值为十进制数 65,能够得到 'F'的是(　　)。
   A. chr('A'+5)　　B. 'A'+5
   C. chr(ord('A')+5)　　D. chr(71)
6. Python 语言中,以下能够正确创建整型变量 a 的是(　　)。
   A. int a　　B. a=0　　C. int (a)　　D. (int) a
7. 以下运算符中,优先级最高的是(　　)。
   A. <=　　B. not　　C. %　　D. and
8. 以下运算符优先级按从高到低排列正确的是(　　)。
   A. 算术运算、赋值运算、关系运算　　B. 关系运算、赋值运算、算术运算
   C. 算术运算、关系运算、赋值运算　　D. 关系运算、算术运算、赋值运算
9. Python 语言中,要求运算对象只能为整数的运算符是(　　)。
   A. *　　B. /　　C. //　　D. %
10. 表达式 34/5 的结果为(　　)。
    A. 6　　B. 7　　C. 6.8　　D. 以上都错
11. 表达式 34//5 的结果为(　　)。
    A. 6　　B. 7　　C. 6.8　　D. 以上都错
12. 判断 a、b 中有且仅有 1 个值为 0 的表达式是(　　)。
    A. not (a * b) and a+b　　B. (a * b) and a+b
    C. a * b==0　　D. a and not b

13. 不能正确表示“x 大于 10 且小于 20”的是(　　)。

A. 10<x<20　　B. x>10 and x<20

C. x>0&& x<20　　D. not(x<=10 or x>=20)

14. 执行以下代码后,k 的值是(　　)。

```
s = "123456"; t = "7788"; k = s.find(t)
```

A. 4294967295　　B. −1　　C. 0　　D. 0xffffffff

15. 以下代码的执行结果是(　　)。

```
s = "123"; c = 'a'; print(s + c)
```

A. 语句出错　　B. 188　　C. 123a　　D. 12310

16. 以下代码的执行结果是(　　)。

```
s = "12300"; t = "1256"; print(s < t)
```

A. true　　B. false　　C. False　　D. True

17. 以下代码的执行结果是(　　)。

```
s = "abcdefgh"; t = s[3:]; print(t)
```

A. abc　　B. cdefgh　　C. defgh　　D. fgh

18. 以下代码的执行结果是(　　)。

```
s = "abcdefghi"; t = s[3:6]; print(t)
```

A. defg　　B. cdef　　C. defghi　　D. def

19. 以下代码的执行结果是(　　)。

```
s = "123"; t = "456"; t = int(s + t); print(t)
```

A. 123456　　B. 579　　C. 456　　D. 语句出错

20. 有代码如下:

```
s = 'abcde'; s[1] = '1'
```

则关于以上语句说法正确的是(　　)。

A. 语句 s[0]='1'有错　　B. 语句 s='abcde'有错

C. s 被修改为'1bcde'　　D. s 被修改为'a1cde'

21. 有代码如下:

```
s = input();print(len(s))
```

则在输入以下数据后得到的结果是(　　)。

```
Hello World
```

A. 11　　B. 6　　C. 5　　D. 12

22. 以下集合创建的语句中,错误的是(　　)。

A. a=set()　　B. a={}

C. a={1,2,3}　　D. a={i for i in range(1,4)}

23. 以下代码的执行结果是(　　)。

```
a = {i for i in range(1,10)}
b = {i for i in range(12) if i % 2 == 1 }
print(a - b)
```

A. {2, 4, 6, 8, 11}　　B. {1, 2, 3, 4, 5, 6, 7, 8, 9, 11}

C. {1, 3, 5, 7, 9}　　D. {2, 4, 6, 8}

24. 以下代码的执行结果是(　　)。

```
a = {i for i in range(1,10)}
b = {i for i in range(12) if i % 2 == 1 }
print(a|b)
```

A. {2, 4, 6, 8, 11}　　B. {1, 2, 3, 4, 5, 6, 7, 8, 9, 11}

C. {1, 3, 5, 7, 9}　　D. {2, 4, 6, 8}

25. 以下代码的执行结果是(　　)。

```
a = {i for i in range(1,10)}
b = {i for i in range(12) if i % 2 == 1 }
print(a&b)
```

A. {2, 4, 6, 8, 11}　　B. {1, 2, 3, 4, 5, 6, 7, 8, 9, 11}

C. {1, 3, 5, 7, 9}　　D. {2, 4, 6, 8}

26. 以下代码的执行结果是(　　)。

```
a = {i for i in range(1,10)}
b = {i for i in range(12) if i % 2 == 1 }
print(a^b)
```

A. {2, 4, 6, 8, 11}　　B. {1, 2, 3, 4, 5, 6, 7, 8, 9, 11}

C. {1, 3, 5, 7, 9}　　D. {2, 4, 6, 8}

二、OJ 编程题

1. 4 位整数的数位和(HLOJ 2003)

输入一个 4 位数的整数,求其各数位上的数字之和。

Sample Input	Sample Output
1234	10

2. 5 门课的平均分(HLOJ 2004)

输入 5 门课程成绩(整数),求平均分(结果保留 1 位小数)。

Sample Input	Sample Output
66 77 88 99 79	81.8

3. 打字(HLOJ 2005)

小明 1 分钟能打 m 字,小敏 1 分钟能打 n 字,两人一起打了 t 分钟,总共打了多少字?

Input

输入 3 个整数 m,n,t。

Output

输出小明和小敏 t 分钟一共打的字数。

Sample Input	Sample Output
65 60 2	250

4. 欢迎信息(HLOJ 2006)

根据输入的姓名(可能包含空格),输出欢迎信息,即在姓名之前添加“Hello,”。

Sample Input	Sample Output
Jack	Hello,Jack

5. 求串长(HLOJ 2007)

输入一个字符串(可能包含空格),输出该串的长度。

Sample Input	Sample Output
welcome to acm world	20

6. 求子串(HLOJ 2008)

输入一个字符串,输出该字符串的子串。

Input

首先输入一个正整数 k,然后是一个字符串 s,k 和 s 之间用一个空格分开。(k 大于 0 且小于等于 s 的长度。)

Output

输出字符串 s 从头开始且长度为 k 的子串。

Sample Input	Sample Output
10 welcome to acm world	welcome to

7. 查找字符串(HLOJ 2009)

在一行上输入两个字符串 s 和英文字符串 t,要求在 s 中查找 t。其中,字符串 s,t 均不包含空格,且长度均小于 80。

Input

首先输入一个正整数 T,表示测试数据的组数,然后是 T 组测试数据。每组测试输入两个长度不超过 80 的字符串 s 和 t。

Output

对于每组测试数据,若在 s 中找到 t,则输出“Found!”,否则输出“not Found!”。引号不必输出。

Sample Input	Sample Output
2 dictionary lion factory act	not Found! Found!

第3章 程序控制结构

3.1 程序控制结构简介

程序控制结构主要包括**顺序结构**、**选择结构**、**循环结构**。

顺序结构是按语句的书写顺序执行的程序结构。

选择结构是根据特定的条件决定执行哪个语句的程序结构，常用 if 语句。

循环结构是在满足特定的条件时重复执行某些语句的程序结构，常用 for 和 while 语句。

顺序结构的流程图如图 3-1 所示。

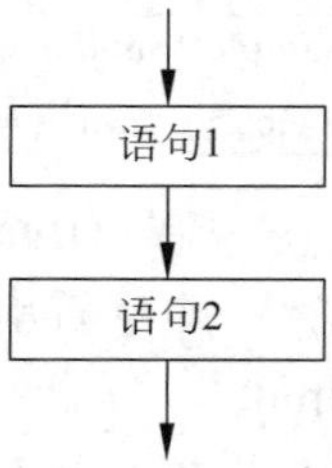

图 3-1 顺序结构流程图

例如，下面的代码按顺序依次执行下来，先把 a、b 分别赋值为 1、3，然后交换这两个变量的值，再输出它们的值。

```
a,b = 1,3
a,b = b,a
print(a,b)
```

3.2 选择结构

例 3.2.1 两者中的大者

输入两个整数 a，b，找出其中的大者并输出。

思路 1：先假设第一个数大，然后与后一个数比较，若后一个数大，则大者为后一个。可用单分支 if 语句实现，具体代码如下。

```
a,b = map(int,input().split())
c = a                    #假设第一个数大,存放在假设的大者 c 中
if b > c:                #若第二个数大于 c,则把 c 修改为第二个数
    c = b
print(c)
```

运行结果：

```
1 3↵
3
```

思路 2：直接比较两个数，若前一个数大，则把它作为结果，否则结果为后一个数。可用双分支 if 语句实现，具体代码如下。

```
a,b = map(int,input().split())
if a >= b:                    #若第一个数不小于第二个数,则大者为第一个数
    c = a
else:                         #若第二个数大于第一个数,则大者为第二个数
    c = b
print(c)
```

运行结果：

```
3 5↵
5
```

本题两种思路的代码中分别使用了单分支、双分支 if 语句。

1. 基本的 if 语句

基本 if 语句格式如下。

```
if 条件: 语句 1
[ else: 语句 2 ]
```

注意，if 的条件及 else 之后都需要添加冒号“:”。若语句 1 或语句 2 包含多条语句，可以在一行上把多条语句用分号间隔，也可以把多条语句放到冒号的后续几行(注意缩进量的一致)。描述语法时，[ ]表示[ ]中的内容是可选项，即 if 语句可以是单分支 if 语句，如下。

```
if 条件: 语句 1
```

此 if 语句在满足条件时执行语句 1，否则不执行任何语句，其流程图如图 3-2 所示。

或者是双分支 if 语句，如下。

```
if 条件:
    语句 1
else:
   语句 2
```

此 if 语句在满足条件时执行语句 1，否则执行语句 2，其流程图如图 3-3 所示。

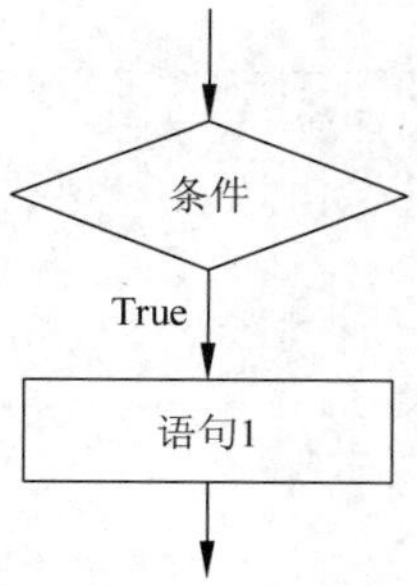

图 3-2　单分支 if 语句流程图

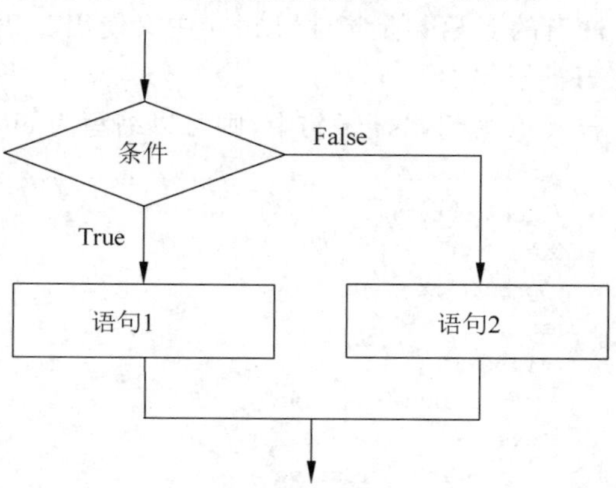

图 3-3　双分支 if 语句流程图

可见,if 语句可带 else 子句(双分支选择结构),也可以不带(单分支选择结构)。

if 语句的条件一般是一个为 True 或 False 的表达式,否则一切 0 值转换为 False,一切非 0 值转换为 True。

语句 1 和语句 2 可以是一条语句,也可以是多条语句(在一行上写时以分号间隔,分行写时注意缩进量的一致)。例如:

```
x = int(input())
if x:                                    #x 相当于 x!= 0
    print("x is non - zero")
else:
    printf("x is zero\n")
if x == 1:
    a = 1                                #注意缩进量与下一句一致
    b = 2                                #注意缩进量与上一句一致
else:
    a =- 1                               #注意缩进量与下一句一致
    b =- 2                               #注意缩进量与上一句一致
```

条件表达式类似于双分支选择结构,区别在于前者是表达式,后者是语句。条件表达式形式如下。

表达式 1 if 条件 else 表达式 2

当"条件"为 True 时,取"表达式 1"的值为条件表达式的值,否则取"表达式 2"的值为条件表达式的值。例如:

```
>>> x = 1
>>> y = 3
>>> x if x> = y else y                  #取 x、y 中的大者作为表达式的值
3
```

2. 嵌套的 if 语句

嵌套的 if 语句是指在 if 语句中又使用 if 语句。if 语句可以嵌套在 if 子句中,也可以嵌套在 else 子句中。

若 if 嵌套到 else 子句中,则可以缩写为 elif 子句。例如:

```
x = int(input())
if x == 0:
    print("zero")
else:
    if x > 0:
        print("positive")
    else:
        print("negative")
```

缩写如下。

```
x = int(input())
if x == 0:
    print("zero")
elif x > 0:
    print("positive")
else:
    print("negative")
```

3. if 选择结构示例

例 3.2.2　三者的最大值

输入三个整数,找出其中最大的一个并显示出来。

思路:假设第一个数最大并放到结果 d 中,若后面的数大于 d,则把 d 变为该数。可用单分支语句实现,具体代码如下。

```
a,b,c = map(int,input().split())
d = a                             #假设第一个数最大,存放在 d 中
if b > d:                         #若第二个数比假设的最大数 d 更大,则把 d 改为该数
    d = b
if c > d:                         #若第三个数比假设的最大数 d 更大,则把 d 改为该数
    d = c
print(d)
```

运行结果:

```
1 3 5↲
5
```

这种思路比较简单,而且容易扩展到多个数的情况(结合循环结构)。读者可以思考本题还有哪些其他实现方法,并自行编写代码实现。

例 3.2.3　三数排序

输入三个整数,然后按从大到小的顺序把它们显示出来。

这个问题该如何实现呢?仔细思考,可以想到多种方法。下面给出两种方法,分别用到选择排序和冒泡排序的思想。

思路 1:采用选出当前最大者放到当前最前面位置(选择排序)的思想,具体代码如下。

```
a,b,c = map(int,input().split())
if a < b:                    #若第一个数比第二个数更小,则交换
    a,b = b,a
if a < c:                    #若第一个数比第三个数更小,则交换,至此最大数放在第一个位置
    a,c = c,a
if b < c:                    #若第二个数比第三个数更小,则交换,至此第二大数放在第二个位置
    b,c = c,b
print(a,b,c)
```

运行结果:

```
1 3 5 ↵
5 3 1
```


思路 2：采用把当前最小者放到当前最后面位置(冒泡排序)的思想,具体代码如下。

```
a,b,c = map(int,input().split())
if a<b:                    #若第一个数比第二个数更小,则交换
    a,b = b,a
if b<c:                    #若第二个数比第三个数更小,则交换,至此最小数放在第三个位置
    b,c = c,b
if a<b:                    #若第一个数比第二个数更小,则交换,至此第二小数放在第二个位置
    a,b = b,a
print(a,b,c)
```

运行结果：

```
3 5 1 ↵
5 3 1
```

例 3.2.4　成绩转换

将百分制成绩转换为五级计分制时,90～100 分等级为 A,80～89 分等级为 B,70～79 分等级为 C,60～69 分等级为 D,0～59 分等级为 E。输入一个百分制成绩,请输出等级。

本例是多分支结构,可以用嵌套 if 语句实现,这里使用把 if 语句嵌套在 else 子句中,从而缩写为 elif 的方法,具体代码如下。

```
score = int(input())
if score >= 90:                  #若不小于 90,则为 A
    rank = 'A'
elif score >= 80:                #若小于 90,但不小于 80,则为 B
    rank = 'B'
elif score >= 70:                #若小于 80,但不小于 70,则为 C
    rank = 'C'
elif score >= 60:                #若小于 70,但不小于 60,则为 D
    rank = 'D'
else:                            #若小于 60,则为 E
    rank = 'E'
print(rank)
```

运行结果：

```
85 ↵
B
```

因为 if 和 elif 之后的条件是逐个判断下来的,所以在判断第一个 elif 之后的条件“score>=80”时,已经不满足 if 之后的“score>=90”条件,而在判断第二个 elif 之后的条件“score>=70”时,已经不满足“score>=80”条件。其他的 elif 和 else 之后满足的条件可

类似理解。

例 3.2.5　某月的天数

输入年份 year、月份 month，判断该月的天数。

已知大月有 31 天，小月有 30 天，2 月有 28 天或 29 天（闰年）。大月有 1、3、5、7、8、10、12，共 7 个月；小月有 4、6、9、11，共 4 个月。

本题可用 if 语句根据不同的情况（大月、小月、2 月）得到该月的天数，具体代码如下。

```
year,month = map(int,input().split())
if month == 2:                                              #若为2月
    if year % 4 == 0 and year % 100!= 0 or year % 400 == 0: #若是闰年,则有29天
        days = 29
    else:                                                   #若是非闰年,则有28天
        days = 28
elif month == 4 or month == 6 or month == 9 or month == 11: #若为小月,则有30天
    days = 30
else:                                                       #若为大月,则有31天
    days = 31
print(days)
```

运行结果：

```
2021 1↲
31
```

3.3　循环结构

3.3.1　for 语句及其使用

例 3.3.1　n 个整数中的最大值

首先在第一行输入一个整数 n，然后在第二行输入 n 个整数，请输出这 n 个整数中的最大值。

在例 3.2.2 中，使用两条类似的单分支 if 语句可求得三个数的最大值。现在要求 n 个数中最大值，若程序运行前已知 n 的值，则也可以写 n－1 个单分支语句完成，但 n 是一个变量，在程序运行时输入后才能确定其值，因此无法在程序运行前写好 n－1 个 if 语句。由于 n－1 个 if 语句是重复的，可以写一条 if 语句并使其执行 n－1 次。这可以使用循环结构完成。循环结构中的 for 语句常用于实现次数固定且重复执行的要求。本例的具体代码如下。

```
n = int(input())
a = list(map(int,input().split()))          #输入多个整数存放到列表a中
maxVal = a[0]                               #假设第一个数最大,存放在假设的最大数
#变量maxVal中从第二个数开始,maxVal逐个与每个当前数比较,若小,则改为当前数
```

```
for i in range(1,n):
    if a[i]> maxVal:
        maxVal = a[i]
print(maxVal)
```

运行结果:

```
10 ↵
11 5 21 54 77 2 45 43 87 9 ↵
87
```

上面的代码中,for语句中循环变量i从1到n−1进行循环,共执行n−1次循环体(每次循环比较a[i]和maxVal,把大者保存在maxVal中)。实际上,在Python中可以直接用内置函数max()或min()求列表等可迭代对象中的最大值或最大值,具体代码如下。

```
n = int(input())
a = list(map(int,input().split()))        # 输入多个整数存放到列表 a 中
print(max(a))                             # 直接用 max()函数求列表 a 中的最大值
```

思考:如何求1+2+…+n的累加和?

一种常见的方法是直接采用循环逐项累加,另一种方法是直接调用内置函数sum()求解,具体代码如下。

```
n = int(input())
#使用 for 语句
s = 0
for i in range(1,n + 1):
    s += i
print(s)
#直接使用 sum()函数求和
print(sum(range(1,n + 1)))
```

运行结果:

```
10 ↵
55
55
```

range(1,n+1)产生包含闭区间[1,n]中各个整数的列表。sum()函数可以直接求得数值型可迭代对象中的所有元素之和。

for循环语句的基本格式如下。

```
for 循环变量 in 可迭代对象:
    循环体
[else: 其他语句]
```

其中,for、in 和 else 是关键字,else 子句可选。

for 后的循环变量也可称为迭代变量或迭代项。当还可以从可迭代对象中取得新的迭代项时则执行循环体,否则,若有 else 子句,则执行该子句后再结束循环,否则直接结束循环。for 循环的流程图如图 3-4 所示。

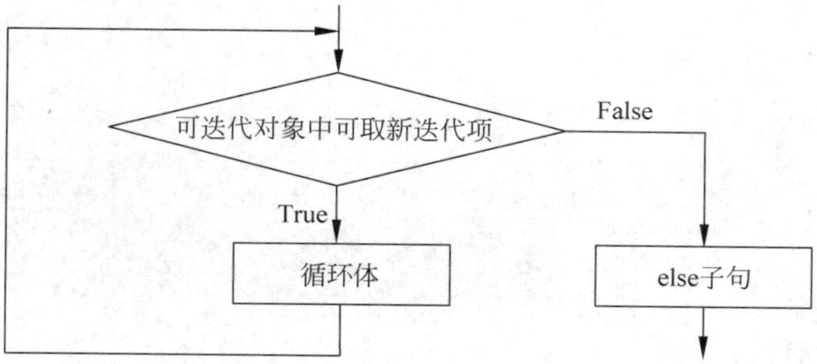

图 3-4　for 循环流程图

注意,执行 else 子句时,迭代项仍处于可迭代对象中,其值为可迭代对象中最后一项的值。如以下代码所示。

```
for i in range(3):
    print(i * i)
else:
    print(i)
```

运行结果:

```
0
1
4
2
```

一般而言,若循环中未使用 break 语句,则该 for 循环无须带有 else 子句。

若可迭代对象一开始为空,则迭代变量不会被创建。此时,若在 else 子句中使用迭代变量,则将产生错误。如以下代码(文件名为 test.py)所示。

```
for i in range(12,9):          # range(12,9)产生的可迭代对象为空
    print(i)
else:
    print(i)
```

运行结果:

```
Traceback (most recent call last):
  File "D:/Python/test.py", line 4, in <module>
    print(i)
NameError: name 'i' is not defined
```

另外,在循环体中更改迭代项不会影响循环的执行次数,因为下次循环时迭代项自动取可迭代对象中的下一项。如以下代码所示。

```
for i in range(1,4):
    i *= 3                  # 改变迭代变量不影响循环执行次数
    print(i)
```

运行结果:

```
3
6
9
```

例 3.3.2　数据统计

第一行输入一个整数 n,第二行输入 n 个整数,请统计其中负数、零和正数的个数。

本例可以设置 3 个计数器(统计个数的变量,初值为 0),每输入一个数就判断其是正、负或零中的哪一种,再把对应计数器加 1,具体代码如下。

```
zero = 0                                    # 0 的计数器
positive = 0                                # 正数的计数器
negative = 0                                # 负数的计数器
n = int(input())
a = list(map(int,input().split()))
for it in a:                                # 遍历列表 a,迭代变量 it 依次为列表中的每一项
    if it == 0:                             # 若当前项为零,则相应计数器加 1
        zero += 1
    elif it > 0:                            # 若当前项为正,则相应计数器加 1
        positive += 1
    else:                                   # 若当前项为负,则相应计数器加 1
        negative += 1
print(negative,zero,positive)
```

运行结果:

```
10↵
-5 0 0 9 6 -8 -7 -8 0 9↵
4 3 3
```

例 3.3.3　亲和数判断

亲和数是古希腊数学家毕达哥拉斯(Pythagoras)在自然数研究中发现的。若两个自然数中任何一个数都是另一个数的真约数(即不是自身的约数)之和,则它们就是亲和数。例如,220 和 284 是亲和数,因为 220 的所有真约数之和为 1+2+4+5+10+11+20+22+44+55+110=284,而且 284 的所有真约数之和为 1+2+4+71+142=220。请判断输入的两个整数是否是亲和数,是则输出“YES”,否则输出“NO”。引号不必输出。

本题根据亲和数的定义把两个整数的真约数之和各自求出,再判断各自是否等于另一个数即可,具体代码如下。

```
a,b = map(int,input().split())
sa = 0                              # sa 存放 a 的因子之和
for i in range(1,a//2 + 1):         # 从 1 到 a//2 把 a 的因子累加到 sa 中
    if a % i == 0:
        sa += i
sb = 0                              # sb 存放 b 的因子之和
for i in range(1,b//2 + 1):         # 从 1 到 b//2 把 b 的因子累加到 sb 中
    if b % i == 0:
        sb += i
if a == sb and b == sa:             # 若满足亲和数的条件则输出 YES,否则输出 NO
    print("YES")
else:
    print("NO")
```

运行结果：

```
220 284 ↵
YES
```

例 3.3.4 星号三角形

输入整数 n,显示星号 * 构成的三角形。例如,n=6 时,显示的三角形如下。

```
     *
    ***
   *****
  *******
 *********
***********
```

二维图形的输出,一般在观察图形得到规律后用二重循环实现。对于本题,若输入 n,则输出 n 行,且第 i(1≤i≤n)行有 n−i 个空格和 2i−1 个 *。故采用二重循环,第一重循环(外层循环)控制行数,第二重循环(内层循环)控制每行的空格数和 * 的个数,具体代码如下。

```
n = int(input())
for i in range(n):                  # 外层循环,控制行数
    for j in range(n - 1 - i):      # 内层循环,控制每行前面的空格数
        print(' ',end = '')
    for j in range(2 * i + 1):      # 内层循环,控制每行 * 的个数
        print('*',end = '')
    print()                         # 每行输出完毕后换行
```

运行结果：

```
6 ↵
     *
    ***
   *****
  *******
 *********
***********
```

多重循环的执行过程如下。

外层循环变量每取一个值,内层循环完整执行一遍。

上面的程序当外循环变量 i 为 0 时,内循环中第一个循环控制输出 n－1 个空格,内层循环中第二个循环控制输出 1 个 *;外循环变量 i 为 1 时,内层循环中第一个循环控制输出 n－2 个空格,内循环中第二个循环控制输出 3 个 *,……,外层循环变量 i 为 n－1 时,内层循环中第一个循环中的可迭代对象为空,该循环不执行,没有空格输出,内层循环中第二个循环控制输出 2n－1 个 *。

例 3.3.5　百钱百鸡问题

公鸡 5 元 1 只,母鸡 3 元 1 只,小鸡 1 元 3 只。要求 100 元钱买 100 只鸡,请问公鸡、母鸡、小鸡各多少只(某种鸡可以为 0 只)?

分别设三种鸡的只数为 x、y、z,然后利用总数量、总金额两个条件,可以列出两个方程:

(1) $x+y+z=100$

(2) $5x+3y+\frac{z}{3}=100$

两个方程共有三个未知数,不能直接求出结果。可以使用穷举法(也称枚举法,对待求解问题的所有可能情况逐一检查是否为该问题的解)对 x(0～20)、y(0～33)、z(0～100)的各种取值逐一检查是否满足这两个方程,如果满足,则得出一组结果。

根据以上分析,可以用三重循环求解,具体代码如下。

```
for i in range(0,21):                                   #公鸡只数 i 从 0 到 100//5 = 20 尝试
    for j in range(0,34):                               #母鸡只数 j 从 0 到 100//3 = 33 尝试
        for k in range(0,101):                          #小鸡只数从 0 到 100 尝试
            if i + j + k == 100 and i * 5 + j * 3 + k/3 == 100: #若满足百钱百鸡条件,则输出
                print(i,j,k)
```

运行结果:

```
0 25 75
4 18 78
8 11 81
12 4 84
```

实际上,当公鸡和母鸡的只数分别为 x、y 时,可以直接得到小鸡的只数 z＝100－x－y,因此小鸡只数不需要从 0 到 100 逐一尝试,如此仅需用二重循环即可求解,具体代码如下。

```
for i in range(0,21):                    #公鸡只数 i 从 0 到 100//5 = 20 尝试
    for j in range(0,34):                #母鸡只数 j 从 0 到 100//3 = 33 尝试
        k = 100 - i - j                  #按公鸡只数和母鸡只数计算小鸡只数
        if i * 5 + j * 3 + k/3 == 100:   #若满足钱数为 100,则输出
            print(i,j,k)
```

运行结果:

```
0 25 75
4 18 78
8 11 81
12 4 84
```

3.3.2　while 语句及其使用

思考：如何用 while 语句求 1＋2＋…＋n 的累加和？

可以使循环变量 i 从 1 开始循环，在 i≤n 时逐个加到累加单元中，具体代码如下。

```
n = int(input())
s,i = 0,1                          # 累加单元清 0,循环变量置 1
while i <= n:                      # 当 i <= n 时进行循环
    s += i
    i += 1                         # 改变循环变量,使循环趋于结束
print(s)
```

运行结果：

```
10 ↲
55
```

while 循环语句的格式如下。

while 循环条件:
**　　循环体**
[else: 其他语句]

其中，while 和 else 是关键字，else 子句可选。while 语句在满足循环条件时反复执行循环体，否则，若有 else 子句，则执行该子句后再结束循环，否则直接结束循环。一般而言，若 while 循环中未使用 break 语句，则该 while 语句无须带有 else 子句。while 循环的流程图如图 3-5 所示。

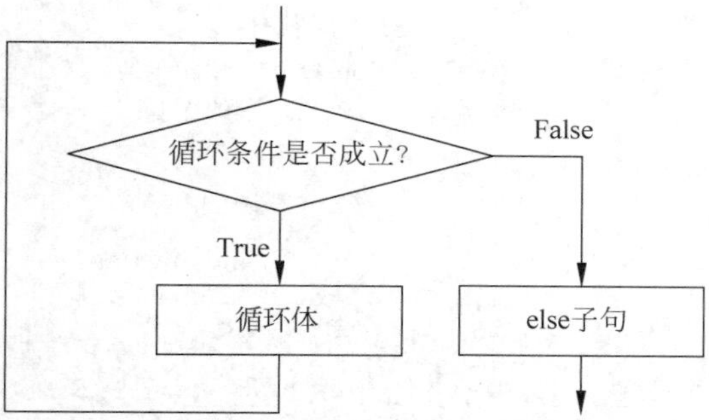

图 3-5　while 循环流程图

循环体中一般需要有改变循环变量使循环趋于结束的语句或跳出循环的语句，以避免死循环。若循环体有多条语句，则它们的缩进量需相同。另外，循环条件后需添加一个

冒号。

例 3.3.6 奇数的和

输入一个整数 n,用 while 循环求[1,n]中所有奇数的和。

可以考虑循环变量从奇数 1 开始,当奇数在 n 的范围内就逐个累加;当循环变量超出 n 则不再累加,循环结束,具体代码如下。

```
n = int(input())
s = 0                                   # 累加单元清 0
i = 1                                   # 循环变量从 1 开始
while i <= n:                           # 当循环变量不超过 n
    s += i                              # 累加当前项
    i += 2                              # 循环变量每次增加 2
print(s)
```

运行结果:

```
10 ↵
25
```

这个例子使用了 while 语句来实现循环,当满足 i<=n 条件时,反复执行循环体;当 i 不断增加使得 i<=n 条件不成立,即 i>n 时,结束循环。

若不要求用 while 语句,则可以使用函数 sum()和 range()求解本例,具体代码留给读者自行实现。

例 3.3.7 数位之和

输入一个正整数,求其各个数位上的数字之和。例如,输入 12345,输出 15。

本题需要数位分离,即把一个整数的个位、十位、百位等数位分离出来。可以不断地取得个位相加,再把个位去掉,直到该数等于 0 为止,具体代码如下。

```
n = int(input())
s = 0
while n > 0:                  # 当 n > 0 时循环
    s += n % 10               # n % 10 取得 n 的个位
    n// = 10                  # n// = 10 去掉 n 的个位
print(s)
```

运行结果:

```
12345 ↵
15
```

例 3.3.8 数列求和

求下面数列的所有大于等于 0.000 001 的数据项之和,显示输出计算的结果(四舍五入保留 6 位小数)。

$\frac{1}{2}$、$\frac{3}{4}$、$\frac{5}{8}$、$\frac{7}{16}$、$\frac{9}{32}$、…

观察上面的数列,发现什么规律?

规律 1: 分子为从 1 开始的奇数、分母为 2 的幂次; 即第 i 项的通项公式为 $(2i-1)/2^i$。

规律 2: 第一项分子为 1、分母为 2,后项与前一项相比,分子值增加 2,分母值增加 1 倍。

这里采用按规律 2,逐项累加。另外,0.000 001 可以表示为 1e−6,具体代码如下。

```
a = 1                              # 首项分子
b = 2                              # 首项分母
t = a/b                            # 首项
sum = 0                            # 累加单元清 0
while t >= 1e-6:                   # 当前项满足要求
    sum += t                       # 累加当前项
    a += 2                         # 下一项分子
    b *= 2                         # 下一项分母
    t = a/b                        # 下一项
print("%.6f" % sum)                # 结果保留 6 位小数
```

运行结果:

```
2.999998
```

采用规律 1 的代码留给读者自行实现。

例 3.3.9　计算 sin x 的近似值

按下面的计算公式,设计一个程序,输入弧度 x,通过累加所有绝对值大于等于 0.000 001 的项来计算 sin x 的近似值,显示输出计算的结果。结果保留 6 位小数。

$$\sin x=\frac{x}{1}-\frac{x^3}{3!}+\frac{x^5}{5!}-\frac{x^7}{7!}+\cdots$$

观察计算公式,发现什么规律?

规律 1: 第 n 项的分子为 x 的 2n−1 次幂(与前一项相差一个因子 $-x^2$)、分母为(2n−1)!。

规律 2: 第一项为 x,第 n 项的通项为 $x^{2n-1}/(2n-1)!$,后项与前一项相比,相差一个因子 $-x^2/((2n-1)(2n-2))$。

根据规律 2,逐项累加。0.000 001 可以表示为 1e−6,具体代码如下。

```
s = 0
x = float(input())
t = x                                      # t 表示某一项,首项为 x
n = 1
while abs(t) >= 1e-6:                      # abs(t)求实数 t 的绝对值
    s += t
    n += 1
    t *= -x*x/(2*n-1)/(2*n-2);             # 求得新项
print("%.6f" % s);                         # 结果保留 6 位小数
```

运行结果：

```
1.5707963 ↵
1.000000
```

其中，内置函数 abs()用于求绝对值。

也可以采用规律 1 实现，具体代码如下。

```
s = 0                              # 累加单元清 0
x = float(input())
t = x                              # 首项分子
r = 1                              # 首项分母
n = 1                              # n = 1 表示第一项
while abs(t/r)> = 1e - 6:          # 若当前项的绝对值不小于 1e - 6
    s += t/r                       # 把当前项加入 s
    t * = - x * x                  # 下一项的分子
    n += 1                         # 项数加 1
    r = 1
    for i in range(1,2 * n):       # 计算下一项的分母
        r * = i

print(" %.6f" % s)                 # 结果保留 6 位小数
```

运行结果：

```
0.7853982 ↵
0.707106
```

此代码在 while 循环中嵌套了 for 循环求阶乘，是二重循环的实现方式。另外，本例中阶乘是除数，也可以考虑不计算阶乘而在 for 循环中用“t/=i”求得各项，具体代码留给读者自行实现。

3.3.3 continue、break 语句及其使用

continue 语句用于提前结束本次循环的执行，即本次循环不执行 continue 之后的语句，而继续进行下一次循环的准备与条件判断。

break 语句用来跳出其所在的循环，接着执行该循环之后的语句。若 break 语句所在的循环带有 else 子句，则执行 break 语句将跳过该 else 子句并结束循环。

对于例 3.3.6，循环变量 i 也可以从 0 开始，在永真循环中依次递增 1，若 i 的值大于 n，则用 break 语句跳出循环从而结束循环，否则判断 i 是否偶数，若是，则跳过该数不加到累加单元 s 中，具体代码如下。

```
n = int(input())
s = 0
i = 0
while True:
```

```
    i += 1                # 循环变量每次增加 1
    if i > n:
        break             # break 语句用于跳出循环
    if i % 2 == 0:
        continue          # continue 用于结束本次循环,即循环体中 continue 之后的语句不执行
    s += i
print(s)
```

运行结果:

```
10 ↵
25
```

例 3.3.10　素数判定

输入一个正整数 n(n>1),判断该数是否为素数。如果 n 为素数则输出"yes";反之输出"no"。

根据素数的定义,除了 1 和本身之外没有其他因子的自然数是素数。因此可以从 2 到该数的前一个数去看有没有因子,只要这个范围内有任意一个因子就可以确定该数不是素数,不必再看是否有其他因子。根据这个思路,具体代码如下。

```
n = int(input())
flag = True                         # 假设 n 为素数,标记变量设为 True
for i in range(2,n):
    if n % i == 0:                  # 若 i 是 n 的因子,则可判断 n 不是素数并结束循环
        flag = False                # 标记变量改为 False
        break                       # 跳出循环体

if n == 1: flag = False             # 对 1 进行特判

if flag == True:                    # 若标记变量为 True,则 n 为素数,否则 n 不是素数
    print("yes")
else:
    print("no")
```

运行结果:

```
13 ↵
yes
```

上面的代码中,for 循环有两个出口,一个是循环变量 i 不能取得新值;另一个是执行了 break 语句,使得程序流程直接从循环中跳出。

实际上,若本例的 for 循环中带 else 子句,则不需要使用标记变量 flag,具体代码如下。

```
n = int(input())
for i in range(2,n):
    if n % i == 0:                  # 若有因子则输出 no 并结束循环
```

```
        print("no")
        break                        #若执行 break 语句,则跳过循环的 else 子句而结束循环
else:                                #若未执行 break 语句,则执行 else 子句后的语句
    print("yes")
```

注意,一个 break 语句只能跳出一个循环。如果要用 break 语句跳出二重循环,可以在内、外循环中都使用 break。

对于 2 147 483 647 这个素数而言,上面判断是否有因子的循环需要执行 2 147 483 646 次。显然效率很低,能否改进代码,提高效率呢? 在效率提高方面,因为 n 除了本身之外的最大可能因子是 n//2,因此 range(2,n)可以改为 range(2,n//2+1),这样对于一个素数的判断循环次数少了约一半,效率得到提高。实际上,效率可以进一步提高,因为若 n 是合数(不是素数),则可以分解为两个因子(设为 a,b,且 a≤b)之积,即

$$n=a\times b$$

则

$$a^2\leqslant a\times b\leqslant b^2$$

即

$$a^2\leqslant n\leqslant b^2$$

即

$$a\leqslant\sqrt{n}\leqslant b$$

可见,a 这个因子不大于$\sqrt{n}$,因此可以判断到$\sqrt{n}$即可,因为$\sqrt{n}$之前没有 n 的因子的话,$\sqrt{n}$之后也不会有 n 的因子,具体代码如下。

```
from math import sqrt                #引入 math 模块的 sqrt()函数
n = int(input())
k = int(sqrt(n))                     #求得根号 n 并转换为整数
flag = True
for i in range(2,k + 1):             #在闭区间[2,k]内判断是否有 n 的因子
    if n % i == 0:                   #若 i 是 n 的因子,则改变 flag 的值并结束循环
        flag = False
        break

if n == 1: flag = False              #对 1 进行特判

if flag == True:
    print("yes")
else:
    print("no")
```

运行结果:

```
2147483647 ↵
yes
```

对于 2 147 483 647 而言,上面判断是否有因子的循环需要执行 46 339 次,效率远高于前一种方法。另外,使用 sqrt()函数需引入 math 模块。注意,sqrt()函数返回的是实数,需转换为整数,否则用于 range()函数中将出错。

例 3.3.11　最大公约数

求两个正整数 m,n 的最大公约数(Greatest Common Divisor,GCD)。

本例的一种方法是直接利用数学性质求解,即从 m,n 两个数中的小者到 1 逐个尝试(穷举法),找第一个能同时整除 m,n 的因子(找到则保存结果并用 break 语句跳出循环体),具体代码如下。

```
m,n = map(int,input().split())
k = min(m,n)                          #用 min()函数求得 m,n 中的小者存放到 k 中
for i in range(k,0,-1):               #i 从 k 到 1 进行循环
    if m % i == 0 and n % i == 0:     #若 i 能同时整除 m、n,则 i 为最大公约数
        gcd = i
        break
print(gcd)
```

运行结果:

```
27 63 ↵
9
```

另一种方法是利用欧几里得(Euclid)算法。欧几里得算法又称辗转相除法,用于计算两个整数 m,n 的最大公约数。其计算原理依赖于下面的定理:gcd(m,n)=gcd(n,m%n)。

例如,求 m=70 和 n=16 的最大公约数,计算过程如下。

轮次	m	n	t=m%n
1	70	16	6
2	16	6	4
3	6	4	2
4	4	2	0
5	2	0	

计算时,m、n 的值不断用新值代替旧值(迭代法),直到 n 为 0 时,m 为最大公约数。因此,具体代码如下。

```
m,n = map(int,input().split())
while n > 0:                          #当 n 大于 0 时迭代
    r = m % n                         #求余数
    m = n                             #用原来的 n 替换原来 m 的值,得到新的 m
    n = r                             #用余数 r 替换原来 n 的值,得到新的 n
print(m)                              #n 为 0 时,m 为最大公约数
```

运行结果:

```
27 63 ↵
9
```

此代码可简化如下。

```
m,n = map(int,input().split())
while n > 0:                      #当 n 大于 0 时迭代
    m,n = n,m % n                 #把原来的 n 给 m,把原来的 m % n 给 n
print(m)                          #n 为 0 时,m 为最大公约数
```

运行结果:

```
50000 45000 ↵
5000
```

实际上,数学模块 math 中提供了函数 gcd(),可直接调用求解两个整数的最大公约数,具体代码如下。

```
from math import gcd              #从 math 模块导入求最大公约数的函数 gcd()
m,n = map(int,input().split())
print(gcd(m,n))                   #直接调用 gcd()函数求解最大公约数
```

运行结果:

```
2147483647 13 ↵
1
```

思考:怎么求 m,n 的最小公倍数(Least Common Multiple,LCM)lcm?

一种思路是从 m、n 中的大者出发,逐个检查该数的 1 倍、2 倍、…是否是另一个数的倍数。另一种思路是基于求得的最大公约数 gcd,设原来的 m、n 已经分别保存在 a、b 中,则最小公倍数 lcm=a×b//gcd。

思考:如何求 n 个正整数的最小公倍数?

可以设最小公倍数 lcm 的初值为 1,在执行 n 次的循环中对于每个输入的整数 t,求 lcm 与 t 的最小公倍数并保存在 lcm 中,则最终的 lcm 为结果。具体代码留给读者自行实现。

3.4 OJ 题目求解

例 3.4.1 平均值(HLOJ 1912)

Problem Description

在一行上输入若干整数,每两个整数以一个空格间隔,求这些整数的平均值。

Input

首先输入一个正整数 T,表示测试数据的组数,然后是 T 组测试数据。每组测试输入一个字符串(仅包含数字字符和空格)。

Output

对于每组测试,输出以空格分隔的所有整数的平均值,结果保留一位小数。

Sample Input	Sample Output
1 1 2 3 4 5 6 7 8 9 10	5.5

循环次数固定为 T,用 for 循环比较简洁。在控制组数的循环中逐个输入字符串,把 input()函数输入的字符串用 split()函数根据空格把各个整数字符串分离出来,并利用内置函数 map()和 list()转换为整数列表,然后用内置函数 sum()对列表求和,再除以列表长度即可求得平均值,具体代码如下。

```
T = int(input())
for i in range(T):
    s = list(map(int,input().split()))          #s 是一个由若干整数构成的列表
    print("%.1f" % (sum(s)/len(s)))             #输出平均值,结果保留 1 位小数
```

运行结果:

```
2↵
1 2 3 4 5 6 7 8 9 10↵
5.5
1 2 3 4 5↵
3.0
```

例 3.4.2　闰年判断(HLOJ 1910)

Problem Description

闰年是能被 4 整除但不能被 100 整除或者能被 400 整除的年份。请判断给定年份是否闰年。

Input

首先输入一个正整数 T,表示测试数据的组数,然后是 T 组测试数据。每组测试数据输入一个年份 y。

Output

对于每组测试,若 y 是闰年输出"YES",否则输出"NO"。引号不必输出。

Sample Input	Sample Output
2 2008 1900	YES NO

可用一个循环控制测试组数,每次循环输入一个年份,若该年份满足闰年条件,则输出"YES",否则输出"NO",具体代码如下。

```
T = int(input())                                 #输入测试组数
for t in range(T):                               #外循环控制 T 组测试
```

```
y = int(input())                                    # 输入年份 y
if y % 4 == 0 and y % 100!= 0 or y % 400 == 0:      # y 满足闰年的条件
    print("YES")
else:
    print("NO")
```

运行结果:

```
3 ↵
2008 ↵
YES
1900 ↵
NO
2020 ↵
YES
```

例 3.4.3　求 n!(HLOJ 1909)

Problem Description

$$n! = \begin{cases} 1, & n=0,1 \\ 1\times 2\times \cdots \times n, & n\geqslant 2 \end{cases}$$

Input

首先输入一个正整数 T,表示测试数据的组数,然后是 T 组测试数据。每组测试数据输入一个正整数 n(n≤12)。

Output

对于每组测试,输出整数 n 的阶乘。

Sample Input	Sample Output
1 5	120

可用一个外循环控制测试组数,内循环从 1 连乘到 n,其中连乘单元初值置为 1。

```
T = int(input())                    # 输入测试组数
for t in range(T):                  # 外循环控制 T 组测试
    n = int(input())                # 输入 n
    res = 1                         # 连乘单元置初值 1
    for i in range(1,n + 1):        # 内循环控制从 1 乘到 n
        res * = i
    print(res)
```

运行结果:

```
3 ↵
5 ↵
120
12 ↵
```

```
479001600
10 ↵
3628800
```

在 Python 中，可以认为整数的表示范围不受限，例如，运行本程序时，若输入 100，则 100! 也能求得。

例 3.4.4　统计数字（HLOJ 1950）

Problem Description

输入一个字符串，统计其中数字字符的个数。

Input

首先输入一个正整数 T，表示测试数据的组数，然后是 T 组测试数据。每组测试输入一个仅由字母和数字组成的字符串（长度不超过 80）。

Output

对于每组测试，在一行上输出该字符串中数字字符的个数。

Sample Input	Sample Output
2 ac520ac520 a1c2m3sdf	6 3

可用一个外循环控制测试组数，每次循环输入一个字符串后，内循环中逐个扫描该字符串中的字符，若是数字字符，则计数器增 1，具体代码如下。

```
T = int(input())
for t in range(T):
    s = input()                          #输入字符串
    cnt = 0                              #计数器清 0
    for c in s:                          #逐个扫描字符串中的字符
        if c >= '0' and c <= '9':        #若字符为数字字符,则计数器加 1
            cnt += 1
    print(cnt)
```

运行结果：

```
3 ↵
ac520ac520 ↵
6
a1c2m3sdf ↵
3
12345abc ↵
5
```

判断字符 c 是数字字符也可用字符串的成员函数 isdigit()，即用“c.isdigit() == True”表示 c 是数字字符。

例 3.4.5　组合数(HLOJ 1953)

Problem Description

输入两个正整数 n、m,要求输出组合数 C_n^m。

例如,当 n=5、m=2 时,组合数 $C_5^2=(5\times4)/(2\times1)=10$。

Input

测试数据有多组,处理到文件尾。每组测试输入两个整数 n,m($0<m\leqslant n\leqslant 20$)。

Output

对于每组测试,输出组合数 C_n^m。

Sample Input	Sample Output
5 3 20 12	10 125970

本题可以根据组合数计算公式 $C_n^m=\dfrac{n\cdot(n-1)\cdot\cdots\cdot(n-m+1)}{m\cdot(m-1)\cdot\cdots\cdot1}$,使循环变量 i 从 1 到 m 进行循环,在每次循环中,结果变量先乘以一个数(n−i+1)再除以一个数(i),具体代码如下。

```
try:
    while True:
        n,m = map(int,input().split())
        res = 1                          #连乘单元置初值 1
        for i in range(1,m + 1):         #从 1 到 m 进行循环,每次乘以 n - i + 1,整除 i
            res * = n - i + 1
            res// = i
        print(res)
except EOFError:pass
```

运行结果:

```
20 10 ↵
184756
18 13 ↵
8568
```

例 3.4.6　单词首字母大写(HLOJ 1952)

Problem Description

输入一个英文句子,要求将每个单词的首字母改成大写字母。

Input

测试数据有多组,处理到文件尾。每组测试输入一行,包含一个长度不超过 100 的英文句子(仅包含大小写英文字母和空格),单词之间以一个空格间隔。

Output

对于每组测试,输出按照要求改写后的英文句子。

Sample Input	Sample Output
i like acm i want to get accepted	I Like Acm I Want To Get Accepted

Source

HDOJ 2026

根据字符串的成员函数 split(),把英文句子分隔为单词存放在单词列表中,遍历单词列表,先把每个单词转换为字符列表(因字符串不支持项赋值,故做此转换),若首字母为小写则改为大写(加上大小写字母的 Unicode 码值之差),再用空串的成员函数 join()把字符列表的各个字符拼接为单词字符串。输出时再用循环变量控制单词之间留一个空格,具体代码如下。

```
try:
    while True:
        s = input()
        s = s.split()                         #按空格分隔单词存放在列表中
        for i in range(len(s)):               #遍历单词列表
            t = list(s[i])                    #把表示一个单词的字符串转换为列表
            if t[0]>= 'a' and t[0]<= 'z':     #若首字母是小写字符,则转换为大写
                t[0] = chr(ord(t[0]) + (ord('A') - ord('a')))
            t = "".join(t)                    #连接字符列表中的各元素为一个单词字符串
            if i > 0:print(' ',end = '')      #控制单词之间留一个空格
            print(t,end = '')                 #输出一个单词
        print()                               #每个英文句子输出完毕后换行
except EOFError:pass
```

运行结果:

```
I like acm↵
I Like Acm
i want to get Accepted↵
I Want To Get Accepted
```

判断字符 t[0]是小写字母也可用字符串的成员函数 islower(),即用"t[0].islower()==True"表示 t[0]是小写字母。

内置函数 chr()把 Unicode 码值转换为字符,内置函数 ord()求得字符的 Unicode 码值;例如,chr(65)='A',ord('a')=97。

另外,内置函数 str()可把整数转换为字符串,例如,str(123)='123';反之,内置函数 int()可把数字字符转换为数字,例如,int('123')=123。

例 3.4.7 列出完数(HLOJ 1911)

Problem Description

输入一个整数 n,要求输出[1,n]范围内的所有完数。完数是一个正整数,该数恰好等于其所有不同的真因子之和。例如,6、28 是完数,因为 6=1+2+3,28=1+2+4+7+14;而 24 不是完数,因为 24≠1+2+3+4+6+8+12=36。

Input

测试数据有多组,处理到文件尾。每组测试数据输入一个整数 n(1≤n≤10 000)。

Output

对于每组测试,首先输出 n 和一个冒号“:”;然后输出所有不大于 n 的完数(每个数据之前留一个空格);若[1,n]范围内不存在完数,则输出“NULL”。引号不必输出。具体输出格式参考 Sample Output。

Sample Input	Sample Output
100	100: 6 28
5000	5000: 6 28 496
5	5: NULL

Source

ZJUTOJ 1190

对于本题,一个很自然的思路是从 1 到 n 逐个检查数据,判断一个数的所有不同的真因子之和是否等于该数,是则输出,具体代码如下。

```
try:
    while True:
        cnt = 0
        n = int(input())
        print(n,end = ":")                          #以冒号作为结束符
        for i in range(6,n + 1):
            sum = 0
            for j in range(1,i//2 + 1):             #求 i 的真因子之和
                if i % j == 0:
                    sum += j
            if sum == i:                            #i 的真因子之和等于 i
                cnt += 1                            #计数器加 1
                print('',i,end = '')                #输出完数 i,之前输出一个默认的空格
        if cnt == 0:print(" NULL")
        else: print()
except EOFError:pass
```

运行结果:

```
1000 ↵
1000: 6 28 496
5 ↵
5: NULL
```

语句“print('',i,end='')”可以控制在输出 i 之前先空出一个空格,因为 print()函数在输出两个数据时默认有一个空格间隔,这里有两个数据''(空串)和 i,空串没有内容输出,再输出一个空格间隔符,最后输出 i,从而控制数据之前留一个空格。另外,用一个计数器来控制没有完数时输出 NULL,这是一种常用的方法,希望读者熟练掌握。当然,也可以用标记变量(设为 flag)的方法,flag 初值设为 False,若有完数时则把 flag 的值改为 True,最后检查

flag 的值，若其值为 False 则输出 NULL。另外，若已知 6 是最小的完数，则可以在 n<6 时直接输出 NULL。

上面的代码在本地（自己使用的计算机）运行无误。但细心的读者会注意到在输入 10 000 时，程序运行耗时较多。若在线题目的测试数据接近 10 000 的较多，则提交代码后将得到超时反馈。此时，可用空间换时间的方法避免超时，即把完数先保存起来，输入数据后再从保存的结果中把答案取出来。从上面代码的运行结果可见，10 000 以内的完数仅有 4 个，即 6、28、496、8128，如此相当于结果已经保存，则在输入 n 时，可根据 n 与这 4 个完数的大小关系输出相应的完数，具体代码如下。

```
try:
    while True:
        n = int(input())
        print(n, end = ':')
        if n < 6: print(" NULL")
        elif n < 28: print(" 6")
        elif n < 496: print(" 6 28")
        elif n < 8128: print(" 6 28 496")
        elif n <= 10000: print(" 6 28 496 8128")
except EOFError:pass
```

运行结果：

```
1000 ↵
1000: 6 28 496
10000 ↵
10000: 6 28 496 8128
5 ↵
5: NULL
```

实际上，在 Python 中常用列表保存结果。本题用列表处理的代码详见第 4 章。

习　　题

一、选择题

1. Python 过程化程序设计的三种基本程序控制结构是（　　）。
   A. 顺序结构、选择结构、循环结构
   B. 输入、处理、输出
   C. for、while、if
   D. 复合语句、基本语句、空语句
2. 下面有关 if 语句的描述，错误的是（　　）。
   A. if 语句可以实现单分支、双分支及多分支选择结构
   B. 若 if 语句嵌套在 else 子句中，可以简写为 elif 子句
   C. 满足 if 后的条件时执行的多条语句需用大括号括起来

D. if 的条件之后、else 之后都需要带冒号

3. 下面有关 for 循环的描述,正确的是(　　)。

A. for 循环的循环体中改变循环变量将影响循环的执行次数

B. 在 for 循环的 else 子句中,循环变量的值不再处于可迭代对象范围内

C. 在 for 循环中,不能用 break 语句跳出循环体

D. for 循环通常用于循环次数确定的情况

4. 下面有关 while 循环的描述,错误的是(　　)。

A. while 循环的循环体中通常有多条语句,而且这些语句的缩进量应一致

B. 在 while 循环的 else 子句中循环条件是不成立的

C. while True 循环中应有结束循环的语句,例如 break 语句

D. while 循环不能用于循环次数确定的情况

5. 若有 a=[i*i for i in range(3,6)],则 a 为(　　)。

A. [9, 16, 25, 36]　B. [9, 16, 25]　C. [4, 9, 16]　D. 以上都错

6. 若有 a=[2*i for i in range(3,0,−1)],则 a 为(　　)。

A. [6, 4, 2]　B. [6, 4, 2, 0]　C. [6, 0, −2]　D. 以上都错

7. 关于下列代码段的说法,正确的是(　　)。

```
k = 10
while k % 3 == 0: k -= 1
```

A. 循环体语句一次都不执行　B. 循环体语句执行无数次

C. 循环体语句执行 11 次　D. 以上答案都错

8. 关于下列代码段的说法,正确的是(　　)。

```
k = 6
while k % 3 == 0: k -= 3
```

A. 循环体语句一次都不执行　B. 循环体语句执行无限次

C. 循环体语句执行 3 次　D. 以上答案都错

9. 以下是无限循环的语句为(　　)。

A. `for i in "abcde":print(i)`

B. `for i in range(3,10, - 1):print(i)`

C.
```
i = 1
while True: print(i); i += 1; continue
```

D.
```
i = 1
while True: print(i); i += 1; break
```

10. 以下代码段的执行结果是(　　)。

```
for i in range(1,4):
    for j in range(1,4):
        print(" % 3d" % (i * j),end = '')
        if j % 2 == 0: break
    if j == 4: break
print()
```

A. 1　2

B. 1　2　2　4　3　6

C. 1　2　3　2　4　6　3　6　9

D. 以上都错

二、OJ 编程题

1. 输入输出练习(1)(HLOJ 2096)

Problem Description

共有 T 组测试数据,每组测试求 n 个整数之和。

Input

首先输入一个正整数 T,表示测试数据的组数,然后是 T 组测试数据。每组测试先输入数据个数 n,然后再输入 n 个整数,数据之间以一个空格间隔。

Output

对于每组测试,在一行上输出 n 个整数之和。

Sample Input	Sample Output
2 4 1 2 3 4 5 1 8 3 4 5	10 21

2. 输入输出练习(2)(HLOJ 2097)

Problem Description

测试数据有多组,处理到文件尾。每组测试求 n 个整数之和。

Input

测试数据有多组,处理到文件尾。每组测试先输入数据个数 n,然后再输入 n 个整数,数据之间以一个空格间隔。

Output

对于每组测试,在一行上输出 n 个整数之和。

Sample Input	Sample Output
5 1 8 3 4 5	21

3. 输入输出练习(3)(HLOJ 2098)

Problem Description

测试数据有多组,每组测试求 n 个整数之和,处理到输入的 n 为 0 为止。

Input

测试数据有多组。每组测试先输入数据个数 n,然后再输入 n 个整数,数据之间以一个空格间隔,当 n 为 0 时,输入结束。

Output

对于每组测试,在一行上输出 n 个整数之和。

Sample Input	Sample Output
5 1 8 3 4 5 0	21

4. 输入输出练习(4)(HLOJ 2099)

Problem Description

求 n 个整数之和。T 组测试,且要求每两组输出之间空一行。

Input

首先输入一个正整数 T,表示测试数据的组数,然后是 T 组测试数据。每组测试先输入数据个数 n,然后再输入 n 个整数,数据之间以一个空格间隔。

Output

对于每组测试,在一行上输出 n 个整数之和,每两组输出结果之间留一个空行。

Sample Input	Sample Output
2 4 1 2 3 4 5 1 8 3 4 5	10 21

5. 电费(HLOJ 2092)

Problem Description

某电价规定:月用电量在 150kW·h(千瓦时)及以下部分按 0.4463 元/(kW·h)收费,月用电量在 151～400kW·h 的部分按 0.4663 元/(kW·h)收费,月用电量在 401kW·h 及以上部分按 0.5663 元/(kW·h)收费。

请编写一个程序,根据输入的月用电量(单位以千瓦时计),按该电价规定计算出应缴的电费(单位以元计)。

Input

首先输入一个正整数 T,表示测试数据的组数,然后是 T 组测试数据。对于每组测试,输入一个整数 n(0≤n≤10000),表示月用电量。

Output

对于每组测试,输出一行,包含一个实数,表示应缴的电费。结果保留两位小数。

Sample Input	Sample Output
1 267	121.50

6. 小游戏(HLOJ 2011)

Problem Description

有一个小游戏,6 个人上台去计算手中扑克牌点数之和是否 5 的倍数,据说是小学生玩的。这里稍微修改一下玩法,n 个人上台,计算手中数字之和是否同时是 5,7,3 的倍数。

Input

首先输入一个正整数 T,表示测试数据的组数,然后是 T 组测试数据。每组测试先输入 1 个整数 n(1≤n≤15),再输入 n 个整数,每个都小于 1000。

Output

对于每组测试,若 n 个整数之和同时是 5,7,3 的倍数则输出“YES”,否则输出“NO”。引号不必输出。

Sample Input
2
3 123 27 60
3 23 27 60

Sample Output
YES
NO

7. 购物(HLOJ 2012)

Problem Description

小明购物之后搞不清最贵的物品价格和所有物品的平均价格，请帮他编写一个程序实现。

Input

测试数据有多组，处理到文件尾。每组测试先输入 1 个整数 n(1≤n≤100)，接下来的 n 行中每行输入 1 个英文字母表示的物品名及该物品的价格。测试数据保证最贵的物品只有 1 个。

Output

对于每组测试，在一行上输出最贵的物品名和所有物品的平均价格，两者之间留一个空格，平均价格保留 1 位小数。

Sample Input
3
a 1.8
b 2.5
c 1.5

Sample Output
b 1.9

8. 等边三角形面积(HLOJ 2013)

Problem Description

数学基础对于程序设计能力而言很重要。对于等边三角形面积，请选择合适的方法计算。

Input

测试数据有多组，处理到文件尾。每组测试输入 1 个实数表示等边三角形的边长。

Output

对于每组测试，在一行上输出等边三角形的面积，结果保留两位小数。

Sample Input
1.0
2.0

Sample Output
0.43
1.73

9. 三七二十一(HLOJ 2017)

Problem Description

某天，诺诺看到三七二十一(3721)数，觉得很神奇，这种数除以 3 余 2，而除以 7 则余 1。例如，8 是一个 3721 数，因为 8 除以 3 余 2，8 除以 7 余 1。现在给出两个整数 a、b，求区间[a,b]中的所有 3721 数，若区间内不存在 3721 数则输出“none”。

Input

首先输入一个正整数 T,表示测试数据的组数,然后是 T 组测试数据。每组测试输入两个整数 a,b(1≤a<b<2000)。

Output

对于每组测试,在一行上输出区间[a,b]中所有的 3721 数,每两个数据之间留一个空格。如果给定区间不存在 3721 数,则输出"none"(引号不必输出)。

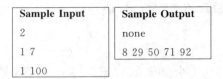

Sample Input	Sample Output
2 1 7 1 100	none 8 29 50 71 92

10. 胜者(HLOJ 2014)

Problem Description

Sg 和 Gs 进行乒乓球比赛,进行若干局之后,想确定最后是谁胜(赢的局数多者胜)。

Input

测试数据有多组,处理到文件尾。每组测试先输入一个整数 n,接下来的 n 行中每行输入两个整数 a,b(0≤a,b≤20),表示 Sg 与 Gs 的比分是 a 比 b。

Output

对于每组测试数据,若还不能确定胜负则输出"CONTINUE",否则在一行上输出胜者"Sg"或"Gs"。引号不必输出。

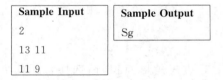

Sample Input	Sample Output
2 13 11 11 9	Sg

11. 加密(HLOJ 2015)

Problem Description

信息安全很重要,特别是密码。给定一个 5 位的正整数 n 和一个长度为 5 的字母构成的字符串 s,加密规则很简单,字符串 s 的每个字符变为它后面的第 k 个字符,其中,k 是 n 的每一个数位上的数字。第一个字符对应 n 的万位上的数字,最后一个字符对应 n 的个位上的数字。简单起见,s 中的每个字符为 ABCDE 中的一个。

Input

测试数据有多组,处理到文件尾。每组测试数据在一行上输入非负的整数 n 和字符串 s。

Output

对于每组测试数据,在一行上输出加密后的字符串。

Sample Input	Sample Output
12345 ABCDE	BDFHJ

12. 比例(HLOJ 2016)

Problem Description

某班同学在操场上排好队,请确定男、女同学的比例。

Input

测试数据有多组,处理到文件尾。每组测试数据输入一个以“.”结束的字符串,串中每个字符可能是“MmFf”中的一个,“m”或“M”表示男生,“f”或“F”表示女生。

Output

对于每组测试数据,在一行上输出男、女生的百分比,结果四舍五入到1位小数。输出形式参照Sample Output。

Sample Input	Sample Output
FFfm. MfF.	25.0 75.0 33.3 66.7

13. 某校几人(HLOJ 2018)

Problem Description

某学校教职工人数不足n人,在操场排队,7个人一排剩5人,5个人一排剩3人,3个人一排剩2人;请问该校教职工人数有多少种可能?最多可能有几人?

Input

测试数据有多组,处理到文件尾。每组测试输入一个整数n($1\leqslant n\leqslant 10\,000$)。

Output

对于每组测试,输出一行,包含两个以一个空格间隔的整数,分别表示该校教职工人数的可能种数和最多可能的人数。

Sample Input	Sample Output
1000	9 908

14. 昨天(HLOJ 2019)

Problem Description

小明喜欢上了日期的计算。这次他要做的是日期的减1天操作,即求在输入日期的基础上减去1天后的结果日期。例如,日期为2019-10-01,减去1天,则结果日期为2019-09-30。

Input

首先输入一个正整数T,表示测试数据的组数,然后是T组测试数据。每组测试输入1个日期,日期形式为“yyyy-mm-dd”。保证输入的日期合法,而且输入的日期和计算结果都在[1000-01-01,9999-12-31]范围内。

Output

对于每组测试,在一行上以“yyyy-mm-dd”的形式输出结果。

Sample Input	Sample Output
1 2019-10-01	2019-09-30

15. 直角三角形面积(HLOJ 2020)

Problem Description

已知直角三角形的三边长,求该直角三角形的面积。

Input

首先输入一个正整数 T,表示测试数据的组数,然后是 T 组测试数据。每组数据输入 3 个整数 a,b,c,代表直角三角形的三边长。

Output

对于每组测试输出一行,包含一个整数,表示直角三角形面积。

Sample Input	Sample Output
2 3 4 5 3 5 4	6 6

16. 转向三角形(HLOJ 2021)

Problem Description

输入一个整数 n,要求用数字 1~n 排列出一个转向三角形。例如,n=5 时,转向三角形如 Sample Output 所示。

Input

首先输入一个正整数 T,表示测试数据的组数,然后是 T 组测试数据。每组测试数据输入一个整数 n(1≤n≤9)。

Output

对于每组测试数据,输出一个有 2n−1 行的,由数字 1…n…1 组成的转向三角形(参看 Sample Output)。

Sample Input	Sample Output
1 5	1 22 333 4444 55555 4444 333 22 1

17. 求累加和(HLOJ 2024)

Problem Description

输入两个整数 n 和 a,求累加和 S=a+aa+aaa+…+aa…a(n 个 a)之值。

例如,当 n=5,a=2 时,S=2+22+222+2222+22 222=24 690。

Input

测试数据有多组,处理到文件尾。每组测试输入两个整数 n 和 a(1≤n,a<10)。

Output

对于每组测试,输出 a+aa+aaa+…+aa…a(n 个 a)之值。

Sample Input	Sample Output
5 3	37035

18. 字符梯形(HLOJ 2022)

Problem Description

用从 m 到 n 的数字字符排列出一个字符梯形。

Input

首先输入一个正整数 T,表示测试数据的组数,然后是 T 组测试数据。每组测试数据输入两个整数 m、n(1≤m≤n≤9)。

Output

对于每组测试数据,输出一个有 n−m+1 行的,由数字 m…n 排列而成的梯形,每行的长度依次为:m,m+1,m+2,…,n,每行的数字依次是 m,m+1,m+2,…,n。

Sample Input

```
1
3 6
```

Sample Output

```
333
4444
55555
666666
```

19. 菱形(HLOJ 2023)

Problem Description

输入一个整数 n,输出 2n−1 行构成的菱形,例如,n=5 时的菱形如 Sample Output 所示。

Input

测试数据有多组,处理到文件尾。每组测试输入一个整数 n(3≤n≤20)。

Output

对于每组测试数据,输出一个共 2n−1 行的菱形,具体参看 Sample Output。

Sample Input

```
5
```

Sample Output

```
    *
   ***
  *****
 *******
*********
 *******
  *****
   ***
    *
```

20. 水仙花数(HLOJ 2025)

Problem Description

输入两个 3 位的正整数 m,n,输出[m,n]区间内所有的“水仙花数”。所谓“水仙花数”是指一个 3 位数,其各位数字的立方和等于该数本身。

例如,153 是一水仙花数,因为 153=1×1×1+5×5×5+3×3×3。

Input

测试数据有多组,处理到文件尾。每组测试输入两个 3 位的正整数 m,n(100≤m<n≤999)。

Output

对于每组测试,若[m,n]区间内没有水仙花数则输出“none”(引号不必输出),否则逐行输出区间内所有的水仙花数,每行输出的格式为：n=a*a*a+b*b*b+c*c*c,其中,n是水仙花数,a、b、c 分别是 n 的百、十、个位上的数字,具体参看 Sample Output。

Sample Input	Sample Output
100 150	none
100 200	153=1*1*1+5*5*5+3*3*3

21. 猴子吃桃(HLOJ 2026)

Problem Description

猴子第一天摘下若干个桃子,当即吃了 2/3,还不过瘾,又多吃了一个,第二天早上又将剩下的桃子吃掉 2/3,又多吃了一个。以后每天早上都吃了前一天剩下的 2/3 再多一个。到第 n 天早上想再吃时,发现只剩下 k 个桃子了。求第一天共摘了多少桃子。

Input

首先输入一个正整数 T,表示测试数据的组数,然后是 T 组测试数据。每组数据输入两个正整数 n,k(1≤n,k≤15)。

Output

对于每组测试数据,在一行上输出第一天共摘了多少个桃子。

Sample Input	Sample Output
2	6
2 1	93
4 2	

22. 最小回文数(HLOJ 2027)

Problem Description

若一个数正向看和反向看等价,则称作回文数。例如,6,2552,12 321 均是回文数。给出一个正整数 n,求比 n 大的最小的回文数。(n 和运算结果均不会超出 int 类型范围。)

Input

首先输入一个正整数 T,表示测试数据的组数,然后是 T 组测试数据。每组测试输入一个正整数 n。

Output

对于每组测试数据,输出比 n 大的最小回文数。

Sample Input
2
12
123456

Sample Output
22
124421

23. 分解素因子(HLOJ 2028)

Problem Description

假设 n 是一个正整数,它的值不超过 1 000 000,请编写一个程序,将 n 分解为若干个素数的乘积。

Input

首先输入一个正整数 T,表示测试数据的组数,然后是 T 组测试数据。每组测试数据输入一个正整数 n(1<n≤1 000 000)。

Output

每组测试对应一行输出,输出 n 的素数乘积表示式,式中的素数从小到大排列,两个素数之间用一个"*"表示乘法。若输入的是素数,则直接输出该数。

Sample Input
2
9828
88883

Sample Output
2*2*3*3*3*7*13
88883

24. Fibonacci 分数序列(HLOJ 2029)

Problem Description

求 Fibonacci 分数序列的前 n 项之和。Fibonacci 分数序列的首项为 2/1,后面依次是:3/2,5/3,8/5,13/8,21/13,…

Input

测试数据有多组,处理到文件尾。每组测试输入一个正整数 n(2≤n≤20)。

Output

对于每组测试,输出 Fibonacci 分数序列的前 n 项之和。结果保留 6 位小数。

Sample Input
3
8
15

Sample Output
5.16667
13.243746
24.570091

25. n 马 n 担问题(HLOJ 2030)

Problem Description

有 n 匹马,驮 n 担货,大马驮 3 担,中马驮 2 担,两匹小马驮 1 担,问有大、中、小马各多少匹?(某种马的数量可以为 0。)

Input

测试数据有多组,处理到文件尾。每组测试输入一个正整数 n(8≤n≤1000)。

Output

对于每组测试,逐行输出所有符合要求的大、中、小马的匹数。要求按大马数从小到大的顺序输出,每两个数字之间留一个空格。

Sample Input
20

Sample Output
1 5 14
4 0 16

第4章 列表与字典

4.1 引　　例

例 4.1.1　均方差(HLOJ 1913)

Problem Description

求 n 个非负整数的均方差。

设 n 个数 x_1，x_2，…，x_n(x_i 为第 i 个元素)的平均值 $avg=\frac{x_1+x_2+\cdots+x_n}{n}$，则均方差的公式如下。

$$S=\sqrt{\frac{(x_1-avg)^2+(x_2-avg)^2+\cdots+(x_n-avg)^2}{n}}$$

Input

首先输入一个正整数 T，表示测试数据的组数，然后是 T 组测试数据。每组测试数据先输入一个整数 n($1\leqslant n\leqslant 100$)，再输入 n 个整数 x_i($0\leqslant x_i\leqslant 1000$)。

Output

对于每组测试数据，在一行上输出均方差，结果保留 5 位小数。

Sample Input	Sample Output
2 4 6 7 8 9 10 6 3 7 1 4 8 2 9 11 5	1.11803 3.03974

Source

ZJUTOJ 1186

在本例中，对于每组测试，数据个数不固定；而且，该例既要先用输入的 n 个数求出平均值，后面又要再一次用到这些数求均方差。也就是说，需要把多个数据保存起来以便多次使用。在这种情况下，宜用列表处理，具体代码如下。

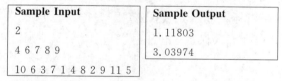

```
from math import sqrt                                #引入数学模块中的开根号函数 sqrt()
T = int(input())
for t in range(T):
```

```
a = list(map(int,input().split()))          #把输入的字符串分隔并转换为整数列表
n = a[0]                                    #取得数据个数 n
a = a[1:]                                   #把列表 a 的第一个元素去掉
sum = 0                                     #累加单元清 0
for i in range(n):                          #求和
    sum += a[i]
avg = sum/n;                                #求平均值
s = 0                                       #累加单元清 0
for i in range(n):                          #求平方和
    s += (a[i] - avg) ** 2
s = sqrt(s/n)                               #求均方差
print('%.5f' % s)                           #四舍五入保留 5 位小数
```

运行结果:

```
3↵
10 1 2 3 4 5 6 7 8 9 10↵
2.87228
4 6 7 8 9↵
1.11803
9 6 3 7 1 4 8 2 9 11↵
3.19722
```

因需使用 sqrt()函数,故从 math 模块导入该函数。内置函数 map()返回一个可迭代的映射对象,而内置函数 list(iterable)把可迭代对象 iterable 转换为列表。

Python 列表的下标从 0 开始,n 个元素的下标范围从 0 到 n−1。a[0]表示列表 a 中的第一个元素,a[1:]表示列表 a 中从下标 1 开始的所有剩余元素,a=a[1:]则表示在 a 中去掉第一个元素。运用列表需要特别注意的是下标不能越界(超出范围)。

语句 print('%.5f' % s)输出实数 s 并四舍五入保留 5 位小数。

例 4.1.2 列出完数(HLOJ 1911)

Problem Description

输入一个整数 n,要求输出[1,n]范围内的所有完数。完数是一个正整数,该数恰好等于其所有不同真因子之和。例如,6、28 是完数,因为 6=1+2+3,28=1+2+4+7+14;而 24 不是完数,因为 24≠1+2+3+4+6+8+12=36。

Input

测试数据有多组,处理到文件尾。每组测试数据输入一个整数 n(1≤n≤10 000)。

Output

对于每组测试,首先输出 n 和一个冒号":";然后输出所有不大于 n 的完数(每个数据之前留一个空格);若[1,n]范围内不存在完数,则输出"NULL"。引号不必输出。具体输出格式参考 Sample Output。

Sample Input
100
5000
5

Sample Output
100：6 28
5000：6 28 496
5：NULL

如例 3.4.7 中所讨论，若每输入一个数 n 就按完数的定义从 6 到 n 逐个判断是否完数，则将导致在线提交得到超时反馈。为避免超时，可以把[1，10 000]范围内的所有完数(可运行例 3.4.7 的代码求得)存放在列表 a 中，输入 n 时，直接取得 a 中小于等于 n 的元素并输出，从而达到空间换时间的目的，具体代码如下。

```
a=[6,28,496,8128]                    #初始化列表,把10000以内的完数保存在列表中
try:
    while True:
        cnt=0
        n=int(input())
        print(n,end=':')
        for i in a:                  #输入数据后直接从列表取得数据
            if i<=n:
                cnt+=1
                print('',i,end='')   #print()输出多个数据时,默认数据之间留一个空格
            else:break
        if cnt==0:print(" NULL")
        else: print()
except EOFError:pass
```

运行结果：

```
5↵
5: NULL
6↵
6: 6
28↵
28: 6 28
1000↵
1000: 6 28 496
10000↵
10000: 6 28 496 8128
```

上面的代码中，a=[6，28，496，8128]是列表赋值语句，通过赋值语句创建列表并指定列表中的 4 个元素的值分别为 6、28、496、8128。此处的空间换时间是指把 10 000 以内的完数保存到列表 a 中，对于每组测试输入直接从保存完数的列表中取得数据输出，而不必每次重新判断某个数是否完数，节省了时间。借助列表实现空间换时间是程序设计竞赛中避免超时的一种常用方法。

4.2 一维列表

4.2.1 一维列表基础

1. 一维列表的定义

一维列表的定义形式如下。

列表名 = [列表值表]

列表名应是合法的用户标识符,列表值表可以为空(此时为空列表),也可以有一个或多个元素,各个元素之间以逗号分隔。列表也是一种序列,可以通过下标访问列表中的各个元素,下标从 0 开始。例如:

```
>>> a = [];                    #创建空列表
>>> b = [1];                   #创建包含一个元素的列表
>>> c = [1,2,3,4,5]            #创建包含多个元素的列表,元素之间以逗号间隔
>>> d = [0] * 5                #通过 * 复制 5 个 0 创建列表
>>> print(d)
[0, 0, 0, 0, 0]
>>> e = [1,2,3] + [4,5,6]      #用 + 把两个列表合并为一个新的列表,原来的两个列表不变
>>> print(e)
[1, 2, 3, 4, 5, 6]
```

另外,内置函数 list()也可创建空列表。

对于列表,可以使用成员函数 append()往列表的最后添加元素。例如:

```
>>> a = []                     #空列表
>>> a.append(1);a.append(2);a.append(3); print(a)
[1, 2, 3]
```

列表的长度(元素个数)可以用内置函数 len()求得。例如:

```
>>> words = ["I","Like","Python"]; print(len(words))
3
```

设列表长度(元素个数)为 n,则引用列表中的元素时可用的下标从 0 到 n−1,若超过 n−1 则产生下标越界的错误。需要注意的是,在 Python 中,可以使用负序号 −i(1⩽i⩽n),表示倒数第 i 个元素。例如:

```
>>> a = [1,3,5,7,9];print(a[0],a[4],a[ - 1],a[ - 5])
1 9 9 1
```

也可以通过切片(中括号包含冒号)截取列表中的若干个连续的元素构成子序列,具体方式如下。

列表名[start: end]

表示截取列表中下标从 start 到 end−1 的元素构成子序列。start 和 end 可根据需要

省略；若 end 省略，则其值为列表长度，表示取完为止(到下标为 end－1 的元素)，若 start 省略，则表示从下标为 0 的元素开始取。另外，start 和 end 也可以是负序号。例如：

```
>>> a = [1,3,5,7,9]
>>> print(a[2:])                  #从下标为 2 的元素开始，取完为止
[5, 7, 9]
>>> print(a[2:5])                 #从下标为 2 的元素开始，取到下标为 4 的元素为止
[5, 7, 9]
>>> print(a[1:3])                 #截取下标为 1、2 的两个元素
[3, 5]
>>> print(a[1:5])                 #截取下标为 1、2、3、4 的四个元素
[3, 5, 7, 9]
>>> print(a[:4])                  #截取下标为 0、1、2、3 的四个元素
[1, 3, 5, 7]
>>> print(a[:])                   #截取所有元素
[1, 3, 5, 7, 9]
>>> a[-5:-1]                      #截取倒数第 5 个到倒数第 2 个元素
[1, 3, 5, 7]
>>> a[-3:]                        #截取最后三个元素
[5, 7, 9]
>>> a[:-3]                        #截取去掉最后三个元素之后的剩余元素
[1, 3]
```

列表中各个元素的类型可以各不相同。例如：

```
>>> a = [1,"Iris",False]          #三个元素的类型分别是整型、字符串、逻辑型
>>> a
[1, 'Iris', False]
```

列表的常用成员函数如表 4-1 所示，其中，示例涉及的列表创建如下。

```
>>> l1 = [1,3,5]; l2 = [6,4,2]; l3 = [7,9,8]; l4 = [7,9,8]; l5 = [1,3,1,7,5]
```

注意，表 4-1 中的每行示例相互独立，即对于每行示例，相应的列表重新创建如上。

表 4-1　列表常用成员函数

成员函数(方法)	功　　能	示　　例

append(obj)	添加对象 obj 到列表的最后	>>> l1.append(7)
		>>> l1
		[1, 3, 5, 7]

sort（key ＝ None，reverse＝False)	根据关键字参数 key 对应函数的返回值进行排序，key 的默认值为 None，表示升序排序；逆序标记 reverse 默认为 False，表示不进行逆序处理，若指定 reverse 为 True，则将对排序结果进行逆序处理	>>> l2.sort(); l2
		[2, 4, 6]
		>>> l2.sort(reverse = True); l2
		[6, 4, 2]
		>>> l3.sort(key = lambda x: - x); l3
		[9, 8, 7]
		>>> l4.sort(key = lambda x: - x, reverse = True)
		>>> l4
		[7, 8, 9]

续表

成员函数(方法)	功　能	示　例
reverse()	逆置列表	>>> l1.reverse(); l1 [5, 3, 1]

insert(idx, obj)	把 obj 插入到下标为 idx(可以为 0 到列表长度)的位置	>>> l1.insert(4,7); l1
		[1, 3, 5, 7]
		>>> l1.insert(0,2); l1
		[2, 1, 3, 5, 7]

remove(val)	删除值为 val 的元素,若该值不存在则返回 ValueError	>>> l1.remove(5); l1 [1, 3]
extend(iterable)	把可迭代对象 iterable 的所有元素添加到列表中	>>> l3.extend(l2); l3 [7, 9, 8, 6, 4, 2]
clear()	清空列表	>>> l3.clear(); l3 []
count(val)	统计 val 的出现次数	>>> l5.count(1) 2

index(val, start=0, stop=2147483647)	返回 val 首次出现的下标,起始下标 start 默认为 0,终止下标 stop 默认为 2 147 483 647	>>> l5.index(1)
		0
		>>> l5.index(1,1)
		2

pop(idx=-1)	删除并返回下标为 idx 的元素,idx 默认值为-1,表示默认删除最后一个元素	>>> l5.pop()
		5
		>>> l5
		[1, 3, 1, 7]

另外,列表中的元素可用 del 语句删除。例如:

```
>>> a = [1,2,3,4,5]
>>> del a[0]                    #删除第一个列表元素
>>> a
[2, 3, 4, 5]
>>> del a[3]                    #删除下标为 3 的列表元素
>>> a
[2, 3, 4]
>>> del a[1]                    #删除下标为 1 的列表元素
>>> a
[2, 4]
```

在后面的章节中,经常使用列表的成员函数 sort()对列表进行排序。另外,也可以使用内置函数 sorted()对列表进行排序,其调用形式如下。

```
sorted(iterable, key = None, reverse = False)
```

内置函数 sorted()可对可迭代对象 iterable 排序并返回排序后的结果;排序时按关键字参数 key 对应函数的返回值进行排序,key 的默认值为 None,表示升序排序;逆序标记 reverse 默认为 False,表示不进行逆序处理,若指定 reverse 为 True,则将对排序结果进行逆序处理(升序变为降序,降序变为升序)。若内置函数 sorted()的第一个参数 iterable 为列表,则对该函数对列表排序。设待排序列表为 lst,则 sorted(lst)与 lst. sort()的主要不同之处在于前者不会改变 lst,而后者会改变 lst。因此,若希望 sorted(lst)改变 lst,则需把其返回结果赋值给 lst。

下面给出 sorted()函数的若干示例。

```
>>> lst = [3,1,5,2,4]
>>> sorted(lst)                        #对列表 lst 升序排序,返回排好序的结果
[1, 2, 3, 4, 5]
>>> lst                                #lst 未发生变化
[3, 1, 5, 2, 4]
>>> lst = sorted(lst)                  #若把 sorted(lst)的返回结果赋值给 lst,则 lst 发生改变
>>> lst
[1, 2, 3, 4, 5]
>>> lst = [3,1,5,2,4]                  #重新创建 lst
>>> sorted(lst,reverse = True)         #对列表 lst 降序排序,返回排好序的结果
[5, 4, 3, 2, 1]
>>> sorted(lst,key = lambda x: - x)    #对列表 lst 按各元素的负值升序排序,返回排好序的结果
[5, 4, 3, 2, 1]
>>> sorted(lst,key = lambda x: - x,reverse = True)
                                       #对列表 lst 按各元素的负值降序排序,返回排好序的结果
[1, 2, 3, 4, 5]
```

4.2.2 一维列表的运用

例 4.2.1 逆序输出

输入若干个整数,然后按输入的相反顺序显示这些数据。要求数据之间留一个空格。

一维列表的输入/输出一般结合一重循环,逆序输出可以从后往前输出。

控制每两个数据之间以一个空格间隔,一般常用如下两种方案。

方案一:第一个数据除外,输出每个数据之前,先输出一个空格。

方案二:最后一个数据除外,输出每个数据之后,再输出一个空格。

本例具体代码如下(为方便读者比较,给出多种输出控制)。

```
a = list(map(int,input().split()))          #输入并创建整数列表 a
n = len(a)                                  #求得列表长度

#第一种方法,使用方案一,根据循环变量控制
for i in range(n - 1, - 1, - 1):            #range(n - 1, - 1, - 1)产生数列 n - 1,n - 2, …,0
    if i!= n - 1:                           #若不是第一个则输出一个空格
        print(' ',end = '')
    print(a[i],end = '')                    #输出元素 a[i]
print()                                     #一行输出后换行

#第二种方法,使用方案一,根据计数器变量控制
cnt = 0                                     #计数器清 0
```

```
for i in range(n-1, -1, -1):             # range(n-1, -1, -1)产生数列 n-1,n-2, … ,0
    cnt += 1                             # 计数器加 1
    if cnt > 1:                          # 若不是第一个则输出一个空格
        print(' ',end='')
    print(a[i],end='')                   # 输出元素 a[i]
print()                                  # 一行输出后换行

#第三种方法,使用方案一,根据标记变量控制
flag = False                             # 标记变量置初值
for i in range(n-1, -1, -1):             # range(n-1, -1, -1)产生数列 n-1,n-2, … ,0
    if flag!= False:                     # 若不是第一个则输出一个空格
        print(' ',end='')
    print(a[i],end='')                   # 输出元素 a[i]
    flag = True                          # 输出一个数后把标记变量改变
print()                                  # 一行输出后换行

#第四种方法,使用方案二,根据循环变量控制
for i in range(n-1, -1, -1):             # range(n-1, -1, -1)产生序列 n-1,n-2, … ,0
    print(a[i],end='')                   # 输出元素 a[i]
    if i!= 0:                            # 若不是最后一个则在输出数据后再输出一个空格
        print(' ',end='')
print()
```

运行结果：

```
1 2 3 4 5↵
5 4 3 2 1
5 4 3 2 1
5 4 3 2 1
5 4 3 2 1
```

上面的代码使用了四种方法控制数据之间间隔一个空格。在线做题时选择一种方法输出即可。前三种方法使用方案一，分别用循环变量、计数器变量和标记变量进行控制，第四种方法使用方案二，该方案一般通过循环变量来控制。读者也可以尝试其他控制方法。另外，因有时候表示最后一个的条件不方便表达(例如，控制到文件尾时)，故推荐使用方案一。通过计数器变量和标记变量进行控制的方法是通用的方法，也适用于无法通过下标访问的对象(如集合)。

实际上，若待输出的是列表、元组、集合、字符串、字典等可迭代对象，且要求数据之间间隔一个空格，则可以直接在这些可迭代对象之前加一个星号"*"作为内置函数 print()的参数进行输出。例如：

```
a = list(map(int,input().split()))       # 输入并创建整数列表 a
a.reverse()                              # 逆置列表
print(*a)                                # *表示逐个取出列表 a 中的元素作为 print()的参数
```

运行结果：

```
1 2 3 4 5↵
5 4 3 2 1
```

因为把 * a 作为 print()函数的参数实际上是把列表 a 中的各个元素逐个取出作为 print()函数的参数,例如,print(* [1,2,3,4,5])相当于 print(1,2,3,4,5); 而且 print()函数的多个输出项之间默认以一个空格间隔,所以语句 print(* a)可以达到输出列表 a 的各个元素且每两个数据之间间隔一个空格的效果。若要求以其他字符作为间隔符,则可指定 print()函数的 sep 参数为该字符。例如:

```
>>> print( * [1,2,3,4,5],sep = ' * ')          # 以 * 作为间隔符
1 * 2 * 3 * 4 * 5
```

例 4.2.2　数位分离

输入一个正整数 n,要求输出其位数,并分别以正序和逆序输出各位数字。每两个数据之间用一个逗号“,”分隔。例如,输入 12345,则输出 5,1,2,3,4,5,5,4,3,2,1。

本例需要把 n 的各个数位上的数字分离出来,可以不断使用取余运算符%取得个位(n%10)并存放在列表中,并用 n=n//10 去掉个位,直到 n 为 0 时为止。位数的统计在数位分离的过程中同时完成。最终,原来 n 的低位存放在列表的前面位置(个位的下标为 0),高位存放在列表的后面位置。因此,正序输出只需从后往前输出,而逆序输出则从前往后输出。对于数据之间留一个空格,由于位数作为第一个数据先输出,因此在其后的数据输出之前直接先输出一个逗号即可,具体代码如下。

```
n = int(input())
a = [0] * 10                                  # 产生 10 个 0 构成的列表
i = 0
while n > 0:                                  # 数位分离
    a[i] = n % 10
    n = n//10
    i += 1
print(i,end = '')
for j in range(i - 1, - 1, - 1):              # 各数位正序输出
    print(',',a[j],sep = '',end = '')         # 输出逗号和数据,以空串为间隔符、结束符
for j in range(i):                            # 各数位逆序输出
    print(',',end = '')                       # 两个输出项分开输出,结束符都为空串
    print(a[j],end = '')
print()
```

运行结果:

```
12345↵
5,1,2,3,4,5,5,4,3,2,1
```

例 4.2.3　约瑟夫环

有 n(n≤100)个人围成一圈(编号为 1~n),从第 1 号开始进行 1、2、3 报数,凡报 3 者就

退出,下一个人又从 1 开始报数……直到最后只剩下一个人时为止。输入整数 n,请问最后剩下者原来的位置是多少号?例如,输入 10,则输出 4。

本例可以采用打标记的方法,开始时把一个逻辑型列表的所有元素的值都设为 True 表示相应的人在圈中;当剩余人数多于 1 人时,用下标 j 逐个扫描列表元素,检查当前下标对应的人是否已出圈,若已出圈则跳过,否则计数器 cnt 增 1,若 cnt 是 3 的倍数,则相应的人出圈(对应元素置为 False);最后扫描列表,把值为 True 的元素的对应下标加 1(因为下标从 0 开始,而序号从 1 开始)输出,具体代码如下。

```
n = int(input())
a = [True] * n                  # 定义长度为 n 的逻辑型列表,所有元素为 True
j = -1                          # 下标变量 j 赋初值
cnt = 0                         # 报数计数器赋初值
m = n                           # 剩余人数计数器赋初值
while m > 1:                    # 当剩余人数超过 1 人时进行循环
    j = (j + 1) % n             # 下标指向下一个元素,若 j + 1 为 n,则 j 为 0
    if a[j] == False:           # 若已出圈则跳过
        continue
    cnt += 1                    # 报数计数器增 1
    if cnt % 3 == 0:            # 报数计数器为 3 的倍数
        a[j] = False            # 标记为 False 表示出圈
        m -= 1                  # 剩余人数计数器减 1
for i in range(n):              # 查找最后剩下来的人并输出其编号
    if a[i] == True:
        print(i + 1)
        break
```

运行结果:

```
69 ↵
68
```

例 4.2.4 循环移位

在一行上先输入两个整数 n 和 m(1≤m≤n≤100),接着再输入 n 个整数构成一个数列,要求把前 m 个数循环移位到数列的右边。例如,输入 5 3 1 2 3 4 5,输出 4 5 1 2 3。

对于本例,若是在线做题,则可以直接先输出数列的后半段再输出前半段。若确实进行移位,则可共进行 m 趟循环,每趟把第一个数移到最后去:先把第一个数保存到临时变量中,再从第二个数开始都前移一个位置,最后把原来的第一个数放到最后位置,具体代码如下。

```
a = list(map(int,input().split()))
n = a[0]
m = a[1]
a = a[2:]                   # 把 a 中前两个数去掉后剩余的 n 个数构成新的列表 a
for i in range(m):          # 进行 m 次循环,每次把第一个元素移到最后
    x = a[0]                # 暂存第一个数
    for j in range(1,n):    # 把第二个到第 n 个数前移一个位置
```

```
        a[j-1] = a[j]
    a[n-1] = x                  # 把原来的第一个数放到最后一个位置
print(*a)                       # 输出列表元素,每两个数据之间间隔一个空格
```

运行结果:

```
5 3 1 2 3 4 5↲
4 5 1 2 3
```

一维列表的常用操作还包括查找、插入、删除、逆置等,可以调用列表成员函数实现,也可以使用循环结构实现,具体代码留给读者自行完成。

例 4.2.5　小者靠前

第一行输入整数 n,第二行输入 n(1<n<100)个整数到一个列表中,使得其中最小的一个数成为列表的第一个元素(首元素)。若有多个最小的数,则首元素仅与最早出现的最小的数交换。

本例可以通过扫描列表找到最小的数(记录下标),与下标为 0 的列表元素进行交换,具体代码如下。

```
n = int(input())
a = list(map(int,input().split()))
k = 0                           # 假设第一个数最小,下标记录在 k 中
for i in range(1,n):            # 扫描列表,若后面的数小于假设的最小数,则记录其下标到 k 中
    if a[i]< a[k]:
        k = i
a[0],a[k] = a[k],a[0]           # 最前面的数和最小的数交换位置
print(*a)                       # 输出列表元素,每两个数据之间间隔一个空格
```

运行结果:

```
5↲
5 3 4 1 2↲
1 3 4 5 2
```

例 4.2.6　选择排序

第一行输入数据个数 n(1<n<100),第二行输入 n 个整数构成整数序列,要求对该整数序列进行排序,使其按升序排列。

在此例中,采用选择排序法完成排序要求。

选择排序的基本思想:对 n 个数升序排列,共进行 n−1 趟排序;每一趟从待排序的数列中选出最小的一个数,通过交换操作放到当前的最前位置。

其中,对于第 i(0⩽i<n−1)趟排序,先假设待排序数列中最前面的数(下标为 i)最小,以假设的最小数(下标为 k,初值为 i)与后面的数(下标为 j,且 i<j<n)比较,若后面的数小,则使假设的最小数为该数(这里采用记录下标的方法,即 k=j),最后若实际最小数不在当前的最前位置,则交换之。

对于待排序数列(12,23,9,34,7),选择排序各趟结果如下。

下标	0	1	2	3	5
第 1 趟	7	23	9	34	12
第 2 趟	7	9	23	34	12
第 3 趟	7	9	12	34	23
第 4 趟	7	9	12	23	34

在第 1 趟排序中,i、k 的初值都为 0,排序过程中依次进行 4 次比较。

第 1 次:12 23。

第 2 次:12 9(记录当前最小数下标为 2,即 k=2)。

第 3 次:9 34。

第 4 次:9 7(记录当前最小数下标为 4,即 k=4)。

可见,当前最小数(下标 k=4)不在当前最前面的位置(下标 i=0),因此交换下标分别为 0、4 的元素,即交换 12 和 7。从而得到第 1 趟选择排序的结果数列(7,23,9,34,12)。

实际上,第 1 趟选择排序采用的就是例 4.2.5 的方法,其余各趟排序的过程类似,留给读者自行分析。

本例采用选择排序求解的具体代码如下。

```
n = int(input())
a = list(map(int, input().split()))
for i in range(0, n - 1):            # n 个数排序共进行 n - 1 趟
    k = i                            # 每趟假设无序序列中的第一个数最小,下标记录在 k 中
    for j in range(i + 1, n):        # 扫描列表,若后面的数小于假设的最小数,则记录其下标到 k 中
        if a[k]> a[j]:
            k = j
    if k!= i:                        # 若当前最小数不在当前的最前面,则进行交换
        a[i], a[k] = a[k], a[i]      # 交换当前最前面的数和当前最小数的位置
print( * a)                          # 输出列表元素,每两个数据之间间隔一个空格
```

运行结果:

```
5 ↲
12 23 9 34 7 ↲
7 9 12 23 34
```

选择排序也可以直接比较当前最前面的数与其后面的数,一旦发现位置逆序就立即进行交换,具体代码如下。

```
n = int(input())
a = list(map(int, input().split()))
for i in range(0, n - 1):                # n 个数排序共进行 n - 1 趟
    for j in range(i + 1, n):            # 扫描列表,若后面的数小于当前最前面的数,则交换
        if a[i]> a[j]:
            a[i], a[j] = a[j], a[i]      # 交换当前最前面的数和当前最小数的位置
print( * a)                              # 输出列表元素,每两个数据之间间隔一个空格
```

运行结果：

```
5↵
5 2 7 1 3↵
1 2 3 5 7
```

当然，这种写法的执行效率比前一种写法低，因为每趟都可能要进行多次交换，比前一种写法中每趟排序最多只交换一次更加耗时。

例 4.2.7　冒泡排序

第一行输入数据个数 n(1<n<100)，第二行输入 n 个整数构成整数序列，要求对该整数序列进行排序，使其按升序排列。

在此例中，采用冒泡排序法完成排序要求。

冒泡排序的基本思想：对 n 个数升序排列，共进行 n－1 趟排序；每一趟依次比较相邻的两个数，若位置逆序则交换，将小者放在前面，大者放在后面，每一趟排序结束时，把当前的最大数放到当前的最后位置。

其中，对于第 i(0≤i<n－1)趟排序，从第一个数(下标为 0)开始依次比较相邻的两个数(由于待排数列中共有 n－i 个数，因此共需要进行 n－i－1 次比较)，若前面的数比后面的大(逆序)，则交换这两个数。

对于待排数列(12,23,9,34,7)，冒泡排序各趟排序结果如下。

下标	0	1	2	3	5
第 1 趟	12	9	23	7	34
第 2 趟	9	12	7	23	34
第 3 趟	9	7	12	23	34
第 4 趟	7	9	12	23	34

在第 1 趟冒泡排序过程中，依次进行 4 次比较。

第 1 次：12 23，

第 2 次：23 9，逆序，交换，数列变为(12,9,23,34,7)

第 3 次：23 34，

第 4 次：34 7，逆序，交换，数列变为(12,9,23,7,34)

其余各趟冒泡排序的过程类似，不再赘述。

本例采用冒泡排序求解的具体代码如下。

```
n = int(input())
a = list(map(int,input().split()))
for i in range(0,n - 1):            #n 个数排序共进行 n - 1 趟
    for j in range(n - 1 - i):      #在每趟排序中,从头开始扫描,若相邻的两个数逆序,则交换
        if a[j]> a[j + 1]:
            a[j],a[j + 1] = a[j + 1],a[j]
print( * a)                          #输出列表元素,每两个数据之间间隔一个空格
```

运行结果：

```
5↵
12 23 9 34 7↵
7 9 12 23 34
```


对于待排数列(1,2,3,4,5),采用上面的冒泡排序也需要进行4趟。实际上,在第1趟排序中,依次比较相邻的两个数时,没有发现逆序的数对,即未进行交换,就说明数列已有序。因此冒泡排序可以改进,即若在某一趟排序中没有发生交换,则数列已经排好序,可以提前结束排序。可以使用标记变量(设为flag,初值为False)的方法,若发生交换则把其值改为True,在一趟排序后若有flag==False,则结束排序。具体代码请读者自行完成。

若要用这两种排序进行降序排序,则只需把进行比较的if语句中的条件“a[k]>a[j]”或“a[i]>a[j]”或“a[j]>a[j+1]”中的>改为<。

例4.2.8　筛选法求素数

输入一个整数n(1<n<2000),要求输出n以内的所有素数(质数)。

素数指的是除了1和它本身没有其他因子的整数;最小的素数是2,其余的素数都是奇数;素数序列为:2 3 5 7 11 13 17 19…。

筛选法(又称筛法)是求不超过自然数n(n>0)的所有素数的一种方法,据说是古希腊的埃拉托斯特尼(Eratosthenes)发明的。

筛选法的步骤如下。

(1) 先将1筛掉(因为1不是素数)。

(2) 把2的倍数筛掉。

(3) 把3的倍数筛掉。

(4) 依次把没有筛掉的数(最大到sqrt(n)为止)作为除数,把其倍数都筛掉。

其中,把数筛掉的实现可以采用打标记的方法,以求20以内的素数为例说明如下。

开始时把列表元素都设为True表示假设对应下标的数都是素数,如下所示(以整数值1表示True)。

1	2	3	4	5	6	7	8	9	10	11	12	13	14	15	16	17	18	19	20
1	1	1	1	1	1	1	1	1	1	1	1	1	1	1	1	1	1	1	1

把某数筛掉则把该数为下标的列表元素的值变为False,最后把标记为True的元素的下标输出,如下所示(整数值1、0分别表示True、False),其中,表中第一行把1筛去,表中第二行把2的倍数筛去,表中第三行把3的倍数筛去,则最后一行中值为1的相应下标2、3、5、7、11、13、17、19为素数。

1	2	3	4	5	6	7	8	9	10	11	12	13	14	15	16	17	18	19	20
0	1	1	1	1	1	1	1	1	1	1	1	1	1	1	1	1	1	1	1
0	1	1	0	1	0	1	0	1	0	1	0	1	0	1	0	1	0	1	0
0	1	1	0	1	0	1	0	0	0	1	0	1	0	0	0	1	0	1	0

具体代码如下。

```
from math import sqrt                         # 导入函数 sqrt()
N = 2000
a = [True] * (N + 1)                          # 创建包含 N + 1 个 True 的列表
a[1] = False                                  # 把 1 筛去
limit = int(sqrt(N))
for i in range(2,limit + 1):                  # 以 2 到 int(sqrt(N))的素数为因子筛去其倍数
    if a[i] == False:continue                 # 若 i 已经被筛去,则不用以其为因子去筛其他数
    for j in range(i * i,N + 1,i):            # 从 i 的平方开始把 i 的倍数筛去
        a[j] = False                          # 筛去 j

cnt = 0                                       # 计数器变量清 0
n = int(input())
for i in range(2,n + 1):                      # 把 n 以内的素数输出
    if a[i] == True:
        cnt += 1
        if cnt > 1: print(' ',end = '')
        print(i,end = '')
print()
```

运行结果：

```
100 ↵
2 3 5 7 11 13 17 19 23 29 31 37 41 43 47 53 59 61 67 71 73 79 83 89 97
```

4.3 二维列表

思考：如何求解两个矩阵的乘法？

编程时,矩阵或方阵通常用二维列表来表示。因此可以定义三个二维列表来完成两个矩阵的乘法。具体代码见例 4.3.4。

二维列表可以看成是这样的一维列表：它的每个元素都是一个一维列表。

4.3.1 二维列表基础

1. 二维列表的创建及其元素访问

二维列表的定义的一般形式如下。

```
列表名 = [[一维列表 1][,一维列表 2]…[,一维列表 n]]
```

例如：

```
a = [[1,2,3,4,5],[6,7,8,9,10],[11,12,13,14,15],[16,17,18,19,20]]
```

此语句创建了一个 4 行 5 列的二维列表,第一、二维长度分别为 4、5,存放结构示意图如下。

下标	0	1	2	3	4
0	1	2	3	4	5
1	6	7	8	9	10
2	11	12	13	14	15
3	16	17	18	19	20

二维列表可以看作特殊的一维列表。例如,上面的二维列表 a 包含四个元素：a[0]、a[1]、a[2]、a[3],每个 a[i](i=0～3)又是一个包含 5 个元素 a[i][0]、a[i][1]、a[i][2]、a[i][3]、a[i][4]的一维列表。

二维列表中的元素类型可以各不相同,例如：

```
>>> c = [[1,2],["ZhangSan","Lisi"],[96.5,80.5]]
                                  #创建 3 行 2 列的二维列表,各行元素类型各不相同
>>> print(c)
[[1, 2], ['ZhangSan', 'Lisi'], [96.5, 80.5]]
```

语句 c=[[1,2],["ZhangSan","Lisi"],[96.5,80.5]]创建了一个 3 行 2 列的二维列表 c,且各行元素的类型分别为整型、字符串和实型。

二维列表中的元素一般通过两个下标进行访问。

列表名[行下标][列下标]

"列表名[行下标][列下标]"用在赋值符号=左边时,表示为该元素赋值,而用在=右边时,表示取该元素的值。例如：

```
>>> a = [[1,3,5,7,9],[2,4,6,8,10]]          #创建包含 2 行 5 列的二维列表
>>> print(a[0][4],a[1][3])                  #取二维列表元素的值
9 8
>>> a[0][4] = 15                            #给二维列表元素赋值
>>> t = a[1][3]                             #取二维列表元素的值
>>> print(a[0][4],t)
15 8
```

二维列表中的各个一维列表长度可以不相同。例如：

```
>>> d = [[1],[2,3],[4,5,6],[7,8,9,10]]
>>> for i in range(len(d)):
        for j in range(len(d[i])):
            print("%3d" % d[i][j],end = '')
        print()
  1
  2  3
  4  5  6
  7  8  9 10
```

语句 d=[[1],[2,3],[4,5,6],[7,8,9,10]]创建了一个 4 行的二维列表 d,且各行元素

的个数分别是 1、2、3、4。len(d)返回二维列表 d 的行数，len(d[i])返回下标为 i 的行中包含的元素个数(列数)。

二维列表的创建通过赋值语句实现，若创建时尚不确定二维列表中的具体数据，可以给定某个特殊值(如 0)，并用运算符 * 进行复制。例如：

```
>>> b = [[0] * 5] * 4                  # 创建包含 4 行 5 列共 20 个 0 的二维列表
>>> print(b)
[[0, 0, 0, 0, 0], [0, 0, 0, 0, 0], [0, 0, 0, 0, 0], [0, 0, 0, 0, 0]]
```

语句 b=[[0] * 5] * 4 创建了一个 4 行 5 列的二维列表 b，且每个元素都为 0。

需要注意的是，二维列表若是使用 * 复制一维列表得到，则各行的一维列表都是相同的对象。可以使用身份运算符 is 或 is not 检测二维列表的各行的一维列表或各个元素是否相同对象。例如：

```
>>> f = [[0] * 2] * 2                  # 创建由运算符 * 复制的全 0 的二维列表
>>> f
[[0, 0], [0, 0]]
>>> f[0] is f[1]                       # f[0]与 f[1]是相同的对象
True
>>> f[0][0] is f[1][0]                 # f[0][0]与其他三个元素都是相同的对象
True
>>> f[0][0] is f[0][1]
True
>>> f[0][0] is f[1][1]
True
>>> f = [[1,2,3]] * 2                  # 创建由一维列表 * 复制而成的二维列表
>>> f
[[1, 2, 3], [1, 2, 3]]
>>> f[0] is not f[1]                   # f[0]与 f[1]是相同的对象
False
>>> f = [[1,2,3],[1,2,3]]              # 创建由两个一维列表构成的二维列表
>>> f[0] is f[1]                       # f[0]与 f[1]不是相同的对象
False
>>> f = [[0, 0], [0, 0]]               # 创建包含两个[0,0]列表的全 0 二维列表
>>> f[0] is f[1]                       # f[0]与 f[1]是不同的对象
False
>>> f[0][0] is f[0][1]
True
```

若修改使用 * 复制一维列表所得二维列表中的各个元素，则使用不同标识的同一对象只能保存最后更新的数据。例如：

```
>>> f = [[0] * 3] * 3
>>> f
[[0, 0, 0], [0, 0, 0], [0, 0, 0]]
>>> f[0][0] = 1;f[0][1] = 2;f[0][2] = 3         # 更新第一行(下标为 0)的各个元素
```

```
>>> f[1]                                    # f[1]与 f[0]是相同的对象
[1, 2, 3]
>>> f[1] is f[0]
True
>>> f[1][0] = 2;f[1][1] = 4;f[1][2] = 6
>>> f[2]                                    # f[2]与 f[1]是相同的对象
[2, 4, 6]
>>> f[0]                                    # f[0]与 f[1]是相同的对象
[2, 4, 6]
>>> f[2][0] = 3;f[2][1] = 6;f[2][2] = 9
>>> f
[[3, 6, 9], [3, 6, 9], [3, 6, 9]]           # f[0]与 f[2]是相同的对象
>>> f[0] is f[2]
True
>>> f[1] is f[2]                            # f[1]与 f[2]是相同的对象
True
>>> f[0][0] is f[2][0]                      # f[0][0]与 f[2][0]是相同的对象
True
>>> f[1][0] is f[2][0]                      # f[1][0]与 f[2][0]是相同的对象
True
>>> f[1][2] is f[2][2]                      # f[1][2]与 f[2][2]是相同的对象
True
```

因此，若需要更新二维列表中各元素的值，则应避免使用 * 复制一维列表来构建二维列表。

使用列表的成员函数 append()可以往二维列表中添加一维列表。例如：

```
>>> e = [[0] * 3] * 4                       # 创建 4 行 3 列的全 0 列表
>>> e
[[0, 0, 0], [0, 0, 0], [0, 0, 0], [0, 0, 0]]
>>> e.append([0] * 3)                       # 在二维列表的最后添加一个全 0 一维列表
>>> e
[[0, 0, 0], [0, 0, 0], [0, 0, 0], [0, 0, 0], [0, 0, 0]]
>>> e[4] is e[0]                            # append()方法添加的行与其余各行都不是相同对象
False
>>> e[4][0] is e[4][1]                      # 引用值相等的不可变对象的两个元素是相同对象
True
```

语句 e.append([0] * 3)在二维列表 e 的最后添加了一个一维列表(包含 3 个 0)，但这个添加的一维列表[0, 0, 0]与其余各行相应的一维列表[0, 0, 0]都不是相同的对象。

2. 二维列表的使用

思考：如何在输入两个整数 m、n 之后，给 m 行 n 列的二维列表的每个元素赋值？例如 m=3，n=4 时，构造得到如下二维列表。

```
1 2 3 4
2 4 6 8
3 6 9 12
```

很自然的一种想法是先定义 m 行 n 列的二维列表，再给其各元素赋值，具体代码如下。

```
m,n = map(int,input().split())
a = [[0] * n] * m                          # 矩阵 a 初始为 m 行 n 列的全 0 列表
for i in range(m):
    for j in range(n):
        a[i][j] = (i + 1) * (j + 1)        # 把 a[i][j]赋值为(i + 1) * (j + 1)
for i in range(m):                         # 输出二维列表 a
    for j in range(n):
        if j > 0:                          # 控制数据之间留一个空格
            print(' ',end = '')
        print(a[i][j],end = '')
    print()                                # 每一行输出完毕后换行
```

运行结果：

```
3 4↵
3 6 9 12
3 6 9 12
3 6 9 12
```

可见,此运行结果并非期望得到的结果。这是使用二维列表时应特别注意的一个问题。那么,结果为什么是这样的呢？如前所述,创建二维列表的语句 a=[[0] * n] * m 使得二维列表 a 的每一行都成为相同的一维列表对象。因此,若需要改变二维列表中元素的值,应避免使用这种方法创建二维列表。替代的方法如下。

方法 1：

用列表产生式创建二维列表,代码如下。

```
a = [[0] * n for i in range(m)]            # 创建 m 行 n 列的全 0 二维列表
```

运用方法 1,本例具体代码如下。

```
m,n = map(int,input().split())
a = [[0] * n for i in range(m)]            # 创建 m 行 n 列的全 0 二维列表
for i in range(m):
    for j in range(n):
        a[i][j] = (i + 1) * (j + 1)
for i in range(m):                         # 输出二维列表 a
    for j in range(n):
        if j > 0:                          # 控制数据之间留一个空格
            print(' ',end = '')
        print(a[i][j],end = '')
    print()
```

运行结果：

```
3 4↵
1 2 3 4
2 4 6 8
3 6 9 12
```

方法 2：

(1) 初始化二维列表 a 为空列表。

(2) 在一个执行 m 次的循环中，每次往二维列表 a 中添加包含 n 个 0 的一维列表。

运用方法 2，本例具体代码如下。

```
m,n = map(int,input().split())
a = []                                  #二维列表 a 初始为空列表
for i in range(m):
    t = [0] * n                         #创建包含 n 个 0 的一维列表 t
    a.append(t)                         #把一维列表 t 添加为二维列表 a 的最后一行
for i in range(m):
    for j in range(n):
        a[i][j] = (i + 1) * (j + 1)
for i in range(m):                      #输出二维列表 a
    for j in range(n):
        if j > 0:                       #控制数据之间留一个空格
            print(' ',end = '')
        print(a[i][j],end = '')
    print()
```

运行结果：

```
3 4↵
1 2 3 4
2 4 6 8
3 6 9 12
```

例 4.3.1　二维列表的输入输出

输入两个整数 m、n(2≤m、n≤100)，再输入、输出 m 行 n 列的二维整型列表。输出时，每行的每两个数据之间留一个空格。

本例需要创建一个 m 行 n 列的二维列表，可以采用以下不同的方式。

方式 1：

```
b = [0] * n                             #创建包含 n 个 0 的一维列表 b
a = [b] * m                             #创建包含 m 个一维列表 b 的二维列表 a
```

方式 2：

```
a = [[0] * n] * m                       #创建包含 m 行 n 列的二维列表 a(所有元素都为 0)
```

方式 3：

```
a = [[0] * n for i in range(m)]         #创建 m 行 n 列的全 0 二维列表
```

方式 4：

```
a = []                           # 创建空列表 a
for i in range(m):               # 循环 m 次,每次往列表 a 中添加一个由 n 个 0 构成的列表
    a.append([0] * n)            # 把一维列表添加到二维列表 a 的最后
```

一般情况下，特别是后续代码将逐个改变二维列表中各个元素的值时，请使用方式 3 或方式 4。理由详见前述。当然，若创建二维列表之后要给二维列表中的各个一维列表整体赋值，则这四种方式都是可行的。

二维列表的基本操作一般采用二重循环实现，如前述代码中的逐个元素的赋值和输出等。实际上，二维列表的输入、输出可以与内置函数 input()、print()相结合仅使用一重循环实现，具体代码如下。

```
m,n = map(int,input().split())          # 输入二维列表的行数、列数
a = [[0] * n] * m                       # 定义包含 m 行 n 列的二维列表 a(所有元素都为 0)
for i in range(m):                      # 控制 m 行
    # 输入若干个数构成一维整数列表 a[i]
    a[i] = list(map(int,input().split()))
for i in range(m):                      # 输出 m 行数据
    print( * a[i])                      # 输出一维列表元素,每两个数据之间间隔一个空格
```

运行结果：

```
3 3↲
1 2 3↲
4 5 6↲
7 8 9↲
1 2 3
4 5 6
7 8 9
```

4.3.2 二维列表的运用

例 4.3.2 方阵转置

第一行先输入一个整数 n(2≤n≤100)，接下来的 n 行每行输入 n 个整数构成一个 n 阶方阵，请将之转置并输出这个转置后的方阵。要求每行的每两个数据之间留一个空格。

简言之，方阵转置是把方阵的行列进行互换。设方阵以二维列表 a 表示，则以主对角线(其上元素为 a[i][i]，即行、列下标相等)为界，逐行交换主对角线两边对称的元素 a[i][j]和 a[j][i]，具体代码如下：

```
n = int(input())
a = [[0] * n] * n                       # 创建包含 n * n 个 0 的二维列表
for i in range(n):                      # 逐行输入
    a[i] = list(map(int,input().split()))
for i in range(n):                      # 逆置,以主对角线为界,交换 a[i][j]与 a[j][i]
```

```
    for j in range(i):
        a[i][j],a[j][i] = a[j][i],a[i][j]

for i in range(n): #输出
    print( * a[i])
```

运行结果：

```
5 ↵
15 51 96 80 45 ↵
51 57 77 45 47 ↵
72 45 58 83 21 ↵
20 28 42 72 42 ↵
91 61 37 73 66 ↵
15 51 72 20 91
51 57 45 28 61
96 77 58 42 37
80 45 83 72 73
45 47 21 42 66
```

例 4.3.3　杨辉三角

输入整数 n(1⩽n⩽10)，构造并输出杨辉三角形(每个数据占 5 个字符宽)。例如，n=5 时，杨辉三角形如下。

```
1
1    1
1    2    1
1    3    3    1
1    4    6    4    1
```

通过观察发现杨辉三角形的如下规律：每一行的第一个和最后一个都是 1，从第三行开始，其他元素 a[i][j](2⩽i<n，1⩽j<i)等于其前一行同一列元素 a[i−1][j]及前一行前一列元素 a[i−1][j−1]之和。因此，可在用列表产生式创建一个全为 1 的二维列表的基础上，从第三行开始根据此规律计算每行除第一个和最后一个之外的其他元素，具体代码如下。

```
n = int(input())
a = [[1] * i for i in range(1,n + 1)]          #使用列表产生式创建全为 1 的二维列表
for i in range(2,n):                            #从第三行开始计算
    #每行从第二个开始计算,为前一行的同列元素和前一行的前一列的两个元素之和
    for j in range(1,i):
        a[i][j] = a[i - 1][j] + a[i - 1][j - 1]
for i in range(n):                              #输出
    for j in range(i + 1):
        print(" %5d" % a[i][j],end = '')        #每个元素占 5 个字符宽
    print()
```

运行结果：

```
8↵
    1
    1    1
    1    2    1
    1    3    3    1
    1    4    6    4    1
    1    5   10   10    5    1
    1    6   15   20   15    6    1
    1    7   21   35   35   21    7    1
```

例 4.3.4　两个矩阵之积

输入整数 m、p、n（$1<m,p,n<10$），再输入两个矩阵 $A_{m\times p}$、$B_{p\times n}$，请计算 $C=A\times B$。

例如：$m=4$、$p=3$、$n=2$，

$$A=\begin{pmatrix}5 & 2 & 4\\ 3 & 8 & 2\\ 6 & 0 & 4\\ 0 & 1 & 6\end{pmatrix},B=\begin{pmatrix}2 & 4\\ 1 & 3\\ 3 & 2\end{pmatrix},则\ C=A\times B=\begin{pmatrix}24 & 34\\ 20 & 40\\ 24 & 32\\ 19 & 15\end{pmatrix}$$

矩阵乘法只有在第一个矩阵的列数等于第二个矩阵的行数时才有意义。根据矩阵乘法规则：$c_{ij}=\sum_{k=1}^{p}a_{ik}b_{kj}$，其中，$c_{ij}$ 表示 C 矩阵中的 i 行 j 列元素，a_{ik}、b_{kj} 分别表示 A 矩阵中的 i 行 k 列元素、B 矩阵中的 k 行 j 列元素，使用三重循环就可以完成两个矩阵的乘法（矩阵以二维列表表示），具体代码如下。

```
m,p,n = map(int, input().split())          # 输入 m,p,n
a = []                                     # 矩阵 a 初始为空列表
for i in range(m):                         # 输入数据转换为整型一维列表添加到列表 a 的最后
    t = list(map(int,input().split()))
    a.append(t)
b = []                                     # 矩阵 b 初始为空列表
for i in range(p):                         # 输入数据转换为整型一维列表添加到列表 b 的最后
    t = list(map(int,input().split()))
    b.append(t)
c = [[0] * n for i in range(m)]            # 用列表产生式创建全为 0 的矩阵 c
for i in range(m):                         # 计算 c 矩阵
    for j in range(n):
        for k in range(p):
            c[i][j] += a[i][k] * b[k][j]

for i in range(m):                         # 输出
    print( * c[i])
```

运行结果：

```
2 2 3↵
1 2↵
```

```
3 4↵
5 6 7↵
7 8 9↵
5 9 4↵
19 22 25
43 50 57
```

例 4.3.5　蛇形矩阵

输入整数 n(2≤n≤100),构造并输出蛇形矩阵。蛇形矩阵是由 1 开始的自然数依次排列成的一个上三角矩阵。例如,n=5 时,蛇形矩阵如下。

```
1 3 6 10 15
2 5 9 14
4 8 13
7 12
11
```

通过观察发现,该蛇形矩阵的一个规律是每行从第一列(列下标为 0)的元素开始,其右上角的元素值依次递增 1,到第一行(行下标为 0)为止。在用列表产生式创建全为 0 的二维列表的基础上,利用此规律编写程序如下。

```
n = int(input())
a = [[0] * (n - i) for i in range(n)]          # 用列表产生式创建全为 0 的二维列表 a
val = 1                                        # 第一个值为 1
for i in range(n):                             # 控制 n 行
    k = 0                                      # 从下标为 0 的列开始
    for j in range(i, - 1, - 1):               # 从下标为 i 的行到下标为 0 的行逐个往右上斜线填数
        a[j][k] = val
        k += 1                                 # 每上移一行则列下标增 1
        val += 1                               # 值依次递增 1

for i in range(n):                             # 输出
    print( * a[i])
```

运行结果:

```
10↵
1 3 6 10 15 21 28 36 45 55
2 5 9 14 20 27 35 44 54
4 8 13 19 26 34 43 53
7 12 18 25 33 42 52
11 17 24 32 41 51
16 23 31 40 50
22 30 39 49
29 38 48
37 47
46
```

观察此矩阵，还能找到其他规律吗？答案是肯定的。发现其他规律并编程实现的工作留给读者自行完成。

4.4 字　　典

4.4.1 字典基础知识

Python 语言中的字典由若干“键-值”(key-value)对构成，键(key)即关键字，值(value)是关键字对应的值。创建字典的语法格式如下。

```
字典名 = {[键 1: 值 1[,键 2: 值 2[, … ,键 n: 值 n]]]}
```

描述语法时的中括号表示可选项。可见，字典或为空字典(“键-值”对的个数为 0)，或包含若干个“键-值”对。字典的界定符是大括号{}，每个“键-值”对的键与值之间以冒号“:”间隔，多个“键-值”对则以逗号“,”间隔。例如：

```
>>> d = {}                                             #创建空字典
>>> len(d)                                             #用内置函数 len()求字典长度(元素个数)
0
>>> d = {"English":80,"Math":75,"Programming":90}   #创建包含三个"键 - 值"对的字典
>>> print(d["English"],d["Math"],d["Programming"])#通过以键为"下标",取键对应的值
80 75 90
```

语句 d={}创建了一个空字典，而语句 d={"English": 80,"Math": 75,"Programming": 90}创建了一个字典，其中包含三个“键-值”对，键"English""Math""Programming"分别对应的值为 80、75、90。通过把键作为“下标”(放在中括号[]中)来引用该键对应的值。例如，d["English"]、d["Math"]、d["Programming"]分别取得键"English""Math""Programming"对应的值 80、75、90。另外，内置函数 dict()也可创建空字典。

字典中的各个键应该是各不相同的(值则无此限制)，若有相同的键出现，则以后面出现的“键-值”对中的值为准(相当于前面相同键的“键-值”对被覆盖)。例如：

```
>>> d = {"English":80,"Math":75,"Programming":90,"English":60}
>>> print(d["English"],d["Math"],d["Programming"])
60 75 90
```

此例中，以"English"为键的“键-值”对出现两次，则该键对应的值为后一个“键-值”对中的值。

在字典的“键-值”对中，各个键的类型可以不一样，但各个键都应为不可变对象(因需根据键确定哈希地址)，例如字符串、数值及元组等，而“值”可为可变对象(列表、集合及字典等)或不可变对象。例如：

```
>>> d = {"1001":[1,3,5],(2,3):"Hello, Python",45.6:7788,123:{1,2,3},10:{"Yes":1,"No":0}}
>>> print(d["1001"],d[(2,3)],d[45.6],d[123],d[10])
[1, 3, 5] Hello, Python 7788 {1, 2, 3} {'Yes': 1, 'No': 0}
```

在此例中,第一个"键-值"对"1001":[1,3,5]的键是字符串,值是列表;第二个"键-值"对(2,3):"Hello, Python"的键是元组,值是字符串;第三个"键-值"对45.6:7788的键是实数,值是整数;第四个"键-值"对123:{1,2,3}的键是整数,值是集合;第五个"键-值"对10:{"Yes":1,"No":0}的键是整数,值是字典。

若以字典中不存在的键访问字典,则将出错。例如:

```
>>> d = {"Name":"ZhangSan","Age":18,"Sex":"male"}
>>> print(d["Name"],d["age"])
Traceback (most recent call last):
  File "<pyshell#1>", line 1, in <module>
    print(d["Name"],d["age"])
KeyError: 'age'
```

此处引用键"age"的值,但由于键"age"不存在(存在的是"Age",而Python语言区分字母大小写),因此产生如上的键错误信息。

实际上,取字典中某个键对应的值,也可使用字典的成员函数get(),该函数在键存在时返回该键对应的值,否则可返回一个预设的值。例如:

```
>>> d = {"Name":"ZhangSan","Age":18,"Sex":"male"}
>>> d.get("Name")                   #键"Name"存在,则返回其对应的值"ZhangSan"
'ZhangSan'
>>> d.get("age",0)                  #键"age"不存在,则返回预设的值0
0
```

表4-2列出字典的部分常用成员函数,其中示例对应的字典创建如下。

```
>>> d = {"En":80,"Ma":75,"Pr":90}
```

表4-2 字典部分常用成员函数

成员函数(方法)	功 能	示 例

get(key, default=None)	取得键key对应的值,若key不存在,则返回设置的默认值default	>>> d.get("Ma")
		75
		>>> print(d.get("ma"))
		None

setdefault(key, default=None)	插入"键-值"对key: default;若key原来已存在,则不插入且返回键key对应的值,否则返回default	>>> d.setdefault("Py",85)
		85
		>>> d
		{'En': 80, 'Ma': 75, 'Pr': 90, 'Py': 85}
		>>> d.setdefault("Py",95)
		85
		>>> d
		{'En': 80, 'Ma': 75, 'Pr': 90, 'Py': 85}

续表

成员函数(方法)	功　能	示　例

pop(key [,val])	删除键 key 对应的键且返回 key 相应的值，若 key 不存在，且提供了 val 参数，则返回 val，否则出现 KeyError 错误	>>> d.pop("Ma")
		75
		>>> d.pop("Ma",0)
		0

popitem()	删除最后一个"键-值"对，且返回该"键-值"对相应的元组，若字典为空则出现 KeyError 错误	>>> d = {"En":80,"Ma":75,"Pr":90}
		>>> d.popitem()
		('Pr', 90)
		>>> d
		{'En': 80, 'Ma': 75}

items()	返回所有的"键-值"对相应的元组构成的可迭代对象	>>> d.items() dict_items([('En', 80), ('Ma', 75), ('Pr', 90)])
values()	返回所有的"值"构成的可迭代对象	>>> d.values() dict_values([80, 75, 90])
keys()	返回所有的"键"构成的可迭代对象	>>> d.keys() dict_keys(['En', 'Ma', 'Pr'])

clear()	清空字典	>>> d.clear()
		>>> d
		{}

若需修改某个键相应的值，则可用键为"下标"的方式使用赋值语句修改。通过赋值语句修改某个键对应的值时，若该键不存在，则将在字典中插入该键对应的"键-值"对。例如：

```
>>> d = {"English":80,"Math":75,"Programming":90}
>>> d["Math"] = 95                  #修改键"Math"对应的值为 95
>>> d
{'English': 80, 'Math': 95, 'Programming': 90}
>>> d["math"] = 70                  #因键"math"不存在，故插入"键 - 值"对"math":70
>>> d
{'English': 80, 'Math': 95, 'Programming': 90, 'math': 70}
```

可以通过 in 运算符判断某个键是否在字典中。例如：

```
>>> d = {"English":80,"Math":75,"Programming":90}
>>> "math" in d
False
>>> "English" in d
True
```

可以通过 for 循环语句遍历字典，其中循环变量每循环一次取得一个键。例如：

```
d = {"English":80,"Math":75,"Programming":90}
for it in d:                        #循环变量取的是字典中的各个键
    print(it, d[it])
```

运行结果：

```
English 80
Math 75
Programming 90
```

可以创建字典列表，即列表中的每个元素都是一个字典。例如：

```
d = [{"Name":"Iris","Age":18},
     {"Name":"Jack","Age":20},
     {"Name":"John","Age":19}]
for i in range(len(d)):
    for it in d[i]:
        print(it,d[i][it])
```

运行结果：

```
Name Iris
Age 18
Name Jack
Age 20
Name John
Age 19
```

4.4.2 字典的运用

例 4.4.1 确定最终排名(HLOJ 1926)

某次程序设计竞赛时，最终排名采用的排名规则如下。

根据成功做出的题数(解题数，设为 solved)从大到小排序，若 solved 相同则按输入顺序确定排名先后顺序(结合 Sample Output)。请确定最终排名并输出。

第一行先输入一个正整数 n($1 \leqslant n \leqslant 100$)，表示参赛队伍总数。然后输入 n 行，每行包括一个字符串 s(不含空格且长度不超过 50)和一个正整数 d($0 \leqslant d \leqslant 15$)，分别表示队名和该队的解题数量。要求输出最终排名信息，每行一个队伍的信息：排名、队名、解题数量。

Sample Input	Sample Output
8	1 Team3 5
Team22 2	2 Team26 4
Team16 3	3 Team2 4
Team11 2	4 Team16 3
Team20 3	5 Team20 3
Team3 5	6 Team22 2
Team26 4	7 Team11 2
Team7 1	8 Team7 1
Team2 4	

在本例中，每个队伍的队名和解题数宜作为一个整体处理，可以采用包含队名("name")和解题数("solved")两个键的字典处理，则 n 个队伍信息可存放一个字典列表中。排序采用冒泡排序法。另外，因为本题中的排名即排好序之后的顺序号，可以直接输出顺序号(下标加 1)而不需要做特别处理，具体代码如下。

```
n = int(input())
a = []                                          #a 设置为空列表
for i in range(n):                              #根据输入数据构建字典添加到列表 a 中
    name,solved = input().split()
    a.append({"name":name,"solved":int(solved)})

for i in range(n-1):                            #冒泡排序
    for j in range(n-1-i):
        if a[j]["solved"]< a[j+1]["solved"]:    #比较相邻的两个元素，若解题数前者小于后者
            a[j],a[j+1] = a[j+1],a[j]           #则交换相邻的两个元素

for i in range(n):                              #输出数据
    print(i+1,a[i]["name"],a[i]["solved"])
```

运行结果：

```
6 ↵
Team22 2 ↵
Team16 3 ↵
Team20 3 ↵
Team3 5 ↵
Team26 4 ↵
Team2 4 ↵
1 Team3 5
2 Team26 4
3 Team2 4
4 Team16 3
5 Team20 3
6 Team22 2
```

上面的代码并没有对题目要求的“在解题数相同时按输入顺序确定名次”做出处理，但运行结果是正确的。为什么呢？因为冒泡排序是一种稳定的排序，对于相邻的两个元素，在解题数相同时不会发生交换(如上面代码所示，交换仅发生在前者的解题数小于后者时)，即保持了原有的输入顺序。

若采用选择排序法，则代码中需要明确表达“在解题数相同时按输入顺序确定名次”的要求。此时，表示队伍信息的字典中可增加一个序号("index")键，输入信息时赋值为下标，而在排序中，当解题数相同时比较序号，若前者的序号大于后者，则进行交换。具体代码留给读者自行实现。

例 4.4.2 解题排行(HLOJ 1925)

解题排行榜中，按解题总数生成排行榜。假设每个学生信息仅包括学号(不超过 8 位的

且不含空格的字符串)、解题总数(整数);要求第一行先输入一个整数 n(1≤n≤100),接下来 n 行,每行输入一个学生的信息;要求按“解题总数”降序排列,若“解题总数”相同则按“学号”升序排列。输出最终排名信息时,每行一个学生的信息:排名、学号、解题总数。每行的每两个数据之间留一个空格。注意,解题总数相同的学生其排名也相同。

Sample Input
4
0010 200
1000 110
0001 200
0100 225

Sample Output
1 0100 225
2 0001 200
2 0010 200
4 1000 110

根据题意,宜把学生信息,即学号和解题总数作为一个整体,如此可把每个学生信息作为一个字典(键分别为"id""solved");在排序方面,采用冒泡排序,n 个学生共进行 n−1 趟排序,每趟比较相邻的两个元素,若前者的解题总数小于后者,或者两者解题总数相等但前者的学号大于后者,则交换相邻的两个元素;排名处理方面,设排名变量 r 初值为 1,可以在按要求排好序之后先输出第一个人的排名及其学号和解题总数,从第二个人开始与前一个人的解题总数相比,若不等则 r 改为序号(即其下标加 1),否则 r 保持不变,具体代码如下。

```
n = int(input())
a = []                                          #创建空列表
for i in range(n):                              #根据输入数据创建字典列表
    idx, solved = input().split()
    a.append({"id":idx, "solved":int(solved)})

for i in range(n - 1):                          #冒泡排序
    for j in range(n - 1 - i):
        #比较相邻两个元素,若解题数前者小于后者,或者解题数相等,但学号前者大于后者,则交换
        if a[j]["solved"]< a[j + 1]["solved"]:
            a[j], a[j + 1] = a[j + 1], a[j]     #交换相邻的两个元素
        elif a[j]["solved"] == a[j + 1]["solved"] and a[j]["id"]> a[j + 1]["id"]:
            a[j], a[j + 1] = a[j + 1], a[j]     #交换相邻的两个元素

print(1, a[0]["id"], a[0]["solved"])            #输出第一名的信息
r = 1                                           #为排名变量设置初值
for i in range(1, n):                           #输出其他人的信息
    if a[i]["solved"]!= a[i - 1]["solved"]:     #若后一个人的解题数与前一个不等
        r = i + 1                               #则将排名变量设为序号
    print(r, a[i]["id"], a[i]["solved"])
```

运行结果:

```
4 ↵
0010 200 ↵
1000 110 ↵
0001 200 ↵
```

```
0100 225 ↲
1 0100 225
2 0001 200
2 0010 200
4 1000 110
```

4.5 OJ 题目求解

例 4.5.1　统计不同数字字符的个数(HLOJ 1914)

Problem Description

输入若干字符串,每个字符串中只包含数字字符,统计字符串中不同字符的出现次数。

Input

测试数据有多组,处理到文件尾。对于每组测试,输入一个字符串(不超过 80 个字符)。

Output

对于每组测试,按字符串中出现字符的 ASCII 码升序逐个输出不同的字符及其个数(两者之间留一个空格),每组输出之后空一行,输出格式参照 Sample Output。

Sample Input	Sample Output
12123	1 2 2 2 3 1

统计'0'～'9'各个数字字符的个数,需要 10 个计数器,显然使用一个包含 10 个元素的整型计数器列表是很自然的想法。然后把数字字符通过 int()函数转换为整数作为下标。输出时要求按 ASCII 码升序输出,可以用数字 0～9 作为循环变量及下标,具体代码如下。

```
try:
    while True:
        s = input()
        a = [0] * 10                #建立包含 10 个 0 的列表,每个元素作为一个计数器
        for it in s:                #用迭代器 it 遍历列表 s
            a[int(it)] += 1         #'1'-->1,数字字符转换为数字,使用 int()函数
        for i in range(10):         #输出结果,跳过出现次数为 0 的字符
            if a[i] == 0: continue;
            print(i,a[i])
        print()
except EOFError:pass
```

运行结果:

```
123425863223112↵
1 3
2 5
3 3
4 1
5 1
6 1
8 1
```

例 4.5.2　判断双对称方阵(HLOJ 1917)

Problem Description

对于一个 n 阶方阵,请判断该方阵是否双对称,即既左右对称又上下对称。若是则输出"yes",否则输出"no"。例如,样例中,以第 2 列为界则左右对称,以第 2 行为界则上下对称,因此输出"yes"。

Input

首先输入一个正整数 T,表示测试数据的组数,然后是 T 组测试数据。每组数据的第一行输入方阵的阶 n(2≤n≤50),接下来输入 n 行,每行 n 个整数,表示方阵中的元素。

Output

对于每组测试数据,若该方阵双对称,则输出"yes",否则输出"no"。注意,引号不必输出。

Sample Input	Sample Output
1 3 1 2 1 3 5 3 1 2 1	yes

本题直接根据题意,对于给定的方阵,先判断是否左右对称(以中间列为界),若是则再判断是否上下对称(以中间行为界)。可以使用标记变量的方法,其初值设为 True,一旦发现出现不对称的情况则把其值改为 False 并结束判断过程,最后根据标记变量的值输出结果。

```
T = int(input())
for t in range(T):
    n = int(input())
    a = []
    for i in range(n):
        t = list(map(int, input().split()))
        a.append(t)

    flag = True                          # 标记变量设为 True
    for j in range(n//2):                # 以中间列为界,判断是否左右对称
```

```
        for i in range(n):
            if a[i][j]!= a[i][n-1-j]:
                flag = False
                break
        if flag == False:
            break
    if not flag:
        print("no")
        continue

    for i in range(n//2):           #以中间行为界,判断是否上下对称
        for j in range(n):
            if a[i][j]!= a[n-1-i][j]:
                flag = False
                break
        if flag == False:
            break

    if flag == True:
        print("yes")
    else:
        print("no")
```

运行结果:

```
2↵
3↵
1 2 1↵
3 5 3↵
1 2 1↵
yes
4↵
2 1 1 2↵
1 2 3 4↵
1 2 3 4↵
2 1 1 2↵
no
```

例 4.5.3　可重组相等(HLOJ 1915)

Problem Description

如果一个字符串通过字符位置的调整能重组为另一个字符串,就称这两个字符串"可重组相等"。给出两个字符串,请判断它们是否"可重组相等"。

Input

首先输入一个正整数 T,表示测试数据的组数,然后是 T 组测试数据。每组测试输入两个字符串 s 和 t。

Output

对于每组测试,判断它们是否"可重组相等",是则输出"Yes",否则输出"No"。注意,引

号不必输出。

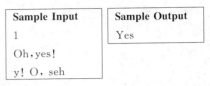

Sample Input	Sample Output
1 Oh,yes! y! O, seh	Yes

Source

ZJUTOJ 1035

设两个字符串分别是 s、t,本题可有如下两个思路。

思路 1: 在 s 中每取一个字符就在 t 中看能否找到,若能找到则可把 t 中的该字符改为某个特殊字符。这样可以保障 s、t 中字符一一对应,当然也可以增加一个标记列表来保障。按此思路的代码留给读者自行完成。

思路 2: 把 s、t 分别升序排序,直接检查是否满足 s==t。

下面给出按思路 2 编写的代码,具体代码如下。

```
T = int(input())
for i in range(T):
    s = list(input())
    t = list(input())
    s.sort()                                    #列表排序
    t.sort()
    if s == t:                                  #可以直接进行列表的比较
        print("Yes")
    else:
        print("No")
```

运行结果:

```
2↵
Just do it↵
it Just do↵
Yes
Welcome to acm world↵
acm world welcome to↵
No
```

例 4.5.4　二分查找(HLOJ 1916)

Problem Description

对于输入的 n 个整数,先进行升序排序,然后进行二分查找。

Input

测试数据有多组,处理到文件尾。每组测试数据的第一行是一个整数 n(1≤n≤100),第二行有 n 个各不相同的整数待排序,第三行是查询次数 m(1≤m≤100),第四行有 m 个整数待查找。

Output

对于每组测试，分两行输出，第一行是升序排序后的结果，每两个数据之间留一个空格；第二行是查找的结果，若找到则输出排序后元素的位置(从 1 开始)，否则输出 0，同样要求每两个数据之间留一个空格。

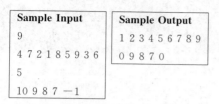

Sample Input
9
4 7 2 1 8 5 9 3 6
5
10 9 8 7 −1

Sample Output
1 2 3 4 5 6 7 8 9
0 9 8 7 0

输入的 n 个整数存放在列表中，二分查找的前提是待查找的数据序列有序，因此需要先对 n 个整数进行升序排序。用变量 low、high 分别指向列表中的首、尾元素(实际上 low、high 是首、尾元素的下标)，则查找区间可以用闭区间[low, high]表示，二分查找的基本思想如下。

把待查数据 x 与查找区间的中间元素(下标 mid＝(low＋high)//2)相比较，若相等则查找成功，否则若 x 小于中间元素则在左半区间(low 不变，high＝mid－1)按相同的方法继续查找，否则就在右半区间(high 不变，low＝mid＋1)按相同的方法继续查找。

本题先直接调用列表成员函数 sort()排序，再进行二分查找，具体代码如下。

```
try:
    while True:
        n = int(input())
        s = list(map(int, input().split()))     #输入数据创建整型列表
        s.sort()                                #列表排序
        m = int(input())
        t = list(map(int, input().split()))
        print( * s)                             #输出排序结果

        for k in range(m):                      #进行 m 次二分查找
            if k > 0:print(' ', end = '')
            x = t[k]                            #x 暂存待查找的数据
            low = 0                             #low 指向查找区间的第一个数
            high = n - 1                        #high 指向查找区间的最后一个数
            while low <= high:
                mid = (low + high)//2           #注意用整除//
                if s[mid] == x:                 #待查数据 x 等于中间数，查找成功
                    print(mid + 1, end = '')
                    break
                elif x < s[mid]:                #若待查找数据 x 小于中间数，则在左半区间查找
                    high = mid - 1
                else:                           #若待查找数据 x 大于中间数，则在右半区间查找
                    low = mid + 1                else:
                print(0, end = '')
        print()
except EOFError:pass
```

运行结果：

```
9 ↵
14 17 12 11 18 15 19 13 16 ↵
5 ↵
10 19 18 17 -1 ↵
11 12 13 14 15 16 17 18 19
0 9 8 7 0
```

例 4.5.5　马鞍点测试(HLOJ 1918)

Problem Description

如果矩阵 A 中存在这样的一个元素 A[i][j]满足下列条件：A[i][j]是第 i 行中值最小的元素，且又是第 j 列中值最大的元素，则称之为该矩阵的一个马鞍点。请编写程序求出矩阵 A 的马鞍点。

Input

首先输入一个正整数 T，表示测试数据的组数，然后是 T 组测试数据。

对于每组测试数据，首先输入两个正整数 m、n($1 \leqslant m,n \leqslant 100$)，分别表示二维列表的行数和列数。

然后是二维列表的信息，每行数据之间用一个空格分隔，每个列表元素值均在 $-2^{31} \sim 2^{31}-1$ 范围内。简单起见，假设二维列表的元素各不相同，且每组测试数据最多只有一个马鞍点。

Output

对于每组测试数据，若马鞍点存在则输出其值，否则输出“Impossible”。注意，引号不必输出。

Sample Input

```
1
4 3
6 7 11
2 17 13
4 -2 3
5 9 88
```

Sample Output

```
6
```

根据题意，可以每行都找到一个最小值的位置(列下标)，再看该数是否是所在列中的最大值，若是则输出。考虑到没有马鞍点时要输出“Impossible”，可以设置一个计数器或标记变量，具体代码如下。

```
T = int(input())
for t in range(T):
    m,n = map(int,input().split())
    a = []
    for i in range(m):
        t = list(map(int,input().split()))
        a.append(t)
    cnt = 0                                  #计数器清 0
```

```
    for i in range(m):                    #找到每行数据的最小数,并记录下标到k中
        k = 0
        for j in range(n):
            if a[i][j]< a[i][k]:
                k = j
        for j in range(m):                #若该数不是列中的最大数,则结束循环
            if a[j][k]> a[i][k]:
                break
        else:                             #若上一条for循环语句未执行break语句,则找到马鞍点
            print(a[i][k])
            cnt += 1;
            break;
    if cnt == 0:                          #若计数器为0,则不存在马鞍点
        print("impossible")
```

运行结果:

```
2↵
4 3↵
6 7 11↵
2 17 13↵
4 -2 3↵
5 9 88↵
6
2 3↵
6 7 11↵
9 8 3↵
impossible
```

本题只有一个马鞍点,找到即可结束循环。如果存在多个马鞍点的情况,则需针对每个(i,j)位置上的数去检查是否满足马鞍点的条件,思想可类似于例 4.5.7,具体代码留给读者自行完成。

例 4.5.6　骑士(HLOJ 1919)

Problem Description

在国际象棋中,棋盘的行编号为 1~8,列编号为 a~h;马以"日"形状行走,根据马在当前棋盘上的位置,请问可以有几种合适的走法?如图 4-1 所示,设马(以 H 表示)在 e4 位置,则下一步可以走的位置是棋盘中粗体数字标注的 8 个位置。

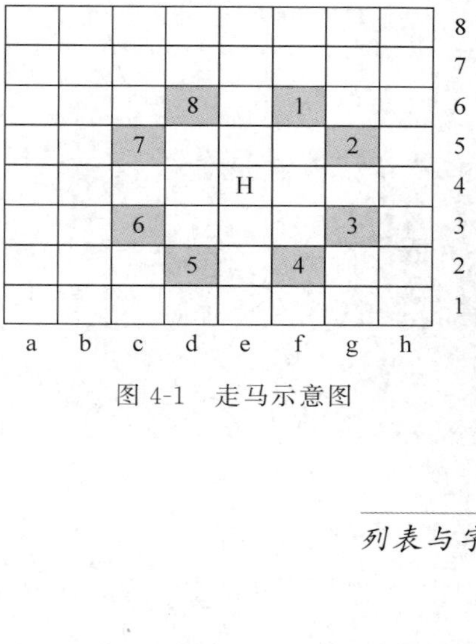

图 4-1　走马示意图

Input

首先输入一个正整数 T,表示测试数据的组数,然后是 T 组测试数据。每组测试数据输入一个字符(a~h)和一个整数(1~8),表示马当前所在的位置。

Output

对于每组测试,输出共有几种走法。

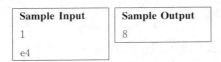

Sample Input	Sample Output
1 e4	8

本题只要判断马可以跳到的8个可能的位置有几个在棋盘上。例如,如图4-1所示,当前位置为e4时,可以跳的8个位置f6、g5、g3、f2、d2、c3、c5、d6都在棋盘上,所以结果为8。为方便求得8个位置,可以设一个方向增量列表,例如,f6相对于e4在行、列方向的增量分别是2、1,而g5相对于e4在行、列方向的增量为1、2,以此类推,可以得到如下方向列表。

```
#方向列表,行列位置的增量,对应图4-1中的位置1～位置8
dir = [[2,1],[1,2],[-1,2],[-2,1],[-2,-1],[-1,-2],[1,-2],[2,-1]]
```

在输入的行、列上分别加上行增量(dir[i][0])、列增量(dir[i][1])即可得到新的可能可以走的位置。另外,需把输入的两个字符转换为下标(与棋盘对应,下标从1开始用),因为列是(从'a'开始的)小写字母,可用该字母的Unicode码值减去字符'a'的Unicode码值再加1得到列下标,而输入的行号直接转换为整数,具体代码如下。

```
dir = [[2,1],[1,2],[-1,2],[-2,1],[-2,-1],[-1,-2],[1,-2],[2,-1]]
T = int(input())
for t in range(T):
    s = input()                          #包含两个字符的字符串
    row = int(s[1])                      #行号转换为整数
    col = ord(s[0]) - ord('a') + 1       #列号(小写字母)转换为整数
    cnt = 0                              #计数器清0
    for i in range(len(dir)):            #扫描方向数组的8个方向,检查可能走的位置是否在棋盘中
        newRow = row + dir[i][0]         #计算可能走的新行号
        newCol = col + dir[i][1]         #计算可能走的新列号
        if (newRow >= 1 and newRow <= 8) and (newCol >= 1 and newCol <= 8):
            cnt += 1                     #若可能走的位置在棋盘内,则计数器增1
    print(cnt)
```

运行结果:

```
3↵
e4↵
8
b7↵
4
g3↵
6
```

例 4.5.7　纵横(HLOJ 1920)

Problem Description

莫大侠练成纵横剑法,走上了杀怪物之路,每次仅出一招。这次,他遇到了一个正方形区域,由 n×n 个格子构成,每个格子(行号、列号都从 1 开始编号)中有若干个怪物。莫大侠施展幻影步,抢占了一个格子,使出绝招“横扫四方”,就把他上、下、左、右四个直线方向区域内的怪物都灭了(包括抢占点的怪物)。请帮他算算他抢占哪个位置使出绝招“横扫四方”能杀掉最多的怪物。如果有多个位置都能杀最多的怪物,优先选择按行优先最靠前的位置。例如,样例中位置(1,2),(1,3),(3,2),(3,3)都能杀 5 个怪物,则优先选择位置(1,2)。

Input

首先输入一个正整数 T,表示测试数据的组数,然后是 T 组测试数据。对于每组测试,第一行输入 n(3≤n≤20),第二行开始的 n 行输入 n×n 个格子中的怪物数(非负整数)。

Output

对于每组测试数据输出一行,包含三个整数,分别表示莫大侠抢占点的行号和列号及所杀的最大怪物数,数据之间留一个空格。

Sample Input
```
1
3
1 1 1
0 1 1
1 1 1
```

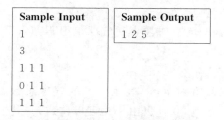

Sample Output
```
1 2 5
```

本题的题意是任选一个位置(i,j)(0≤i,j≤n－1)并把 i 行和 j 列的所有数加起来求最大值,因此可以用二重循环扫描每一个位置,把相应行和相应列的数累加起来(每个位置上的数仅需算一次)并判断其是否大于当前最大值,若是则更新当前最大值并把位置记录下来。由于等于时不做更新,可以保证“如果有多个位置都能杀最多的怪物,优先选择按行优先最靠前的位置”,具体代码如下。

```
T = int(input())
for t in range(T):
    n = int(input())
    a = [[0] * n] * n                  # 创建 n 行 n 列的二维列表
    for i in range(n):                 # 输入二维列表
        a[i] = list(map(int, input().split()))
    row = 0                            # 保存最大值所在行号
    col = 0                            # 保存最大值所在列号
    maxVal = 0                         # 保存最大值
    for i in range(n):                 # 用二重循环扫描每一个位置,找所在行与列和的最大值
        for j in range(n):
            s = 0                      # 求和单元清 0
            for k in range(n):         # 对行下标为 i、列下标为 j 的行、列元素求和
                s += a[i][k]           # 行下标为 i 的所在行的元素求和
                s += a[k][j]           # 列下标为 j 的所在列的元素求和
            s -= a[i][j]               # 减去多加了一次的 a[i][j]
```

```
            #若当前位置的结果大于假设最大值,则更新假设最大值并记录行、列号
            if s > maxVal:
                row = i + 1
                col = j + 1
                maxVal = s
    print(row,col,maxVal)
```

运行结果:

```
1↵
3↵
1 1 1↵
0 1 1↵
1 1 1↵
1 2 5
```

例 4.5.8　气球升起来(HLOJ 1943)

Problem Description

程序设计竞赛时,赛场升起各色气球多么激动人心呀!志愿者送气球忙得不亦乐乎,观赛的某人想知道目前哪种颜色的气球送出最多。

Input

测试数据有多组,每组数据先输入一个整数 n(0<n≤5000)表示分发的气球总数。接下来输入 n 行,每行一个表示颜色的字符串(长度不超过 20 且仅由小写字母构成)。若 n 为 0,则表示输入结束。

Output

对于每组测试,输出出现次数最多的颜色。若出现并列的情况,则只需输出 ASCII 码值最小的那种颜色。

Sample Input	Sample Output
3 pink orange pink 0	pind

Source

HDOJ 1004

本题可以使用字典求解,该字典中的"键-值"对由颜色及其出现次数构成。每输入一个颜色 s,就检查 s 是否在字典 d 中,若键 s 存在于字典中,则使其值 d[s]增 1,否则插入"键-值"对 s:1。在统计得到各种颜色的出现次数之后,使用 max(d.values())求得出现次数的最大值,再求出现次数等于最大值且字典序最小的颜色,具体代码如下。

```
while True:
    n = int(input())                          #输入颜色数 n
```

```
    if n == 0:break
    d = {}                              # 创建空字典
    for i in range(n):                  # 进行 n 次循环
        s = input()                     # 输入一个颜色字符串存放于 s 中
        if s in d.keys():               # 若已存在键 s,则该键对应的值(出现次数)加 1
            d[s] += 1
        else:                           # 若原来不存在键 s,则插入"键 - 值"对 s:1
            d[s] = 1

    maxNum = max(d.values())            # 找出最大的值(出现次数)
    res = max(d.keys())                 # 找出最大的键(颜色)
    for it in d:                        # 在字典中找值最大且字典序最小的键
        if d[it] == maxNum and it < res:
            res = it
    print(res)                          # 输出结果
```

运行结果:

```
5 ↵
green ↵
red ↵
blue ↵
red ↵
blue ↵
blue
0
```

实际上,可以使用字典的成员函数 get()简化不同颜色的统计的写法,具体代码如下。

```
while True:
    n = int(input())                    # 输入颜色数 n
    if n == 0:break
    d = {}                              # 创建空字典
    for i in range(n):                  # 进行 n 次循环
        s = input()                     # 输入一个颜色字符串存放于 s 中
        d[s] = d.get(s,0) + 1           # 若不存在键 s,则 d[s] = 0 + 1,否则 d[s] = d[s] + 1

    maxNum = max(d.values())            # 找出最大的值(出现次数)
    res = max(d.keys())                 # 找出最大的键(颜色)
    for it in d:                        # 在字典中找值最大且字典序最小的键
        if d[it] == maxNum and it < res:
            res = it
    print(res)                          # 输出结果
```

运行结果:

```
6 ↵
green ↵
```

```
red ↵
blue ↵
red ↵
blue ↵
green ↵
blue
0
```

本题的测试数据较多，测评系统以文件形式提供测试数据。若需从文件中读取数据进行测试，则可用内置函数 open()以“读”("r")的方式打开文件并返回文件对象，再通过文件对象的 readline()等成员函数读取数据。设测试数据存放在源代码所在目录的文本文件 1. txt 中，具体代码如下。

```
file = open("1.txt","r")                  #以读("r")的方式打开当前目录下的文件 1.txt
while True:
    n = int(file.readline())              #从文件中输入 n
    if n == 0: break
    d = {}
    for i in range(n):
        s = file.readline()               #输入一行字符串(包含'\n')存放于 s 中
        s = s[:len(s) - 1]                #把 readline()读入的'\n'去掉
        d[s] = d.get(s,0) + 1

    maxNum = max(d.values())
    res = max(d.keys())
    for i in d:
        if d[i] == maxNum and i < res:
            res = i
    print(res)
file.close()                              #关闭文件
```

以上代码从文件 1. txt 读取数据，并在 Shell 窗口中显示输出结果。注意，以读方式打开的文件必须存在，否则将产生 FileNotFoundError 异常。另外，因为 int('10\n')的结果为 10，所以语句 n=int(file. readline())中没有特意把 readline()读入的'\n'去掉。

若需把运行结果写到文件中去，可用写("w")的方式打开文件，并用文件对象的 write()等成员函数往该文件中写数据，例如：

```
file1 = open("1.txt","r")             #以读("r")的方式打开当前目录下的文件 1.txt
file2 = open("2.txt","w")             #以写("w")的方式打开当前目录下的文件 2.txt
while True:
    n = int(file1.readline())         #从文件中输入 n
    if n == 0: break
    d = {}
    for i in range(n):
        s = file1.readline()          #输入一行字符串(包含'\n')存放于 s 中
        s = s[:len(s) - 1]            #把 readline()读入的'\n'去掉
```

```
            d[s] = d.get(s,0) + 1

        maxNum = max(d.values())
        res = max(d.keys())
        for i in d:
            if d[i] == maxNum and i < res:
                res = i
        file2.write(res + "\n")                    #把结果输出到文件 2.txt 中
    file1.close()                                  #关闭文件
    file2.close()                                  #关闭文件
```

以上代码从文件 1.txt 读取数据，并把结果写入到文件 2.txt 中。以写的方式打开的文件若在程序运行前不存在，则在运行时自动创建，否则原文件被覆盖。

关于文件操作，一般在使用文件之前先使用内置函数 open()打开文件并返回文件对象；然后使用文件对象的 readline()、write()等成员函数进行文件的读写等操作；最后使用文件对象的成员函数 close()关闭文件。读者可自行查阅文件相关资料进一步学习其他文件知识。

习　　题

一、选择题

1. 下列关于一维列表的说法中，错误的是（　　）。

   A. 列表中的元素类型必须相同

   B. 列表中的元素下标是从 0 开始的

   C. 空列表可用[]或内置函数 list()创建

   D. 可把负整数置于[]中取得列表中的元素

2. 若有一维列表 a={1,2,3,4}，则 a[3]的值为（　　）。

   A. 4　　B. 3　　C. 2　　D. 1

3. 若有一维列表 a={1,2,3,4,5,6,7,8,9,10}，则数值最小和最大的元素下标分别是（　　）。

   A. 1,10　　B. 0,9　　C. 1,9　　D. 0,10

4. 已知一维列表 a 的长度为 10，则以下使用方式中错误的是（　　）。

   A. a[：10]　　B. a[1：]　　C. a[1：10]　　D. a[10]

5. 以下与一维列表创建语句 a=[0] * 10 不能达到相同效果的语句是（　　）。

   A.
   ```
   a = [0 for i in range(10)]
   ```

   B.
   ```
   a = []
   for i in range(10): a.append(0)
   ```

   C.
   ```
   a = []
   for i in range(10,0, - 1): a.append(0)
   ```

   D.
   ```
   a = list(10)
   ```

6. 以下创建二维列表的各语句中，错误的是（　　）。

   A. a=[[1,2,3],[4,5],[7]]

B. a=[1,2,3]+[4,5,6]+[7,8,9]

C. a=[[1,2,3],[4,5,6],[7,8,9]]

D. a=[[0]*4]*5

7. 以下语句的执行结果是(　　)。

```
a = [[0] * 3] * 3
for i in range(3):
    for j in range(3):
        a[i][j] = (i + 1) * (j + 1)
print(a)
```

A. [[1, 2, 3], [1, 2, 3], [1, 2, 3]]

B. [[1, 2, 3], [2, 4, 6], [3, 6, 9]]

C. [[3, 6, 9], [3, 6, 9], [3, 6, 9]]

D. 以上答案都错

8. 以下语句的执行结果是(　　)。

```
a = []
for i in range(3):
    a.append([0] * 3)
for i in range(3):
    for j in range(3):
        a[i][j] = (i + 1) * (j + 1)
print(a)
```

A. [[1, 2, 3], [1, 2, 3], [1, 2, 3]]

B. [[1, 2, 3], [2, 4, 6], [3, 6, 9]]

C. [[3, 6, 9], [3, 6, 9], [3, 6, 9]]

D. 以上答案都错

9. 以下代码段的执行结果为(　　)。

```
a = [[1,2,3],[4,5],[7]]
print(a[1][2])
```

A. 0　　B. 2　　C. 5　　D. 语句出错

10. 以下关于字典的说法,错误的是(　　)。

A. 字典中的各个键应该各不相同

B. 可用函数len()求得字典的长度

C. 字典中的各个键对应的值应该各不相同

D. 字典中的键不能是可变类型的

11. 若print(a[3])可以成功执行,则a不可能是(　　)。

A. 集合　　B. 字符串　　C. 列表　　D. 字典

12. 若a[3]=5可以成功执行,则a可能是(　　)。

A. 字符串或列表　　B. 列表或字典　　C. 元组或集合　　D. 集合或字典

13. 若a.append(1)可以成功执行,则a可能是(　　)。

A. 集合　　B. 元组　　C. 列表　　D. 字典

14. 以下代码段的执行结果为(　　)。

```
d={"A":[9,10],"B":[6,7,8],"C":[0,1,2,3,4,5],"A":[11]}
print(d["A"])
```

A. [9,10,11]　　B. [11]　　C. [9,10]　　D. 语句出错

15. 以下代码段的执行结果为(　　)。

```
d={"A":[9,10],"B":[6,7,8],"C":[0,1,2,3,4,5],"A":[11]}
print(d["A"])
```

A. [9,10,11]　　B. [11]　　C. [9,10]　　D. 语句出错

16. 以下代码段的执行结果为(　　)。

```
d={"A":[9,10],"B":[7,8],"C":[5,6]}
d["C"]=[3,4]
a=[]
for i in d:
    a.append(d[i])
print(a)
```

A. [[9, 10], [7, 8], [3, 4]]
B. [[9, 10], [7, 8], [5, 6]]
C. [[3, 4]]
D. 语句出错

17. 以下代码段的执行结果为(　　)。

```
d={"A":[9,10],"B":[7,8],"C":[5,6]}
d["D"]=[3,4]
a=[]
for i in d:
    a.append(d[i])
print(a)
```

A. [[9, 10], [7, 8], [5,6]]
B. [[9, 10], [7, 8], [5, 6], [3, 4]]
C. [[9, 10], [7, 8], [3, 4]]
D. 语句出错

二、OJ 编程题

1. 部分逆置(HLOJ 1929)

Problem Description

输入 n 个整数,把第 i 个到第 j 个之间的全部元素进行逆置,并输出逆置后的 n 个数。

Input

首先输入一个正整数 T,表示测试数据的组数,然后是 T 组测试数据。每组测试先输入三个整数 n,i,j(0<n<100,1≤i<j≤n),再输入 n 个整数。

Output

对于每组测试数据,输出逆置后的 n 个数,要求每两个数据之间留一个空格。

Sample Input	Sample Output
1 7 2 6 11 22 33 44 55 66 77	11 66 55 44 33 22 77

2. 保持数列有序(HLOJ 2032)

Problem Description

有 n 个整数,已经按照从小到大顺序排列好,现在另外给一个整数 x,请将该数插入到序列中,并使新的序列仍然有序。

Input

测试数据有多组,处理到文件尾。每组测试先输入两个整数 n(1≤n≤100)和 x,再输入 n 个从小到大有序的整数。

Output

对于每组测试,输出插入新元素 x 后的数列(元素之间留一个空格)。

Sample Input	Sample Output
3 3 1 2 4	1 2 3 4

3. 简单的归并(HLOJ 2033)

Problem Description

已知列表 A 和 B 各有 m、n 个元素,且元素按值非递减排列,现要求把 A 和 B 归并为一个新的列表 C,且 C 中的数据元素仍然按值非递减排列。

例如,若 A=(3,5,8,11),B=(2,6,8,9,11,15,20),

则 C=(2,3,5,6,8,8,9,11,11,15,20)

Input

首先输入一个正整数 T,表示测试数据的组数,然后是 T 组测试数据。

每组测试数据输入两行,其中第一行首先输入 A 的元素个数 m(1≤m≤100),然后输入 m 个元素。第 2 行首先输入 B 的元素个数 n(1≤n≤100),然后输入 n 个元素。

Output

对于每组测试数据。分别输出将 A、B 合并后的列表 C 的全部元素。输出的元素之间以一个空格分隔(最后一个数据之后没有空格)。

Sample Input	Sample Output
1 4 3 5 8 11 7 2 6 8 9 11 15 20	2 3 5 6 8 8 9 11 11 15 20

4. 变换列表元素(HLOJ 2034)

Problem Description

变换的内容如下。

(1) 将长度为 10 的列表中的元素按升序进行排序。

(2) 将列表的前 n 个元素换到列表的最后面。

Input

首先输入一个正整数 T，表示测试数据的组数，然后是 T 组测试数据。每行测试数据输入一个正整数 n(0<n<10)，然后输入 10 个整数。

Output

对于每组测试数据，输出变换后的全部列表元素。元素之间以一个空格分隔(最后一个数据之后没有空格)。

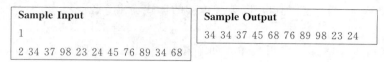

Sample Input
1
2 34 37 98 23 24 45 76 89 34 68

Sample Output
34 34 37 45 68 76 89 98 23 24

5. 武林盟主(HLOJ 2035)

Problem Description

在传说的江湖中，各大帮派要选武林盟主了，如果龙飞能得到超过一半的帮派的支持就可以当选盟主，而每个帮派的结果又是由该帮派帮众投票产生的，如果某个帮派超过一半的帮众支持龙飞，则他将赢得该帮派的支持。现在给出每个帮派的帮众人数，请问龙飞至少需要赢得多少人的支持才可能当选武林盟主?

Input

测试数据有多组，处理到文件尾。每组测试先输入一个整数 n(1≤n≤20)，表示帮派数，然后输入 n 个正整数，表示每个帮派的帮众人数 a_i(a_i≤100)。

Output

对于每组数据输出一行，表示龙飞当选武林盟主至少需要赢得支持的帮众人数。

Sample Input
3 5 7 5

Sample Output
6

6. 集合 A－B(HLOJ 2090)

Problem Description

求两个集合的差集。注意，同一个集合中不能有两个相同的元素。

Input

首先输入一个正整数 T，表示测试数据的组数，然后是 T 组测试数据。每组测试数据输入一行，每行数据的开始是两个整数 n(0<n≤100)和 m(0<m≤100)，分别表示集合 A 和集合 B 的元素个数，然后紧跟着 n+m 个元素，前面 n 个元素属于集合 A，其余的属于集合 B。每两个元素之间以一个空格分隔。

Output

针对每组测试数据输出一行数据，表示集合 A－B 的结果，如果结果为空集合，则输出“NULL”(引号不必输出)，否则从小到大输出结果，每两个元素之间以一个空格分隔。

Sample Input
2
3 3 1 3 2 1 4 7
3 7 2 5 8 2 3 4 5 6 7 8

Sample Output
2 3
NULL

Source

HDOJ 2034

7. 又见 A+B(HLOJ 2036)

Problem Description

某天,诺诺在做两个 10 以内(包含 10)的加法运算时,感觉太简单。于是她想增加一点儿难度,同时也巩固一下英文,就把数字用英文单词表示。为了验证她的答案,请根据给出的两个英文单词表示的数字,计算它们之和并以英文单词的形式输出。

Input

多组测试数据,处理到文件尾。每组测试输入两个英文单词表示的数字 A、B(0≤A,B≤10)。

Output

对于每组测试,在一行上输出 A+B 的结果,要求以英文单词表示。

Sample Input	Sample Output
ten ten one two	twenty three

8. 简版田忌赛马(HLOJ 2048)

Problem Description

这是一个简版田忌赛马问题,具体如下。

田忌与齐王赛马,双方各有 n 匹马参赛,每场比赛赌注为 200 两黄金,现已知齐王与田忌的每匹马的速度,并且齐王肯定是按马的速度从快到慢出场,请写一个程序帮助田忌计算他最多赢多少两黄金(若输,则用负数表示)。

简单起见,保证 2n 匹马的速度均不相同。

Input

首先输入一个正整数 T,表示测试数据的组数,然后是 T 组测试数据。

每组测试数据输入 3 行,第一行是 n(1≤n≤100),表示双方参赛马的数量,第 2 行 n 个正整数,表示田忌的马的速度,第 3 行 n 个正整数,表示齐王的马的速度。

Output

对于每组测试数据,输出一行,包含一个整数,表示田忌最多赢多少两黄金。

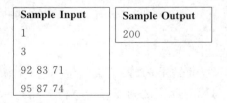

Sample Input	Sample Output
1 3 92 83 71 95 87 74	200

9. 魔镜(HLOJ 2050)

Problem Description

传说魔镜可以把任何接触镜面的东西变成原来的两倍,不过增加的那部分是反的。例如,对于字符串 XY,若把 Y 端接触镜面,则魔镜会把这个字符串变为 XYYX;若再用 X 端接触镜面,则会变成 XYYXXYYX。对于一个最终得到的字符串(可能未接触魔镜),请输出没使用魔镜之前,该字符串最初可能的最小长度。

Input

测试数据有多组,处理到文件尾。每组测试输入一个字符串(长度小于100,且由大写英文字母构成)。

Output

对于每组测试数据,在一行上输出一个整数,表示没使用魔镜前,最初字符串可能的最小长度。

Sample Input	Sample Output
YYXXYYX	2

10. 并砖(HLOJ 2051)

Problem Description

工地上有n堆砖,每堆砖的块数分别是$m_1, m_2, \cdots, m_n$,每块砖的重量都为1,现要将这些砖通过n−1次的合并(每次把两堆砖并到一起),最终合成一堆。若将两堆砖合并到一起消耗的体力等于两堆砖的重量之和,请设计最优的合并次序方案,使消耗的体力最小。

Input

测试数据有多组,处理到文件尾。每组测试先输入一个整数n(1≤n≤100),表示砖的堆数;然后输入n个整数,分别表示各堆砖的块数。

Output

对于每组测试,在一行上输出采用最优的合并次序方案后体力消耗的最小值。

Sample Input	Sample Output
7 8 6 9 2 3 1 6	91

11. 判断回文串(HLOJ 2037)

Problem Description

若一个字符串正向看和反向看等价,则称作回文串。例如:t,abba,xyzyx均是回文串。给出一个长度不超过60的字符串,判断是否是回文串。

Input

首先输入一个正整数T,表示测试数据的组数,然后是T组测试数据。每行输入一个长度不超过60的字符串(串中不包含空格)。

Output

对于每组测试数据,判断是否是回文串,若是输出“Yes”,否则输出“No”。引号不必输出。

Sample Input	Sample Output
2 abba abc	Yes No

12. 统计单词(HLOJ 2039)

Problem Description

输入长度不超过80的英文文本,统计该文本中长度为n的单词总数(单词之间只有一个空格)。

Input

首先输入一个正整数 T,表示测试数据的组数,然后是 T 组测试数据。

每组数据首先输入一个正整数 n(1≤n≤50),然后输入一行长度不超过 80 的英文文本(只含英文字母和空格)。

Output

对于每组测试数据,输出长度为 n 的单词总数。

Sample Input	Sample Output
2 5 hello world 5 acm is a hard game	2 0

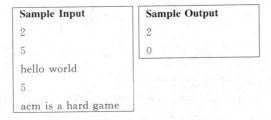

13. 删除重复元素(HLOJ 2040)

Problem Description

对于给定的数列,要求把其中的重复元素删去再从小到大输出。

Input

首先输入一个正整数 T,表示测试数据的组数,然后是 T 组测试数据。每组测试数据先输入一个整数 n(1≤n≤100),再输入 n 个整数。

Output

对于每组测试,从小到大输出删除重复元素之后的结果,每两个数据之间留一个空格。

Sample Input	Sample Output
1 10 1 2 2 2 3 3 1 5 4 5	1 2 3 4 5

14. 缩写期刊名(HLOJ 2038)

Problem Description

科研工作者经常要向不同的期刊投稿。但不同期刊的参考文献的格式往往各不相同。有些期刊要求参考文献中的期刊名必须采用缩写形式,否则直接拒稿。现对于给定的期刊名,要求按以下规则缩写。

(1) 长度不超过 4 的单词不必缩写。

(2) 长度超过 4 的单词仅取前 4 个字母,但其后要加“.”。

(3) 所有字母都小写。

Input

首先输入一个正整数 T,表示测试数据的组数,然后是 T 组测试数据。

每组测试输入一个包含大小写字母和空格的字符串(长度不超过 85),单词由若干字母构成,单词之间以一个空格间隔。

Output

对于每组测试,在一行上输出缩写后的结果,单词之间以一个空格间隔。

Sample Input
1
Ad Hoc Networks

Sample Output
ad hoc netw.

15. 按长度排序(HLOJ 1956)

Problem Description

输入一个整数 N 及 N 个整数,要求对给定的 N 个整数进行排序:先按长度排(短的在前),如长度一样则按大小排(小的在前)。

Input

测试数据有多组。每组测试数据的第一行输入一个整数 N(0<N<100),接下来的 N 行每行输入一个非负整数(最多可达 80 位)。当 N 等于 0 时,输入结束。

Output

对于每组测试,输出排序后的结果,每个数据占一行。每两组测试数据之间留一个空行。

Sample Input
3
123
12
3333
0

Sample Output
12
123
3333

Source

ZJUTOJ 1030

16. 统计字符个数(HLOJ 2041)

Problem Description

输入若干的字符串,每个字符串中只包含数字字符和大小写英文字母,统计字符串中不同字符的出现次数。

Input

测试数据有多组,处理到文件尾。每组测试输入一个字符串(不超过 80 个字符)。

Output

对于每组测试,按字符串中有出现的字符的 ASCII 码升序逐行输出不同的字符及其个数(两个数据之间留一个空格),每两组测试数据之间留一空行,输出格式参照 Sample Output。

Sample Input
12123
acacacb

Sample Output
1 2
2 2
3 1
a 3
b 1
c 3

17. 溢出控制(HLOJ 2042)

Problem Description

程序设计中处理有符号整型数据时,往往要考虑该整型的表示范围,否则就会产生溢出(超出表示范围)的麻烦。例如,1个字节(1个字节有8个二进制位)的整型数能表示的最大整数是127(2^7-1);2个字节的整型数能表示的最大整数是32 767($2^{15}-1$)。为了避免溢出,事先确定m个字节的整型数能表达的最大整数是必须的。

Input

测试数据有多组,处理到文件尾。每组测试输入一个整数m(1≤m≤16),表示某整型数有m个字节。

Output

对于每组测试数据,在一行上输出m个字节的有符号整型数能表示的最大整数。

Sample Input	Sample Output
2	32767

18. 计算天数(HLOJ 2043)

Problem Description

根据输入的日期,计算该日期是该年的第几天。

Input

测试数据有多组,处理到文件尾。每组测试输入一个具有格式“Mon DD YYYY”的日期。其中,Mon是一个由3个字母表示的月份,DD是一个由2位整数表示的日份,YYYY是一个由4位整数表示的年份。

提示:闰年则是指该年份能被4整除而不能被100整除或者能被400整除。1~12月份分别表示为Jan,Feb,Mar,Apr,May,Jun,Jul,Aug,Sep,Oct,Nov,Dec。

Output

对于每组测试,计算并输出该日期是该年的第几天。

Sample Input	Sample Output
Oct 26 2003	299

19. 判断对称方阵(HLOJ 2044)

Problem Description

输入一个整数n及一个n阶方阵,判断该方阵是否以主对角线对称,输出“Yes”或“No”。

Input

首先输入一个正整数T,表示测试数据的组数,然后是T组测试数据。每组数据的第一行输入一个整数n(1<n<100),接下来输入n阶方阵(共n行,每行n个整数)。

Output

对于每组测试,若该方阵以主对角线对称,则输出“Yes”,否则输出“No”。引号不必输出。

Sample Input
1
3
1 2 3
2 9 4
3 4 8

Sample Output
Yes

20. 成绩排名(HLOJ 2045)

Problem Description

对于 n 个学生 m 门课程的成绩,按平均成绩从大到小输出学生的学号(不处理那些有功课不及格的学生),对于平均成绩相同的情况,学号小的排在前面。

Input

首先输入一个正整数 T,表示测试数据的组数,然后是 T 组测试数据。每组数据首先输入两个正整数 n,m($1 \leqslant n \leqslant 50$,$1 \leqslant m \leqslant 5$),表示有 n 个学生和 m 门课程,然后是 n 行 m 列的整数,依次表示学号从 1 到 n 的学生的 m 门课程的成绩。

Output

对于每组测试,在一行内按平均成绩从大到小输出没有不及格课程的学生学号(每两个学号之间留一空格)。若无满足条件的学生,则输出"NULL"(引号不必输出)。

Sample Input
1
4 3
60 60 61
60 61 60
77 78 29
60 62 60

Sample Output
4 1 2

21. 找成绩(HLOJ 2046)

Problem Description

给定 n 个同学的 m 门课程成绩,要求找出总分排列第 k 名(保证没有相同总分)的同学,并依次输出该同学的 m 门课程的成绩。

Input

首先输入一个正整数 T,表示测试数据的组数,然后是 T 组测试数据。每组测试包含两部分,第一行输入三个整数 n、m 和 k($2 \leqslant n \leqslant 10$,$3 \leqslant m \leqslant 5$,$1 \leqslant k \leqslant n$);接下来的 n 行,每行输入 m 个百分制成绩。

Output

对于每组测试,依次输出总分排列第 k 的那位同学的 m 门课程的成绩,每两个数据之间留一空格。

Sample Input	Sample Output
1 7 4 3 74 63 71 90 98 68 83 62 90 55 93 95 68 64 93 94 67 76 90 83 56 51 87 88 62 58 60 81	67 76 90 83

22. 最值互换(HLOJ 2047)

Problem Description

给定一个 n 行 m 列的矩阵，请找出最大数与最小数并交换它们的位置。若最大数或最小数有多个，以最前面出现者为准(矩阵以行优先的顺序存放，请参照样例)。

Input

测试数据有多组，处理到文件尾。每组测试数据的第一行输入两个整数 n，m(1＜n，m＜20)，接下来输入 n 行数据，每行 m 个整数。

Output

对于每组测试数据，输出处理完毕的矩阵(共 n 行，每行 m 个整数)，每行中每两个数据之间留一个空格。具体参看 Sample Output。

Sample Input	Sample Output
3 3 4 9 1 3 5 7 8 1 9	4 1 9 3 5 7 8 1 9

23. 构造矩阵(HLOJ 2052)

Problem Description

当 n=3 时，所构造的矩阵如 Sample Output 所示。请观察该矩阵找到规律，并根据输入的整数 n，构造出相应的 n 阶矩阵。

Input

首先输入一个正整数 T，表示测试数据的组数，然后是 T 组测试数据。每组测试数据输入一个正整数 n(n≤20)。

Output

对于每组测试，逐行输出构造好的矩阵，每行中的每个数字占 5 个字符宽度。

Sample Input	Sample Output

1
3
	4 2 1
	    7 5 3
	    9 8 6

24. 数雷(HLOJ 2081)

Problem Description

玩过扫雷游戏吗？没玩过的请参考图 4-2。

图 4-2 扫雷游戏界面

点开一个格子的时候，如果这一格没有雷，那它上面显示的数字就是周围 8 个格子的地雷数目。给出一个矩形区域表示的雷区，请数一数各个无雷格子周围(上、下、左、右、左上、右上，左下、右下等 8 个方向)有几个雷。

Input

首先输入一个正整数 T，表示测试数据的组数，然后是 T 组测试数据。对于每组测试，第一行输入两个整数 x，y(1≤x，y≤15)，接下来输入 x 行每行 y 个字符，用于表示地雷的分布，其中，"*"表示地雷，"."表示该处无雷。

Output

对于每组测试，输出 x×y 的矩形，有地雷的格子显示"*"，没地雷的格子显示其周围 8 个格子中的地雷总数。任意两组测试之间留一个空行。

Sample Input

```
1
3 3
**.
..*
.*.
```

Sample Output

```
**2
34*
1*2
```

第5章 函 数

5.1 引 例

例 5.1.1 逆序数的逆序和(HLOJ 1987)

Problem Description

输入两个正整数，先将它们分别倒过来，然后再相加，最后再将结果倒过来输出。注意：前置的零将被忽略。例如，输入 305 和 794。倒过来相加得到 1000，输出时只要输出 1 就可以了。测试数据保证结果在 int 类型的表示范围内。

Input

首先输入一个正整数 T，表示测试数据的组数，然后是 T 组测试数据。每组测试输入两个正整数 a、b。

Output

对于每组测试，将 a、b 逆序后求和并逆序输出(前导 0 不需输出)。

Sample Input	Sample Output
2 21 6 123 456	81 579

本题需求 3 次逆序数，若每次都重复写一个循环实现，则代码将较冗长。因为求逆序数的方法是一样的，可以编写一个求逆序数的函数，调用 3 次即可完成两个输入的整数及一个结果整数的逆序。

思考：当 x＝1234，如何得到 x 的逆序数？

设 r 为 x 的逆序数，可以这样考虑：r＝((4×10＋3)×10＋2)×10＋1＝4321，即让 r 一开始为 0，再不断地把 x 的个位取出来加上 r×10 重新赋值给 r，直到 x 为 0(通过 x＝x//10 不断去掉个数)，具体代码如下。

```
def revNum(x):                          #自定义函数,求参数 n 的逆序数,此行是函数头
    #函数体
    r = 0
    while x > 0:
        r = r * 10 + x % 10
        x = x//10
    return r                            #返回逆序数
```

```
T = int(input())
for t in range(T):
    m,n = map(int,input().split())
    res = revNum(revNum(m) + revNum(n))            #3 次调用 revNum()函数
    print(res)
```

运行结果：

```
2↵
1234 5708↵
69321
305 794
1
```

函数定义以关键字 def 开始，revNum 是函数名，其后小括号()及其后的冒号是必需的，()中的 x 是形式参数，用于调用时接收传递过来的实际参数(如 m、n)的值，完成逆序的代码写在冒号之后构成函数体；函数需调用才起作用。程序员在编写程序时，通常会把一个程序中多次使用的代码写成一个函数再调用多次，如本例所示。实际上，一些常用功能即使在一个程序中不被调用多次，也经常写成一个个自定义函数。例如，判断一个数是否素数，求两个整数的最大公约数或最小公倍数、二分查找及排序等。另外，本例所写的 revNum()函数能够忽略前导 0，原因请读者自行分析。

5.2 函数基础知识

5.2.1 函数概述

简言之，函数是一组相关语句组织在一起所构成的整体，并以函数名标注。

从用户的角度而言，函数分为库函数和用户自定义函数。库函数有很多，包括可以直接调用的内置函数及其他标准库或扩展库中的函数，例如，range()、print()、abs()、max()、min()、sum()、sqrt()、randint()等，具体用法举例如下。

```
>>> a = range(10);s = sum(a);print(s) #内置函数 range()、sum()、print()
45
>>> b = [1,13,52,6,8]
>>> m = max(b);n = min(b);print(m,n)  #内置函数 max()、min()、print()
52 1
>>> c = -123.45;print(abs(c))         #内置函数 abs()、print()
123.45
>>> from math import sqrt             #导入数学库(或称数学模块)math 中的 sqrt()函数
>>> print(sqrt(2))                    #调用 sqrt()函数
1.4142135623730951
>>> from random import randint        #导入随机库(或称随机模块)random 中的 randint()函数
>>> randint(10,99)                    #调用 randint()函数
52
```

本章主要介绍用户自定义函数。读者可以自行查阅并测试感兴趣的库函数。

一个大的程序一般分为若干个程序模块,每个模块用来实现一个特定的功能,每个模块一般写一个函数定义来实现。

5.2.2 函数的定义与调用

1. 函数定义

函数定义由函数头和函数体两部分组成。一般形式如下。

```
def 函数名([形参列表]):
    函数体
```

说明:

(1) “def 函数名([形参列表]):”是函数头,函数定义必须以关键字 def 开头,函数名后的小括号“()”不能缺少;冒号之后缩进量相同的若干语句构成函数体。

(2) 函数名必须是合法的标识符。

(3) 函数定义中的参数为形式参数,简称形参。根据是否有形参,函数可分为带参函数和无参函数。形参列表的每个参数指定参数名即可(参数类型根据函数调用时的实参确定),形参列表若有多个参数,则以逗号间隔。Python 支持参数带默认值,而且默认值参数须放在最右部分,即任意一个默认值参数之后的所有参数都应该带默认值。

(4) 根据是否有返回值,函数可分为有返回值函数(一般作为表达式调用)和无返回值函数(返回 None,一般作为语句调用)。通过函数中的 return 语句返回函数的返回值。return 语句的一般格式如下。

```
return [返回值表达式]
```

若返回值表达式省略,即仅用 return 将控制程序流程返回到调用点;若 return 语句后带返回值表达式,则在控制程序流程返回调用点的同时带回一个值。

2. 函数调用

函数定义好之后必须调用才能起作用。函数的调用形式一般如下。

```
[变量 = ]函数名([实参列表])
```

无返回值的函数一般以语句形式调用,有返回值的函数一般以表达式形式调用,否则其返回值没有意义。

调用时的参数称为实际参数,简称实参。一般情况下,参数的类型、顺序、个数必须与函数定义中的一致;但带默认值参数的函数调用时实参个数可以与形参个数不一致;若调用时指定形参名(关键字参数),则实参的顺序可与函数定义的形参列表中指定的顺序不一致。

函数调用时,把实参依序传递给形参,然后执行函数定义体中的语句,执行到 return 语句或函数结束时,程序流程返回到调用点。

3. 函数定义与调用示例

下面给出若干函数定义与调用的例子。

```
def sayHello():                    # 无参函数,也是无返回值函数,()不能省略
    print("Hello")

def max(a,b):                      # 带参函数,也是有返回值函数,有两个形参(用逗号分隔)
    if a>=b:
        return a                   # 返回语句,在流程返回的同时带回变量 a 的值
    else:
        return b

def cal(a,b,c='+'):                # 带默认值参数的函数,默认值参数写在最右边
    if c=='+':
        return a+b
    elif c=='-':
        return a-b

sayHello()                         # 无返回值的函数一般作为语句调用
print(max(123,321))                # 根据实参确定形参类型
print(max("abcde","abcDE"))        # 根据实参确定形参类型
print(cal(1,2))                    # 因第三个参数未提供,故其使用默认值
print(cal(1,2,'-'))                # 为默认值参数指定实参
print(cal(c='-',b=1,a=2))          # 若调用时指定形参名,则实参顺序可与形参不一致
```

运行结果：

```
Hello
321
abcde
3
-1
1
```

上面这些函数的实参都是常量。实际上,函数调用经常使用变量作为实参,若实参变量是不变类型的引用,则把实参变量的值传递给形参(此类参数简称值参,形参的改变不影响实参),否则形参成为实参变量的引用(此类参数称为引用参数,形参的改变即是实参的改变)。实参和形参可以同名,但它们实际上是各自作用域内的不同变量。对于带默认值参数的函数,若在调用时不指定对应的实参,则该参数使用定义时指定的默认值。

形参和函数体中创建的变量是仅在该函数中有效的局部变量;而在函数外创建的变量则是全局变量(或称外部变量),从创建处开始往下都有效。

注意,在 Python 中,若全局变量定义在某个函数 f()的调用之前,则该全局变量可在 f()的函数定义中使用。例如：

```
def f():
    print(n**3)             # 使用本函数定义之后调用之前创建的全局变量 n,可行
    print(m**2)             # 使用本函数定义及调用之后创建的全局变量 m,出错

n=3                         # 在调用 f()函数之前创建全局变量 n,则 f()函数中可以使用 n
f()
m=5                         # 在调用 f()函数之后创建全局变量 m,则 f()函数中不能使用 m
```

运行结果：

```
27
Traceback (most recent call last):
  File "D:/Python/test.py", line 6, in <module>
    f()
  File "D:/Python/test.py", line 3, in f
    print(m ** 2)              #使用本函数定义及调用之后的创建的全局变量 m,出错
NameError: name 'm' is not defined
```

注意，若要在函数定义中修改全局变量，则需用关键字 global 声明该全局变量。例如：

```
n = 123                        #n 是全局变量

def f(t):                      #定义无参函数 f,参数 t 是局限于 f 函数的局部变量
    m = 456                    #m 是局部变量,仅在 f 函数中有效
    global n                   #若无此语句,则下一条语句将创建局部变量 n
    n = 789                    #因上一条全局变量声明语句,此处是在修改全局变量 n
    print(m + n + t)           #输出 1368

f(n)                           #函数需要调用才有效果
print(n)                       #输出修改后的全局变量 n 的值:789
```

5.2.3 不定长参数

在 Python 中，可以使用不定长参数，即在形参之前加一个星号“*”(该参数接收实参后成为一个元组)或两个星号“**”(该参数接收实参后成为一个字典，且实参应包含参数名和值，其中，参数名成为字典中的一个键，参数值成为该键对应的值)。注意，这与可迭代对象作为实参时在其之前加的 *(把可迭代对象中的元素逐个取出成为值参)是不同的。

在形参之前加一个星号的不定长参数的示例如下。

```
def f(a,b, *c):                #形参 c 之前带 *,表示不定长参数
    print("first:",a)
    print("second:",b)
    print("third:",c)          #参数 c 接收实参后成为一个元组
    print( *c)                 #此处的 * 表示逐个取元组 c 中的元素作为 print()函数的值参

#第一个参数 1 传递给 a,第二个参数 2 传递给 b,剩余的三个参数传递给 c
f(1,2,3,4,5)
#列表之前的 * 表示逐个取列表中的元素作为 f()函数的值参
f( *[1,2,3,4,5])               #相当于 f(1,2,3,4,5)
```

运行结果：

```
first: 1
second: 2
third: (3, 4, 5)
3 4 5
```

```
first: 1
second: 2
third: (3, 4, 5)
3 4 5
```

在形参之前加两个星号的不定长参数的示例如下：

```
def f(a,b, **c):                  #形参 c 之前带 **,表示不定长参数
    print("first:",a)
    print("second:",b)
    print("third:",c)             #参数 c 接收实参后成为一个字典
    print(*c)                     #此处的 * 表示逐个取字典 c 中的键作为 print()函数的值参

#第一个参数 1 传递给 a,第二个参数 2 传递给 b,剩余的三个参数传递给 c
f(1,2,x=3,y=4,z=5)                #前两个参数之外的其他参数需有参数名和值
```

运行结果：

```
first: 1
second: 2
third: {'x': 3, 'y': 4, 'z': 5}
x y z
```

5.2.4 列表作函数参数

列表元素作为函数实参时，与普通变量作为函数实参是一致的，即把列表元素的值传递给实参，形参的变化不会影响实参。例如：

```
def f(a):
    a=123

b=[2,5,6]
f(b[1])
print(b)
```

运行结果：

```
[2, 5, 6]
```

列表名作为函数的参数，指的是形参和实参都使用列表名。此时形参列表是实参列表的引用，即在函数调用期间形参列表与实参列表是同一个列表，因此对形参列表的改变就是对实参列表的改变。例如：

```
def g(a):
    for i in range(len(a)):
        a[i]=a[i]**3

b=[2,5,6]
g(b)
print(b)
```

运行结果：

```
[8, 125, 216]
```

例 5.2.1　m趟选择排序

先在第一行输入整数 n 和 m，再在第二行输入 n 个整数构成的数列，要求利用选择排序进行排序，并输出第 m 趟排序后的数列状况。请把选择排序定义为一个函数。

选择排序的思想和方法在前面的章节中已经讨论过，这里以函数的形式表达，且排序趟数以参数 m 控制，具体代码如下。

```
def selectSort(a,n,m):                    #对包含n个元素的整型列表a进行m趟排序
    for i in range(0,m):                  #共进行m趟
        for j in range(i+1,n):            #扫描列表，若后面的数小于当前最前面的数，则交换
            if a[j]<a[i]:
                a[i],a[j] = a[j],a[i]     #交换当前最前面的数和当前最小数的位置

n,m = map(int,input().split())            #输入n,m
b = list(map(int,input().split()))        #输入列表b
selectSort(b,n,m)                         #调用m趟选择排序的函数
print(*b)                                 #调用输出函数
```

运行结果：

```
6 3↲
3 5 1 2 8 6↲
1 2 3 5 8 6
```

从运行结果可见，实参列表 b 在调用 selectSort()函数之后发生了改变，即形参列表 a 的改变影响到了实参列表 b。因为列表名作为函数参数时，传递的是引用，即形参列表是实参列表的别名，因此，在函数调用期间 a[i]和 b[i]($0 \leqslant i < n$)同占一个存储单元，则对 a[i]的改变就是对 b[i]的改变。

5.2.5　匿名函数

Python 语言使用关键字 lambda 创建匿名函数，定义的形式如下。

[函数名 =]lambda [参数 1[,参数 2,…,参数 n]] : 表达式

lambda 创建包含简单逻辑的函数，其参数位于 lambda 和冒号“:”之间，可以用 0 个或若干个参数，若有多个参数则以逗号“,”分隔，其主体部分(冒号之后)是一个表达式。可以通过赋值语句给匿名函数取名。例如：

```
f1 = lambda a,b: a if a>=b else b         #创建包含两个参数的匿名函数,并取名为f1
print(f1(12,34))

c = 1
f2 = lambda a,b: c if a>b else 0          #匿名函数的主体中只能使用参数和全局变量
```

```
print(f2(123,78))

f3 = lambda a: a ** 3                    #一个参数的匿名函数,并取名为 f3
print(f3(3))

f4 = lambda : "Hello"                    #无参匿名函数,并取名为 f4
```

运行结果：

```
34
1
27
Hello
```

5.3 函数举例

例 5.3.1 素数判定函数

输入一个正整数 n,判断 n 是否素数,是则输出"yes",否则输出"no"(引号不必输出)。要求写一个判断一个正整数是否素数的函数。

关于 n 是否素数,根据前面章节所述,可以从 2 至$\sqrt{n}$判断是否有 n 的因子,有则不是素数。这里只要把相关代码作为一个整体写成一个函数；因为要判断一个数是否素数,所以该函数需要一个参数,具体代码如下。

```
from math import sqrt                    #导入函数 sqrt()
def isPrime(n):                          #判断 n 是否素数的函数
    flag = True                          #假设 n 是素数,标记设为 True
    k = int(sqrt(n))                     #求得 sqrt(n),整数部分存放在 k 中
    for i in range(2,k + 1):             #从 2 到 k 判断是否存在 n 的因子
        if n % i == 0:                   #若 i 是 n 的因子,则 n 不是素数,结束循环
            flag = False
            break
    if n == 1: flag = False              #对 1 进行特判
    return flag

n = int(input())
if isPrime(n) == True:                   #若 n 是素数
    print("yes")
else:
    print("no")
```

运行结果：

```
2147483647 ↵
yes
```

例 5.3.2　最小回文数

输入整数 n,输出比该数大的最小回文数。其中回文数指的是正读、反读一样的数,如131,1221 等。要求写一个判断一个整数是否为回文数的函数。

判断是否回文数可以调用例 5.1.1 中的求逆序数的函数 revNum,判断该数与逆序数是否相等。因为要找比 n 大的最小回文数,可以从 n+1 开始逐个检查是否满足回文数的条件,第一个满足条件的数即为结果。

```
def revNum(n):                      #求逆序数的函数
    s = 0
    while n > 0:
        s = s * 10 + n % 10
        n = n//10
    return s

def isSymmetric(n):                  #判断是否是回文数的函数
    return n == revNum(n)            #若 n 等于其逆序数,则返回 True,否则返回 False

n = int(input())
while True:
    n += 1
    if isSymmetric(n) == True:       #若 n 是回文数,则输出结果并结束循环
        print(n)
        break
```

运行结果:

```
1234↵
1331
```

5.4 递归函数

5.4.1 递归函数基础

递归函数是直接或间接地调用自身的函数,可分为直接递归函数和间接递归函数。本书仅讨论直接递归函数。递归函数的两个要素是边界条件(递归出口)与递归方程(递归式),只有具备了这两个要素,才能在有限次计算后得出结果。

对于简单的递归问题,关键是分析得出递归式,并在递归函数中用 if 语句表达。

例 5.4.1　递归函数求 n!

递归式 $n!=\begin{cases}1, & n=0,1\\ n(n-1)!, & n>1\end{cases}$

根据 n! 的递归式,直接用 if 语句表达。

```
def f(n):                          # 函数定义
    if n == 1 or n == 0:           # 递归出口
        return 1
    else:
        return f(n - 1) * n        # 递归调用

n = int(input())
res = f(n)
print(res)                         # 调用，函数在调用之前定义
```

运行结果：

```
5 ↵
120
```

递归函数的执行分为扩展和回代两个阶段。例如，f(5)的调用先不断扩展到递归出口求出结果为 1，然后逐步回代结果到各个调用点，最终的调用结果为 120，如图 5-1 所示。

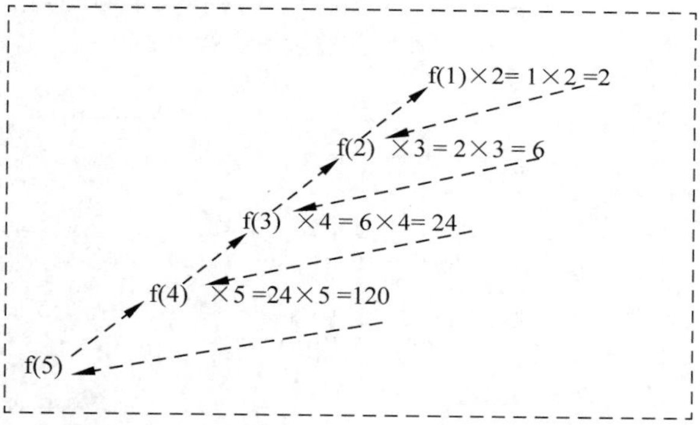

图 5-1　递归调用过程示意图

可以在 Python 教学网站(网址 http://www.pythontutor.com/)可视化代码执行过程，下面给出调用 f(5)的可视化执行过程的部分截图，如图 5-2～图 5-4 所示。

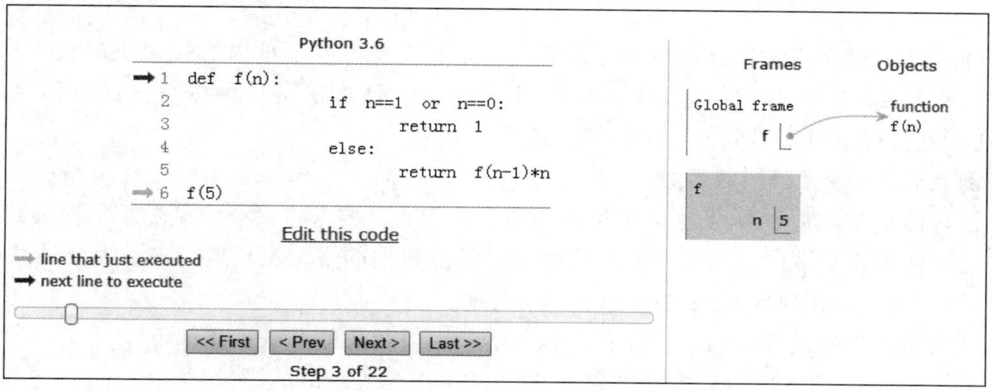

图 5-2　可视化执行过程示意图 1

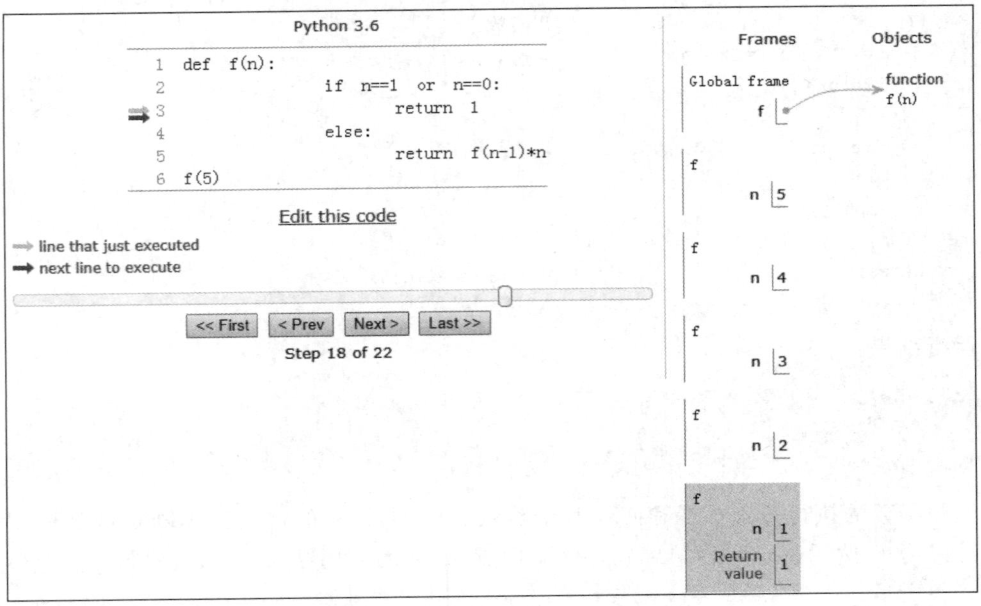

图 5-3　可视化执行过程示意图 2

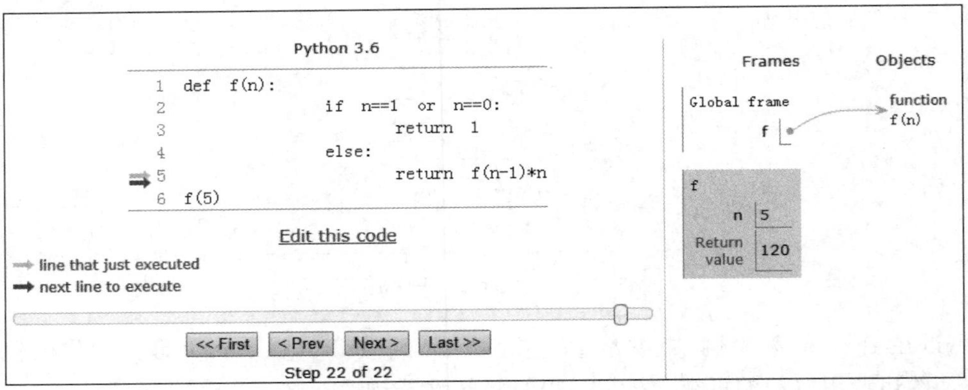

图 5-4　可视化执行过程示意图 3

递归是实现分治法和回溯法的有效手段。分治法是将一个难以直接解决的大问题,分割成一些规模较小的相似问题,各个击破,分而治之。回溯法是一种按照选优条件往前搜索,在不能再往前时回退到上一步再继续搜索的方法。

例 5.4.2　最大公约数函数

输入两个正整数 a、b,求这两个整数的最大公约数。要求定义一个函数求最大公约数。

已知两个正整数的最大公约数是能够同时整除它们的最大正整数。求最大公约数可以用穷举法,也可以用辗转相除法(欧几里得算法)。

利用辗转相除法确定两个正整数 a 和 b 的最大公约数的算法思想如下。

若 a%b=0,则 b 即为最大公约数,否则 gcd(a,b) = gcd(b,a%b)。

即递归式如下。

$$gcd(a,b)=\begin{cases} b, & a\%b=0 \\ gcd(b,a\%b), & a\%b!=0 \end{cases}$$

根据辗转相除法的思想，求最大公约数的递归版和迭代版函数如下。

```
def gcd(m,n):                    #求最大公约数的递归函数
    if m % n == 0:               #递归出口
        return n
    else:
        return gcd(n,m % n)      #递归调用

def gcdIt(m,n):                  #使用迭代法求最大公约数的函数
    while m % n > 0:
        m,n = n,m % n
    return n

a,b = map(int,input().split())
print(gcd(a,b))                  #或调用 gcdIt():print(gcdIt(a,b))
```

运行结果：

```
27 63 ↵
9
```

迭代法是一种不断地用变量的原值（旧值）递推出其新值的方法。例如，上面的迭代法代码中，不断地用 m、n 的旧值递推出新值。

通过调用以上定义的最大公约数函数，可以方便地求得两个整数的最小公倍数，也可以方便地求得多个整数的最大公约数或最小公倍数，具体代码实现留给读者自行完成。

5.4.2 典型递归问题

例 5.4.3　斐波那契数列

意大利数学家列奥纳多·斐波那契（Leonardo Fibonacci）是 12～13 世纪欧洲数学界的代表人物。他提出的“兔子问题”引起了后人的极大兴趣。

“兔子问题”假定一对大兔子每一个月可以生一对小兔子，而小兔子出生后两个月就有繁殖能力，问从一对小兔子开始，n 个月后能繁殖成多少对兔子？

这是一个递推问题，可以构造一个递推的表格（如表 5-1）。

表 5-1　兔子问题递推表

时间/月	小兔/对	大兔/对	总数/对
1	1	0	1
2	0	1	1
3	1	1	2
4	1	2	3
5	2	3	5
6	3	5	8
7	5	8	13

从表5-1可得每月的兔子总数构成如下数列。

$$1,1,2,3,5,8,13,\cdots$$

可以发现此数列的规律：第一、二项是1,从第三项起,每一项都是前两项的和。因此,可得递归式如下。

$$f(n)=\begin{cases}1, & n=1,2 \\ f(n-1)+f(n-2), & n>2\end{cases}$$

根据递归式,容易写出求斐波那契数列第n项的递归函数,具体代码如下。

```
def fib(n):                              #使用递归函数求斐波那契数列第n项
    if n == 1 or n == 2:                 #递归出口
        return 1
    else:
        return fib(n - 1) + fib(n - 2)   #递归调用

n = int(input())
res = fib(n)
print(res)
```

运行结果：

```
10↵
55
```

若在本地运行时输入n为40,程序需要运行较长的时间才能得到结果,若在线提交一般将得到超时反馈。一般而言,递归的深度不宜过大,否则递归程序的执行效率过低,在线做题时将导致超时。此时可以考虑在递归的过程中,把已经计算出来的结果保存起来,在之后递归计算时先判断需要用的项的结果是否已保存,若是则直接取出来,否则再递归计算。这种在递归求解过程把中间结果保存起来,避免重复计算的方法称为记忆化搜索,具体代码如下。

```
N = 47                                   #下标从1开始用,最多计算到第46项
s = [0] * N                              #初值都为0,表示结果尚未计算出来
s[1] = s[2] = 1                          #第一、二项为1
def f(n):
    if n == 1 or n == 2:
        return s[n]
    else:
        if s[n - 2] == 0:                #若第n-2项未计算过,则递归计算
            s[n - 2] = f(n - 2)
        if s[n - 1] == 0:                #若第n-1项未计算过,则递归计算
            s[n - 1] = f(n - 1)
        return s[n - 1] + s[n - 2]       #直接使用已经计算出来的结果

n = int(input())
res = f(n)
print(res)
```

运行结果：

```
46 ↲
1836311903
```

另外，也可以采用迭代法求解以避免递归法求解时因递归深度过大而导致的超时。但是，在线做题时经常是多组测试的，设控制结构为 T 组测试，当 T 较大时，若每输入一个 n 就重新去计算一次则依然可能导致超时。为了避免在线做题超时，可以把斐波那契数列的所有项一次性算出来存放在外部列表（定义在函数之外的列表）中，输入数据后直接从列表中把结果取出来，即空间换时间，具体代码如下。

```
N = 1001                                  # 设最多计算到第 1000 项
f = [0] * N                               # 外部列表
def init():                               # 初始化函数
    f[1] = f[2] = 1
    for n in range(3,N):
        f[n] = f[n - 1] + f[n - 2]

init()                                    # 调用一次,完成所有的计算
T = int(input())                          # 输入测试组数 T
for t in range(T):                        # 循环 T 次
    n = int(input())                      # 输入 n
    print(f[n])                           # 直接从列表中取出第 n 项并输出
```

运行结果：

```
2 ↲
40 ↲
102334155
46 ↲
1836311903
```

当然，把调用 init()函数改为调用前面记忆化搜索方法的 f()函数，即 init()改为 f(46)，也可以达到空间换时间的目的。实际上，记忆化搜索本身也体现了空间换时间的思想。

关于斐波那契数列，有许多有趣的知识，例如，斐波那契数列螺旋线（当海螺被切成两半的时候，它内腔壁的形状是“斐波那契螺旋线”形状），或当斐波那契数列趋向于无穷大时，相邻两项的比值趋向于黄金分割比例 0.618，读者可自行了解。

例 5.4.4　快速幂

输入两个整数 a、b，如何高效地计算 a^b？

若 b=32，设 s=1，则用循环“for i in range(b) s *= a”将需要运算 32 次。

如果用二分法，则可以按 $a^{32} \to a^{16} \to a^8 \to a^4 \to a^2 \to a^1 \to a^0$ 的顺序来分析，在计算出 a^0 后可以倒过去计算出 a^1 直到 a^{32}。这与递归函数的执行过程是一致的，因此可以用递归方法求解。

二分法计算 a^b 的要点举例说明如下。

(1) $a^{10} = a^5 \times a^5$

(2) $a^9 = a^4 \times a^4 \times a$

即根据 b 的奇偶性来做不同的计算,b=0 是递归出口。因此可得递归式如下:

$$a^b=\begin{cases}1, & b=0\\ a^{\frac{b}{2}}\cdot a^{\frac{b}{2}}, & b\%2=0\\ a^{\frac{b}{2}}\cdot a^{\frac{b}{2}}\cdot a, & b\%2=1\end{cases}$$

根据递归式可以方便地实现递归函数。为减少重复计算从而提高程序执行效率,可以先计算 $a^{\frac{b}{2}}$ 并存入临时变量中,具体代码如下。

```
def f(m,n):
    if n == 0:                  #递归出口
        return 1
    else:
        t = f(m,n//2)           #递归调用,用 t 暂存递归调用的结果,注意取整除//
        if n % 2 == 0:
            return t * t
        else:
            return t * t * m

a,b = map(int,input().split())
res = f(a,b)
print(res)
```

运行结果:

```
2 10 ↵
1024
```

例 5.4.5　汉诺塔问题

设 A、B、C 是三个塔座。开始时,在塔座 A 上有 n(1≤n≤64)个圆盘,这些圆盘自下而上,由大到小地叠在一起。例如,3 个圆盘的汉诺塔问题初始状态如图 5-5 所示。现在要求将塔座 A 上的这些圆盘借助塔座 B 移到塔座 C 上,并仍按同样顺序叠放。在移动圆盘时应遵守以下移动规则。

规则(1):每次只能移动一个圆盘。

规则(2):任何时刻都不允许将较大的圆盘压在较小的圆盘之上。

规则(3):在满足移动规则(1)和(2)的前提下,可将圆盘移至 A、B、C 中任何一个塔座上。

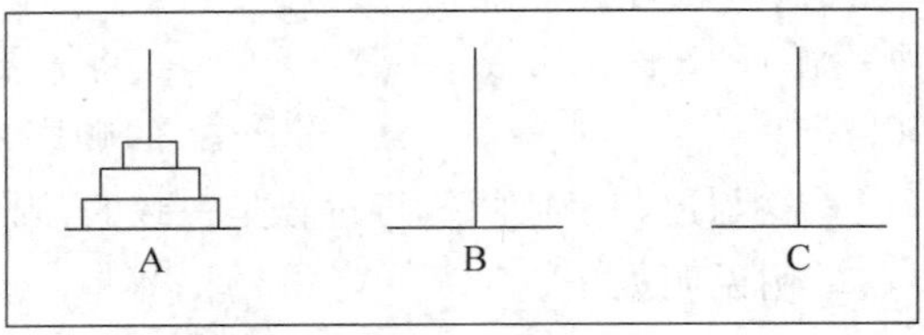

图 5-5　汉诺塔问题示意图(3 个圆盘)

设 a_n 表示 n 个圆盘从一个塔座全部转移到另一个塔座的移动次数，显然有 $a_1=1$。当 $n\geqslant 2$ 时，要将塔座 A 上的 n 个圆盘全部转移到塔座 C 上，可以采用以下步骤。

(1) 先把塔座 A 上的 n－1 个圆盘转移到塔座 B 上，移动次数为 a_{n-1}。

(2) 然后把塔座 A 上的最后一个大圆盘转移到塔座 C 上，移动次数等于 1。

(3) 最后再把塔座 B 上的 n－1 个圆盘转移到塔座 C 上，移动次数为 a_{n-1}。

经过这些步骤后，塔座 A 上的 n 个圆盘就全部转移到塔座 C 上。

由组合数学的加法规则，移动次数为 $2a_{n-1}+1$。计算总的移动次数的递归关系式如下。

$$a_n=\begin{cases}1, & n=1\\ 2a_{n-1}+1, & n>1\end{cases}$$

求解该递归关系式，可得 $a_n=2^n-1$。例如：

当 n=3，移动 7 次；

当 n=4，移动 15 次；

……

当 n=64，移动 $2^{64}-1=18\ 446\ 744\ 073\ 709\ 551\ 615$ 次，设每秒移动一次，完成所有 64 个圆盘的移动需要 18 446 744 073 709 551 615/(365×24×60×60)/100 000 000≈5849.42（亿年）。

如果想知道具体是如何移动的，可以根据前面的步骤，把每次只有 1 个圆盘时的移动情况输出（调用下面的 move()函数）。模拟汉诺塔问题中圆盘移动过程的具体程序如下。

```
def move(a,b):                      #输出移动状态
    print(a,'-->',b, sep = '')

def hanoi(n,a,b,c):                 #把 n 个圆盘从 a 移动到 c,借助 b
    if n == 1:                      #只有一个圆盘时直接移动
        move(a,c)
    else:
        hanoi(n-1,a,c,b)            #把 n-1 个圆盘从 a 移动到 b,借助 c
        move(a,c)                   #最后一个圆盘直接移动
        hanoi(n-1,b,a,c)            #把 n-1 个圆盘从 b 移动到 c,借助 a

n = int(input())
hanoi(n,'A','B','C')
```

运行结果：

```
3↵
A-->C
A-->B
C-->B
A-->C
B-->A
B-->C
A-->C
```

若要输出总的移动次数,则该如何修改以上代码?若要输出移动的圆盘号,则又该如何修改以上代码?具体代码留给读者自行思考后实现。

5.5 OJ题目求解

例 5.5.1 验证歌德巴赫猜想(HLOJ 1922)

Problem Description

歌德巴赫猜想之一是指一个偶数(2除外)可以拆分为两个素数之和。请验证这个猜想。

因为同一个偶数可能可以拆分为不同的素数对之和,这里要求结果素数对彼此最接近。

Input

首先输入一个正整数T,表示测试数据的组数,然后是T组测试数据。每组测试输入一个偶数n(6≤n≤10 000)。

Output

对于每组测试,输出两个彼此最接近的素数a、b(a≤b),两个素数之间留一个空格。

Sample Input
2
30
40

Sample Output
13 17
17 23

本题可以先写一个判断某个正整数是否素数的函数,然后循环变量i从n//2处开始到2进行循环(请读者思考为什么),若发现i(≤n//2)和n-i(≥n//2)同时是素数则得到结果并结束循环,具体代码如下。

```
from math import sqrt                    #导入sqrt()函数
def isPrime(n):                          #判断素数的函数
    if (n<2):
        return False
    m = int(sqrt(n))
    for i in range(2,m+1):
        if n % i == 0:
            return False
    return True

T = int(input())
for t in range(T):
    n = int(input())
    for i in range(n//2,1,-1):           #i从n//2到2循环,若i与n-i都是素数,则输出并结束
        if isPrime(i) == True and isPrime(n-i) == True:
            print(i,n-i)
            break;
```

运行结果:

```
3 ↵
100 ↵
47 53
50 ↵
19 31
20 ↵
7 13
```

回到请读者思考的问题,原因何在?因为两个素数的差值 d=(n−i)−i=n−2i,当 i 越大时 d 越小,所以循环变量 i 从 n//2 处开始到 2 进行循环即可。

例 5.5.2　素数的排位(HLOJ 1954)

Problem Description

已知素数序列为 2、3、5、7、11、13、17、19、23、29,…,即素数的第一个是 2,第二个是 3,第三个是 5,…

那么,对于输入的一个任意整数 n,若是素数,能确定是第几个素数吗?若不是素数,则输出 0。

Input

测试数据有多组,处理到文件尾。每组测试输入一个正整数 n(1≤n≤1 000 000)。

Output

对于每组测试,输出占一行,如果输入的正整数 n 是素数,则输出其排位,否则输出 0。

Sample Input	**Sample Output**
13	6

Source

ZJUTOJ 1341

本题可以利用上题的 isPrime()函数及空间换时间的思想一次性把排位计算出来放在列表中,输入数据时再直接从列表中取结果输出。但这种方法对每个数都要调用 isPrime()函数,效率依然较低。若用筛选法的思想,则能较好地提高效率。实际上,可以改写筛选法的代码,筛选和排位同时进行,具体代码如下。

```
N = 1000000
index = [1] * (N + 1)                      # 若 i 非素数则 index[i] = 0,否则 index[i]为其排位
def init():                                # 根据筛选法的思想确定各个素数的排位或筛去素数的倍数
    index[0] = index[1] = 0
    cnt = 1;                               # 排位计数器
    for i in range(2,N + 1):               # 对 2~N 的每个数,确定素数的排位或筛去该数
        if index[i] == 0:continue          # 若 i 不是素数,则不需要用 i 作因子去筛其倍数
        index[i] = cnt                     # 若 i 是素数,则 index[i]填上排位
        cnt += 1                           # 排位计数器加 1
        for j in range(i * i,N + 1,i):     # 从 i 的平方开始,把 i 的倍数筛去
```

```
                index[j] = 0

    init()                                  # 输入前调用一次把所有结果计算到 index 列表中
    try:
        while True:
            n = int(input())
            print(index[n])                 # 输入 n 后直接从 index 列表中取得结果并输出
    except EOFError:pass
```

运行结果:

```
13↵
6
6↵
0
```

例 5.5.3　母牛问题(HLOJ 1955)

Problem Description

设想一头小母牛从第 4 个年头开始每年生育一头小母牛。现有一头小母牛,按照此设想,第 n 年时有多少头母牛?

Input

测试数据有多组,处理到文件尾。每组测试输入一个正整数 n(1≤n≤40)。

Output

对于每组测试,输出第 n 年时的母牛总数。

Sample Input	Sample Output
15	129

Source

ZJUTOJ 1182

本题也是一道递推题,递推表如表 5-2 所示。

表 5-2　母牛问题递推表

时间/年	小牛	中牛	大牛	总数
1	1	0	0	1
2	0	1	0	1
3	0	0	1	1
4	1	0	1	2
5	1	1	1	3
6	1	1	2	4
7	2	1	3	6
8	3	2	4	9
9	4	3	6	13
10	6	4	9	19

根据表 5-2,可以得到如下数列:

1、1、1、2、3、4、6、9、13、19,…

观察数列,可得递归式如下。

$$f(n)=\begin{cases}1, & n=1,2,3\\ f(n-1)+f(n-3), & n\geqslant 4\end{cases}$$

根据递归式,容易写出使用递归法的函数,具体代码如下。

```
def f(n):                              # 递归法
    if n < 4:
        return 1
    else:
        return f(n - 1) + f(n - 3)

try:
    while True:
        n = int(input())
        print(f(n))                    # 调用递归函数
except EOFError:pass
```

运行结果:

```
10 ↵
19
20 ↵
872
```

读者不妨再观察数列,尝试找到其他的递归式并编程实现。

另外,本题也可以采用空间换时间的思想:一次性先把结果计算出来并放在列表中,然后在输入数据时从列表中取出数据。

```
N = 41
a = [1] * N                            # 外部列表,保存结果,空间换时间
a[0] = 0
def init():                            # 一次性把所有结果计算出来存放在列表中
    for i in range(4,N):
        a[i] = a[i - 1] + a[i - 3]

init()

try:
    while True:
        n = int(input())
        print(a[n])                    # 输入数据时直接从结果列表取得结果并输出
except EOFError:pass
```

运行结果:

```
15 ↵
129
30 ↵
39865
40 ↵
1822473
```

例 5.5.4　特殊排序(HLOJ 1923)

Problem Description

输入一个整数 n 和 n 个各不相等的整数,将这些整数从小到大进行排序,要求奇数在前,偶数在后。

Input

首先输入一个正整数 T,表示测试数据的组数,然后是 T 组测试数据。每组测试先输入一个整数 n(1<n<100),再输入 n 个整数。

Ontput

对于每组测试,在一行上输出根据要求排序后的结果,数据之间留一个空格。

Sample Input
3
5 1 2 3 4 5
3 12 4 5
6 2 4 6 8 0 1

Sample Output
1 3 5 2 4
5 4 12
1 0 2 4 6 8

本题的关键函数是一个表明排序规则的比较函数 cmp(),该函数要表达出奇数在前,偶数在后,并都按从小到大排序的要求;可以先比较两个参数 a,b 的奇偶性,若奇偶性不一致,则判断 a 是否为奇数,若 a 为奇数则返回−1,否则返回 1;若奇偶性一致,则返回 a−b(若 a<b 返回负数表示正序,若 a==b 返回 0,若 a>b 返回正数表示逆序)。列表排序可采用成员函数 sort()或者直接调用内置函数 sorted(),在这两个函数中使用比较函数时需要使用从 functools 模块导入的 cmp_to_key()函数把传统比较函数转换为一个关键字函数。这里调用 sorted()函数实现排序,具体代码如下。

```
from functools import cmp_to_key

def cmp(a,b):                          # 比较函数
    if a % 2!= b % 2:                  # 若 a、b 奇偶性不同
        if a % 2 == 1:                 # 若 a 为奇数则返回 - 1,否则返回 1
            return - 1
        else:
            return 1
    return a - b                       # a - b 为负数表示从小到大的正序,为正数表示逆序

T = int(input())
```

```
for t in range(T):
    a = list(map(int, input().split()))
    n = a[0]
    a = a[1:]
    a = sorted(a, key = cmp_to_key(cmp))          # 调用内置函数 sorted(),返回结果赋值给 a
    print( * a)
```

运行结果：

```
3↵
5 1 2 3 4 5↵
1 3 5 2 4
3 12 4 5↵
5 4 12
6 2 4 6 8 0 1↵
1 0 2 4 6 8
```

对于使用函数 cmp_to_key()转换的比较函数，若要按题意正序则返回负数，否则返回正数。例如，上面的 cmp(a,b)函数中，若奇偶性不同，则奇数在前为正序，因此在 a 为奇数时返回负数−1，在 a 为偶数时则是按题意的逆序，故返回正数 1；若奇偶性相同，则按题意的正序是从小到大，那么返回的 a−b 在正序时为负数，在逆序时为正数。请读者仔细体会本题的 cmp()函数。

若使用列表的成员函数 sort()实现排序，则可把上面代码的倒数第二句改为如下表达。

```
a.sort(key = cmp_to_key(cmp))
```

实际上，对于 OJ 做题，也可以从小到大直接排好序，在输出时先输出奇数，再输出偶数，具体代码留给读者自行完成。

例 5.5.5　平方和排序(HLOJ 1958)

Problem Description

输入 N 个非负整数，要求按各个整数的各数位上数字的平方和从小到大排序，若平方和相等则按数值从小到大排序。

例如，三个整数 9、31、13 各数位上数字的平方和分别为 81、10、10，则排序结果为 13、31、9。

Input

测试数据有多组。每组数据先输入一个整数 N(0<N<100)，然后输入 N 个非负整数。若 N=0，则输入结束。

Output

对于每组测试，在一行上输出按要求排序后的结果，数据之间留一个空格。

Sample Input	Sample Output
9 12 567 91 33 657 812 2221 3 77 0	12 3 2221 33 812 91 77 567 657

Source

ZJUTOJ 1038

本题排序调用列表的成员函数 sort(),其 key 参数为 cmp_to_key()的返回结果,作为该函数的参数的比较函数 cmp()根据题意编写,即在平方和不等时,按平方和从小到大正序,则返回前后两个参数的平方和之差即可;在平方和相等时,按数值从小到大正序,则返回前后两个参数之差即可。方便起见,写一个函数求一个整数各数位上数字的平方和,具体代码如下。

```
from functools import cmp_to_key

def cmp(a,b):                          #比较函数 cmp()
    sa = squareSum(a)
    sb = squareSum(b)
    if sa!= sb:                        #若平方和不等,则按平方和从小到大
        return sa - sb
    return a - b                       #若平方和相等,则按数值本身从小到大

def squareSum(n):                      #求各个数位平方和的函数
    sum = 0
    while n:
        sum += (n % 10) ** 2
        n = n//10
    return sum

while True:
    n = int(input())
    if n == 0: break
    a = list(map(int,input().split()))
    a.sort(key = cmp_to_key(cmp))      #调用列表成员函数 sort()实现排序
    print( * a)
```

运行结果:

```
5↲
1 3 11 33 9↲
1 11 3 33 9
0↲
```

例 5.5.6 按长度排序(HLOJ 1956)

Problem Description

先输入一个正整数 N,再输入 N 个整数,要求对 N 个整数进行排序:先按长度从小到

大排,若长度一样则按数值从小到大排。

Input

测试数据有多组。每组测试数据的第一行输入一个整数 N(0<N<100),第二行输入 N 个整数(每个整数最多可达 80 位)。若 N=0,则输入结束。

Output

对于每组测试,输出排序后的结果,每个数据占一行。每两组测试结果之间留一个空行。

Sample Input	Sample Output
3 123 12 3333 0	12 123 3333

Source

ZJUTOJ 1030

本题用函数的方法来实现,数据存放在列表中,排序可调用列表的成员函数 sort()。因此,本题主要是定义比较函数 cmp()。根据题意,若长度不等,则长度从小到大为正序,否则数值从小到大为正序,与上一题类似,故可参照前一题的方法编写 cmp()函数。为方便求得整数的长度,数据作为字符串类型处理。但字符串不能做减法,比较数据本身大小时可转换为整数处理。另外,输出时每两组测试结果之间留一个空行的要求,可用计数器的方法控制,具体代码如下。

```
from functools import cmp_to_key
def cmp(a,b):                          #比较函数 cmp()
    la = len(a)
    lb = len(b)
    if la!= lb:                        #若长度不等,则按长度前小后大
        return la - lb
    return int(a) - int(b)             #若长度相等,则按数值前小后大

def output(a):                         #输出函数
    for i in range(len(a)):
        print(a[i])

cnt = 0                                #控制每两组数据之间留一个空行的计数器
while True:
    n = int(input())
    if n == 0: break
    a = [""] * n                       #为方便求长度,数据作为字符串处理
    for i in range(n):
        a[i] = input()
    a.sort(key = cmp_to_key(cmp))      #调用列表成员函数 sort()实现排序
    cnt += 1                           #每测试一组数据,计数器加 1
    if cnt > 1:print()                 #若不是第一组测试,则先输出一个空行
    output(a)
```

运行结果:

```
3 ↵
31 ↵
13 ↵
9 ↵
9
13
31
0 ↵
```

例 5.5.7　按日期排序(HLOJ 1957)

Problem Description

输入若干日期,按日期从小到大排序。

Input

本题只有一组测试数据,且日期总数不超过 100 个。按"MM/DD/YYYY"(月/日/年,其中月份、日份各 2 位,年份 4 位)的格式逐行输入若干日期。

Output

按"MM/DD/YYYY"的格式输出已从小到大排序的各个日期,每个日期占一行。

Sample Input	Sample Output
12/31/2020 10/21/2021 02/12/2021 07/16/2009 01/01/2021	07/16/2009 12/31/2020 01/01/2021 02/12/2021 10/21/2021

Source

ZJUTOJ 1045

本题输入的日期格式是"月/日/年"的格式,而日期排序实际上是按年、月、日的顺序进行的,即先比年,若年相等再比月,若月也相等则再比日。因为日期格式固定为"MM/DD/YYYY",可以分别取出年、月、日三个部分并连接为"YYYYMMDD"格式,再直接进行比较,具体代码如下。

```
from functools import cmp_to_key

def cmp(a,b):                          #比较函数 cmp()
    a = a[6:] + a[:2] + a[3:5]         #a[6:]、a[:2]、a[3:5]分别取得 a 的年、月、日份
    b = b[6:] + b[:2] + b[3:5]         #b[6:]、b[:2]、b[3:5]分别取得 b 的年、月、日份
    if a < b:                          #若前一个年份小于后一个年份,则返回 -1,否则返回 1
        return -1
    else:
        return 1

def output(a):                         #输出函数
```

```
    for i in range(len(a)):
        print(a[i])

a = []                              #a 设置为空列表
try:                                #控制输入数据到文件尾
    while True:
        t = input()
        a.append(t)                 #输入数据添加到列表 a 中
except EOFError:pass
a.sort(key = cmp_to_key(cmp))       #列表 a 按比较函数指定规则排序
output(a)                           #输出列表 a
```

运行结果：

```
10/29/2021↵
10/29/2020↵
07/16/2020↵
07/15/2020↵
07/15/2020
07/16/2020
10/29/2020
10/29/2021
```

本题还可以用字典列表或对象列表进行排序的方法求解，读者可自行尝试编程实现。

例 5.5.8　解题排行(HLOJ 1925)

Problem Description

解题排行榜中，按解题总数生成排行榜。假设每个学生信息仅包括学号、解题总数；要求先输入 n 个学生的信息；然后按"解题总数"降序排列，若"解题总数"相同则按"学号"升序排列。

Input

首先输入一个正整数 T，表示测试数据的组数，然后是 T 组测试数据。

每组测试数据先输入一个正整数 n(1≤n≤100)，表示学生总数。然后输入 n 行，每行包括一个不含空格的字符串 s(不超过 8 位)和一个正整数 d，分别表示一个学生的学号和解题总数。

Output

对于每组测试数据，输出最终排名信息，每行一个学生的信息：排名、学号、解题总数。每行数据之间留一个空格。注意，解题总数相同的学生其排名也相同。

Sample Input
1
4
0010 200
1000 110
0001 200
0100 225

Sample Output
1 0100 225
2 0001 200
2 0010 200
4 1000 110

根据题意,宜把学生信息,即学号和解题总数作为一个整体,此要求可以把每个学生信息作为一个字典(键分别设为"id"、"solved");在比较规则的表达方面,可以写一个比较函数 cmp():若解题总数不等,则按解题总数从大到小为正序,否则按学号从小到大为正序;排序方面,对按输入数据创建的字典列表排序(直接使用列表的 sort()函数,并指定其 key 参数为 cmp_to_key()的返回值);排名处理方面,设排名变量 r 初值为 1,可以在按要求排好序之后先输出第一个人的排名及其学号和解题总数,从第二个人开始与前一个人的解题总数相比,若不等则 r 改为序号(即其下标加 1),否则 r 保持不变,具体代码如下。

```
from functools import cmp_to_key                # 导入函数 cmp_to_key()

def cmp(x,y):                                   # 比较函数
    if x["solved"]!= y["solved"]:
        return y["solved"] - x["solved"]        # 以解题总数从大到小为正序
    if x["id"]< y["id"]:                        # 以学号从小到大为正序
        return -1
    else:
        return 1

T = int(input())
for t in range(T):
    n = int(input())
    a = []                                      # 创建空列表
    for i in range(n):                          # 根据输入数据创建字典列表
        idx,solved = input().split()
        a.append({"id":idx,"solved":int(solved)})
    a.sort(key = cmp_to_key(cmp))               # 列表排序
    print(1,a[0]["id"],a[0]["solved"])          # 输出第一名的信息
    r = 1                                       # 排名变量设置初值
    for i in range(1,n):                        # 输出其他人的信息
        if a[i]["solved"]!= a[i-1]["solved"]:   # 若后一个人的解题数与前一个不等
            r = i + 1                           # 则排名变量设为序号
        print(r,a[i]["id"],a[i]["solved"])
```

运行结果:

```
4↵
0010 200↵
1000 110↵
0001 200↵
0100 225↵
1 0100 225
2 0001 200
2 0010 200
4 1000 110
```

上面的代码中,比较函数 cmp()是比较简洁的写法,其效果与以下比较函数相同。

```
def cmp(x,y):                              # 比较函数,第一个参数为 x,第二个参数为 y
    if x["solved"]< y["solved"]:           # 若 x 的解题总数小于 y 的解题总数
        return 1                           # 则返回正数表示逆序
    elif x["solved"]> y["solved"]:         # 若 x 的解题总数大于 y 的解题总数
        return -1                          # 则返回负数表示正序
    elif x["id"]< y["id"]:                 # 当解题总数相等时,若 x 的学号小于 y 的学号
        return -1                          # 则返回负数表示正序
    else:                                  # 若 x 的学号大于 y 的学号
        return 1                           # 则返回正数表示逆序
```

若本题的排序要求去掉"若解题总数相同则按学号升序排列"的要求,则可以不定义比较函数 cmp(),直接使用匿名函数作为列表成员函数 sort()的关键字(key)参数,具体代码如下。

```
n = int(input())
a = []                                              # 创建空列表
for i in range(n):                                  # 根据输入数据创建字典列表
    idx,solved = input().split()
    a.append({"id":idx,"solved":int(solved)})
a.sort(key = lambda it:it["solved"],reverse = True) # 列表排序,按解题总数逆序
print(1,a[0]["id"],a[0]["solved"])                  # 输出第一名的信息
r = 1                                               # 排名变量设置初值
for i in range(1,n):                                # 输出其他名次信息
    if a[i]["solved"]!= a[i-1]["solved"]:           # 若后一个人的解题总数与前一个不等
        r = i+1                                     # 则排名变量设为序号
    print(r,a[i]["id"],a[i]["solved"])
```

运行结果:

```
4↵
0010 200↵
1000 110↵
0001 200↵
0100 225↵
1 0100 225
2 0010 200
2 0001 200
4 1000 110
```

上面调用列表的成员函数 sort()时,其参数 key 设为 lambda it: it["solved"],表示按匿名函数的参数 it 的键"solved"对应的值升序排序,而参数 reverse 设为 True,则表示对排序结果进行逆序处理。

例 5.5.9 确定最终排名(HLOJ 1926)

Problem Description

某次程序设计竞赛时,最终排名采用的排名规则如下。

根据成功做出的题数(设为 solved)从大到小排序,若 solved 相同则按输入顺序确定排名先后顺序(请结合 Sample Output)。请确定最终排名并输出。

Input

首先输入一个正整数 T,表示测试数据的组数,然后是 T 组测试数据。

每组测试数据先输入一个正整数 n(1≤n≤100),表示参赛队伍总数。然后输入 n 行,每行包括一个字符串 s(不含空格且长度不超过 50)和一个正整数 d(0≤d≤15),分别表示队名和该队的解题数量。

Output

对于每组测试数据,输出最终排名。每行一个队伍的信息:排名、队名、解题数量。

Sample Input	Sample Output
1	1 Team3 5
8	2 Team26 4
Team22 2	3 Team2 4
Team16 3	4 Team16 3
Team11 2	5 Team20 3
Team20 3	6 Team22 2
Team3 5	7 Team11 2
Team26 4	8 Team7 1
Team7 1	
Team2 4	

本题宜把队名和解题数作为一个整体处理,可以采用字典列表求解。从题面看,本题的字典包含队名("name")和解题数("solved")两个键。由于题目要求"在解题数相同时按输入顺序确定名次",因此增加一个序号("index")作为键,在比较函数中先按解题数比较,解题数相同再按序号比较。排序直接使用列表的成员函数 sort()。另外,因为本题中的排名即排好序之后的顺序号,可以直接输出顺序号(下标加 1)而不需要做特别处理,具体代码如下。

```
from functools import cmp_to_key                    # 导入函数 cmp_to_key()
def cmp(x,y):                                       # 比较函数 cmp()
    if x["solved"]!= y["solved"]:                   # 以解题数从大到小为正序
        return y["solved"] - x["solved"]
    return x["index"] - y["index"]                  # 以序号从小到大为正序

T = int(input())
for t in range(T):
    n = int(input())
    a = []                                          # a 设置为空列表
    for i in range(n):                              # 根据输入数据构建字典添加到列表 a 中
        name,solved = input().split()
        a.append({"name":name,"solved":int(solved),"index":i + 1})
    a = sorted(a,key = cmp_to_key(cmp))             # 按比较函数进行排序
    for i in range(n):                              # 输出数据
        print(i + 1,a[i]["name"],a[i]["solved"])
```

运行结果：

```
8 ↵
Team22 2 ↵
Team16 3 ↵
Team11 2 ↵
Team20 3 ↵
Team3 5 ↵
Team26 4 ↵
Team7 1 ↵
Team2 4 ↵
1 Team3 5
2 Team26 4
3 Team2 4
4 Team16 3
5 Team20 3
6 Team22 2
7 Team11 2
8 Team7 1
```

习　　题

一、选择题

1. Python 语言中自定义函数的关键字是(　　)。

A. class　　B. return　　C. def　　D. for

2. Python 语言中的自定义函数若未用 return 语句返回值，则该函数返回的是(　　)。

A. 随机数　　B. None　　C. 0　　D. 不确定

3. 被调函数返回给主调函数的值称为(　　)。

A. 形参　　B. 实参　　C. 返回值　　D. 参数

4. 关于 Python 语言中的自定义函数，说法错误的是(　　)。

A. 函数可以嵌套调用

B. 函数可以嵌套定义

C. 函数的参数不需要指定类型

D. 无参函数定义可以省略函数名后的()

5. 以下代码段不可能输出的是(　　)。

```
from random import *
a = randint(10,20)
print(a)
```

A. 10　　B. 15　　C. 20　　D. 25

6. 被调函数通过(　　)语句，将值返回给主调函数。

A. return　　B. for　　C. while　　D. if

7. 以下代码段的执行结果为(　　)。

```
def f(a,b=3,c=5):
    return a+b**2+c**3
print(f(b=4,a=2),f(3,8),f(7,2,3))
```

A. 143 192 38　　B. 192 143 38　　C. 38 143 192　　D. 语句出错

8. 以下代码段的执行结果为(　　)。

```
def f(b):
    b[1]=5

a=[0,1,2,3]
f(a)
print(a)
```

A. [5, 1, 2, 3]　　B. [0, 1, 2, 3]　　C. [0, 5, 2, 3]　　D. 以上都不对

9. 以下代码段的执行结果为(　　)。

```
def f(b):
    b=5

a=[0,1,2,3]
f(a[1])
print(a)
```

A. [5, 1, 2, 3]　　B. [0, 1, 2, 3]　　C. [0, 5, 2, 3]　　D. 以上都不对

10. 递归函数的两个要素是(　　)。

A. 函数头、函数体　　B. 递归出口、边界条件

C. 边界条件、递归方程　　D. 递归式、递归方程

11. 以下代码段的执行结果为(　　)。

```
def f(n):
    if n<3:
        return n
    else:
        return f(n-1)+f(n-2)

print(f(8))
```

A. 34　　B. 21　　C. 13　　D. 以上都不对

12. 关于列表名作为函数参数的说法错误的是(　　)。

A. 参数传递时,把实参列表的引用传递给形参列表

B. 在函数调用期间,形参列表的改变就是实参列表的改变

C. 通过列表名作为函数参数,可以达到返回多个值的目的

D. 在函数调用期间,形参列表和实参列表是不同的

13. 以下代码段的执行结果为(　　)。

```
m=3
def f():
```

```
    global m
    m = 1
f()
print(m)
```

A. 3　　B. 1　　C. 随机数　　D. 以上都不对

二、OJ 编程题

1. 进制转换(HLOJ 2053)

Problem Description

将十进制整数 n($-2^{31} \leqslant n \leqslant 2^{31}-1$)转换成 k($2 \leqslant k \leqslant 16$)进制数。注意,10～15 分别用字母 A、B、C、D、E、F 表示。

Input

首先输入一个正整数 T,表示测试数据的组数,然后是 T 组测试数据。每组测试数据输入两个整数 n 和 k。

Output

对于每组测试,先输出 n,然后输出一个空格,最后输出对应的 k 进制数。

Sample Input	Sample Output
3 123 16 0 5 −12 2	123 7B 0 0 −12 −1100

2. 整数转换为字符串(HLOJ 2054)

Problem Description

将一个整数 n 转换成字符串。例如,输入 483,应得到字符串"483"。其中,要求用一个递归函数实现把一个正整数转换为字符串。

Input

测试数据有多组,处理到文件尾。每组测试数据输入一个整数 n($-2^{31} \leqslant n \leqslant 2^{31}-1$)。

Output

对于每组测试,输出转换后的字符串。

Sample Input	Sample Output
1234	1234

3. 多个数的最小公倍数(HLOJ 2093)

Problem Description

两个整数公有的倍数称为它们的公倍数,其中最小的一个正整数称为它们两个的最小公倍数。当然,n 个数也可以有最小公倍数,例如,5,7,15 的最小公倍数是 105。

输入 n 个数,请计算它们的最小公倍数。

Input

首先输入一个正整数 T,表示测试数据的组数,然后是 T 组测试数据。

每组测试先输入一个整数 n($2 \leqslant n \leqslant 20$),再输入 n 个正整数(属于[1,100 000]范围内)。

这里保证最终的结果在$[-2^{31}, 2^{31}-1]$范围内。

Output

对于每组测试,输出 n 个整数的最小公倍数。

Sample Input	Sample Output
2 3 5 7 15 5 1 2 4 3 5	105 60

4. 互质数(HLOJ 2055)

Problem Description

Sg 认识到互质数很有用。若两个正整数的最大公约数为 1,则它们是互质数。要求编写函数判断两个整数是否互质数。

Input

首先输入一个正整数 T,表示测试数据的组数,然后是 T 组测试数据。每组测试先输入一个整数 n($1 \leq n \leq 100$),再输入 n 行,每行有一对整数 a、b($0 < a, b < 10^9$)。

Output

对于每组测试数据,输出有多少对互质数。

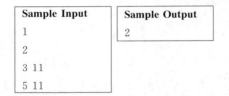

Sample Input	Sample Output
1 2 3 11 5 11	2

5. 五位以内的对称素数(HLOJ 2094)

Problem Description

判断一个数是否为对称且不大于五位数的素数。要求判断对称和判断素数各写一个函数。

Input

测试数据有多组,处理到文件尾。每组测试输入一个正整数 n($0 < n < 2^{32}$)。

Output

对于每组测试,若 n 是不大于五位数的对称素数,则输出"Yes",否则输出"No"。每个判断结果单独列一行。引号不必输出。

Sample Input	Sample Output
101	Yes

Source

ZJUTOJ 1187

6. 最长的单词(HLOJ 2056)

Problem Description

输入一个字符串,将此字符串中最长的单词输出。要求至少使用一个自定义函数。

Input

测试数据有多组,处理到文件尾。每组测试数据输入一个字符串(长度不超过 80)。

Output

对于每组测试,输出字符串中的最长单词,若有多个长度相等的最长单词,输出最早出现的那个。这里规定,单词只能由大小写英文字母构成。

Sample Input	Sample Output
Keywords insert, two way insertion sort,	insertion
Abstract This paper discusses three method for two way insertion	discusses

7. 按 1 的个数排序(HLOJ 2057)

Problem Description

对于给定若干由 0、1 构成的字符串(长度不超过 80),要求将它们按 1 的个数从小到大排序。若 1 的个数相同,则按字符串本身从小到大排序。要求至少使用一个自定义函数。

Input

测试数据有多组,处理到文件尾。对于每组测试,首先输入一个整数 n(1≤n≤100),然后输入 n 行,每行包含一个由 0、1 构成的字符串。

Output

对于每组测试,输出排序后的结果,每个字符串占一行。

Sample Input	Sample Output
3	00001101
10011111	1010101
00001101	10011111
1010101	

8. 旋转方阵(HLOJ 2058)

Problem Description

对于一个奇数 n 阶方阵,请给出经过顺时针方向 m 次旋转后的结果。每次旋转 90°。

Input

测试数据有多组,处理到文件尾。每组测试的第一行输入两个整数 n,m(1<n<20,1≤m≤100),接下来输入 n 行数据,每行 n 个整数。

Output

对于每组测试,输出奇数阶方阵经过 m 次顺时针方向旋转后的结果。每行中各数据之间留一个空格。

Sample Input	Sample Output
3 2	6 1 8
4 9 2	7 5 3
3 5 7	2 9 4
8 1 6	

9. 求矩阵中的逆鞍点(HLOJ 2059)

Problem Description

求出 n×m 二维整数列表中的所有逆鞍点。这里的逆鞍点是指在其所在的行上最大,在其所在的列上最小的元素。若存在逆鞍点,则输出所有逆鞍点的值及其对应的行、列下标。若不存在逆鞍点,则输出"Not"。要求至少使用一个自定义函数。

Input

测试数据有多组,处理到文件尾。每组测试的第一行输入 n 和 m(都不大于 100),第二行开始的 n 行每行输入 m 个整数。

Output

对于每组测试,若存在逆鞍点,则按行号从小到大、同一行内按列号从小到大的顺序逐行输出每个逆鞍点的值和对应的行、列下标,各行每两个数据之间一个空格;若不存在逆鞍点,则输出"Not"(引号不必输出)。

Sample Input

```
3 3
97 66 96
85 36 35
88 67 91
```

Sample Output

```
85 1 0
```

10. 数字螺旋方阵(HLOJ 2060)

Problem Description

已知 n=5 时的螺旋方阵如 Sample Output 所示。输入一个正整数 n,要求输出 n×n 个数字构成的螺旋方阵。

Input

首先输入一个正整数 T,表示测试数据的组数,然后是 T 组测试数据。每组测试输入一个正整数 n(n≤20)。

Output

对于每组测试,输出 n×n 的数字螺旋方阵。各行中的每个数据按 4 位宽度输出。

Sample Input

```
1
5
```

Sample Output

```
  25  24  23  22  21
  10   9   8   7  20
  11   2   1   6  19
  12   3   4   5  18
  13  14  15  16  17
  25  24  23  22  21
  10   9   8   7  20
  11   2   1   6  19
  12   3   4   5  18
  13  14  15  16  17
```

第6章 类与对象

6.1 引 例

例 6.1.1 进步排行榜(HLOJ 1924)

Problem Description

假设每个学生信息包括“用户名”“进步总数”和“解题总数”。解题进步排行榜中,按“进步总数”及“解题总数”生成排行榜。要求先输入 n 个学生的信息；然后按“进步总数”降序排列；若“进步总数”相同,则按“解题总数”降序排列；若“进步总数”和“解题总数”都相同,则排名相同,但输出信息时按“用户名”升序排列。

Input

首先输入一个整数 T,表示测试数据的组数,然后是 T 组测试数据。每组测试数据先输入一个正整数 n(1<n<50),表示学生总数。然后输入 n 行,每行包括一个不含空格的字符串 s(不超过 8 位)和两个正整数 d 和 t,分别表示用户名、进步总数和解题总数。

Output

对于每组测试,输出最终排名。每行一个学生的信息,分别是排名、用户名、进步总数和解题总数。每行的各个数据之间留一个空格。注意,进步总数和解题总数都相同的学生其排名也相同。

Sample Input	Sample Output
1	1 usx15113 31 124
6	2 usx15117 27 251
usx15131 21 124	3 usx15101 27 191
usx15101 27 191	4 usx15118 21 124
usx15113 31 124	4 usx15131 21 124
usx15136 18 199	6 usx15136 18 199
usx15117 27 251	
usx15118 21 124	

对于本题,根据本章之前的知识,一种方法是定义三个一维列表,根据排序要求,分情况进行调整,但要注意三个列表同步进行,代码比较冗长,也不便于使用一个列表成员函数 sort()完成排序。有没有更好的方法呢？能否把学生的信息作为一个整体呢？

答案是肯定的,可以用字典或类把学生信息作为一个整体组织在一起。这里采用定义一个类并用该类变量(对象)列表处理学生信息的方法,本题具体代码如下。

```
from functools import cmp_to_key
class S:                                                      #定义类 S
    def __init__(self, name, diff, total):                    #初始化函数
        self.name = name                                      #"用户名"成员
        self.diff = diff                                      #"进步总数"成员
        self.total = total                                    #"解题总数"成员

def cmp(x,y):                                                 #比较函数 cmp()
    if x.diff!= y.diff:                                       #若"进步总数"不等
        return y.diff - x.diff                                #则按"进步总数"从大到小
    if x.total!= y.total:                                     #若"解题总数"不等
        return y.total - x.total                              #则按"解题总数"从大到小
    if x.name < y.name:                                       #按"用户名"从小到大
        return -1
    else:
        return 1

T = int(input())
for t in range(T):
    n = int(input())
    a = []                                                    #定义空列表 a
    for i in range(n):
        name,diff,total = input().split()
        #按输入数据构造 S 类对象并添加到列表中
        a.append(S(name,int(diff),int(total)))
    #列表排序,使用 cmp_to_key()把比较函数转换为键函数
    a.sort(key = cmp_to_key(cmp))
    r = 1                                                     #名次变量置初值 1
    print(r,a[0].name,a[0].diff,a[0].total)                   #输出第 1 名的信息
    for i in range(1,n):                                      #输出头名之外的其他人信息
        #若进步总数或解题总数与前一个对象不同,则名次改为序号
        if a[i].diff!= a[i-1].diff or a[i].total!= a[i-1].total:
            r = i + 1
        print(r,a[i].name,a[i].diff,a[i].total)
```

运行结果:

```
1↵
6↵
usx15131 21 124↵
usx15101 27 191↵
usx15113 31 124↵
usx15136 18 199↵
usx15117 27 251↵
usx15118 21 124↵
1 usx15113 31 124
2 usx15117 27 251
```

```
3 usx15101 27 191
4 usx15118 21 124
4 usx15131 21 124
6 usx15136 18 199
```

对于本例,读者先理解如何用类把不同类型的信息构成为一个整体及如何用对象列表简化编程即可。另外,注意到访问对象中的成员使用成员运算符“.”。本题详细代码可以在学完对象列表排序的知识后再深入理解。

类可以理解为一种用户自定义类型,通过使用类可以有组织地把不同数据类型的数据信息存放在一起,也便于实现链表结构。

6.2 类与对象的基础知识

6.2.1 类的定义及对象的创建与使用

类的定义需以关键字 class 开头,格式如下。

```
class 类名:
    def __init__(self [, 参数 1, 参数 2,…, 参数 n]):
        self.数据成员 1 = 参数 1 或 初值 1
        self.数据成员 2 = 参数 2 或 初值 2
        ⋮
        self.数据成员 n = 参数 n 或 初值 n
    [其他成员函数定义]
```

在类中,__init__()(init 的前后各有两个下画线)是一个特殊的成员函数(方法),在创建类对象时自动调用(类似于 C++等语言中的构造函数),通过传入的参数或指定的初值给自身对象 self 的各个数据成员赋值从而创建各个数据成员。调用__init__()函数时,self 参数不需要提供实参,self 也可用其他合法的自定义标识符代替,但习惯如此命名。例如:

```
class S:
    def __init__(self):
        self.name = "zhangSan"                  #用指定值初始化成员 name
        self.age = 18                           #用指定值初始化成员 age
s = S()                                         #不必给定 self 参数,创建一个对象
print("%s, %d" % (s.name,s.age))                #运行结果:zhangSan 18
```

上面的语句定义了一个学生情况类 S,包括字符串变量 name 和整型变量 age 两个数据成员。可见,类把不同类型的数据构成为一个整体(本章的关注点)。

类中还可以有其他必要的成员函数定义。

若类中的成员以两个下画线开头,则表示该成员是类的私有成员,不能在类外直接访问;若类成员以一个下画线开头,表示该成员是类的保护成员,可在类外访问;若类成员不以下画线开头,表示该成员是类的公有成员,可在类外访问。例如:

```
class St:
    #__init__()函数一个类中仅有一个,第一个参数表示自身对象,该参数名可为任意合法用户标识符
    def __init__(obj,name,age):          #第一个参数表示自身对象,此处取名为 obj
        obj._name = name                 #一个下画线开始的数据成员是保护成员
        obj.__age = age                  #两个下画线开始的数据成员是私有成员
    def setAge(obj,age):                 #成员函数 setAge,为私有成员__age 赋值
        obj.__age = age
    def getAge(obj):                     #成员函数 getAge(),返回私有成员__age 的值
        return obj.__age
    def setName(obj,name):               #成员函数 setName(),为保护成员_name 赋值
        obj._name = name
    def getName(obj):                    #成员函数 getName(),返回保护成员_name 的值
        return obj._name
    def __test(obj):                     #私有成员函数__test()
        obj.__age += 1
s1 = St("NoName",0)                      #自动调用__init__()函数,第一个实参不需要提供
#print(s1.__age)                         #此语句出错,__age 是私有成员,不能在类外直接访问
#s1.__test()                             #此语句出错,__test 是私有成员,不能在类外直接访问
print(s1._name)                          #_name 是保护成员,可在类外直接访问
s1._name = "ZhangSan"                    #可以直接在类外访问保护成员
s1.setAge(18)                            #通过成员函数访问私有成员
print(s1.getName(),s1.getAge())          #通过成员函数访问成员
s2 = St("LiSi",19)                       #自动调用__init__()函数,第一个实参不需要提供
print(s2.getName(),s2.getAge())          #通过成员函数访问私有成员
```

运行结果:

```
NoName
ZhangSan 18
LiSi 19
```

__init__()函数在一个类中只能有一个,否则调用时将造成混淆而产生运行错误,第一个参数表示自身对象,该参数名可以是任意合法用户标识符,这里取名为 obj。“St("NoName",0)”创建一个 St 类型的对象,自动调用初始化函数__init__(),第一个参数 obj 不需要提供实参,实参"NoName"传递给__init__()函数定义中的第二个参数,实参 0 传递给__init__()函数定义中的第三个参数,完成数据成员_name 和__age 的创建。调用类中成员函数时,自身对象参数不需要提供,而且默认值参数也可不提供实参,因此若成员函数定义时有 n 个形参(有些可带默认值),则调用时最多仅需 n－1 个实参。

对象的数据成员使用形式如下:

```
对象名.数据成员名
```

对象的成员函数使用形式如下:

```
对象名.成员函数名([实参列表])
```

“.”是成员选择运算符,也可称为属性运算符或成员运算符,在所有的运算符中优先级属于最高一级,其左边应该是一个对象。通过对象和成员运算符引用各个数据成员或成员

函数，例如：

```
s1._name = "ZhangSan"                    #引用数据成员
s1.setAge(18)                            #引用成员函数
```

若语句 print(s1.__age)未注释，将产生以下错误信息。

```
AttributeError: 'St' object has no attribute '__age'
```

若语句 s1.__test()未注释，将产生以下错误信息。

```
AttributeError: 'St' object has no attribute '__test'
```

因为在类中，两个下画线开头的成员是私有成员，不能直接在类外访问。

对象可以整体赋值，例如：

```
s2 = St("LiSi",19)
s3 = s2                                  #对象整体赋值
print(s3.getName(),s3.getAge())          #通过成员函数访问私有成员
```

运行结果：

```
LiSi 19
```

对象整体赋值时，实际上是逐个成员进行的，即相当于执行如下语句。

```
S3._name = s2._name
S3.__age = s2.__age
```

对象一般不能整体输入或输出。对象的输入输出只能按对象中的各个成员逐个进行，例如：

```
class Stu:
    def __init__(obj,no,name):
        obj.sno = no                     #数据成员 sno 表示学号
        obj.sname = name                 #数据成员 sname 表示姓名

s = Stu("","")                           #创建一个对象 s
s.sno,s.sname = input().split()          #逐个输入 s 的各个成员
print(s.sno,s.sname)                     #逐个输出 s 的各个成员
```

运行结果：

```
20200001 ZhangWuji ↵
20200001 ZhangWuji
```

注意,如果各个数据成员的类型不都是字符串,则一般先用输入字符串的 split()方法得到一个列表,再逐个列表元素进行必要的类型转换后作为对象的参数创建对象。例如:

```
class Stud:
    def __init__(obj,no,name,age):
        obj.sno = no                          #数据成员 sno 表示学号
        obj.sname = name                      #数据成员 sname 表示姓名
        obj.sage = age                        #数据成员 sage 表示年龄

t = input().split()                           #用输入字符串的 split()创建列表 t
s = Stud(t[0],t[1],int(t[2]))                 #sage 不是字符串,对 t[2]进行类型转换
print(s.sno,s.sname,s.sage)                   #逐个输出 s 的各个成员
```

运行结果:

```
20200002 LiSi 19 ↵
20200002 LiSi 19
```

6.2.2 对象列表

对象列表是指列表中的各个元素都是对象的列表。例如,下面的代码定义了一个 Stud(类定义如 6.2.1 节所述)类对象列表 a。

```
a = [Stud("101","ZhouSan",18),Stud("102","LiSi",19),Stud("103","WuXi",17)]
```

对于对象列表,输出其各个元素是结合循环进行的,例如,下面的代码输出列表 a 的各个元素。

```
for i in range(len(a)):
    print(a[i].sno,a[i].sname,a[i].sage)
```

对象列表的输入,可以先定义一个空列表,然后在循环中输入数据到若干字符串变量中(如例 6.1.1 所示)或用输入数据创建列表,再根据得到的若干字符串变量或列表元素作为对象的参数创建对象并用列表的成员函数 append()添加到列表中。例如:

```
a = []                                  #定义空列表
n = int(input())
for i in range(n):
    t = input().split()                 #用输入数据创建一个列表 t
    #往列表中添加对象,该对象用列表 t 的各元素作为成员
    a.append(Stud(t[0],t[1],int(t[2])))

for i in range(n):
    print(a[i].sno,a[i].sname,a[i].sage)
```

运行结果：

```
3 ↵
101 ZhouSan 18 ↵
102 LiSi 19 ↵
103 WuXi 17 ↵
101 ZhouSan 18
102 LiSi 19
103 WuXi 17
```

注意，不要用运算符 * 复制同一对象来创建列表，否则列表中的各个元素都是同一个对象。例如：

```
n = int(input())
a = [Stud("","",0)] * n                     # 创建由 n 个对象 Stud("","",0)构成的列表 a
for i in range(n):
    t = input().split()                     # 用输入数据创建一个列表 t
    # 为 a[i]的各个成员赋值
    a[i].sno,a[i].sname,a[i].sage = t[0],t[1],int(t[2])

for i in range(n):
    print(a[i].sno,a[i].sname,a[i].sage)
```

运行结果：

```
3 ↵
101 ZhouSan 18 ↵
102 LiSi 19 ↵
103 WuXi 17 ↵
103 WuXi 17
103 WuXi 17
103 WuXi 17
```

可见，输出的各个列表元素数据是一样的，因为用运算符 * 复制对象所创建列表的每个元素都是同一个对象，具体代码如下。

```
n = int(input())
a = [Stud("","",0)] * n                     # 创建由 n 个对象 Stud("","",0)构成的列表 a
for i in range(n):
    t = input().split()                     # 用输入数据创建一个列表 t
    # 为 a[i]的各个成员赋值
    a[i].sno,a[i].sname,a[i].sage = t[0],t[1],int(t[2])
for i in range(n):
    print(id(a[i]))
```

运行结果：

```
3 ↵
101 ZhouSan 18 ↵
102 LiSi 19 ↵
103 WuXi 17 ↵
32368072
32368072
32368072
```

6.3 类与对象的运用

例 6.3.1 平均成绩

第一行输入一个整数 n(n<100),接下来输入 n 行,每行是一个学生的姓名及其三门功课成绩(整数),要求按输入的逆序逐行输出每个学生的姓名、三门课成绩和平均成绩(保留两位小数)。每行的每两个数据之间留一个空格。若有学生平均分低于 60 分,则不输出该学生信息。

根据题意,可以定义一个包含姓名、三门课成绩等数据成员的类。方便起见,平均成绩也可以作为一个数据成员。定义一个空列表并不断往其中添加对象而构建对象列表,输出对象数据时跳过平均分低于 60 分的学生,并逐个数据成员输出,具体代码如下。

```
class S:                                    #定义类 S
    def __init__(self,name,s1,s2,s3):
        self.name = name                    #数据成员"姓名"name
        self.sc1 = s1                       #数据成员"第一门课成绩"sc1
        self.sc2 = s2                       #数据成员"第二门课成绩"sc2
        self.sc3 = s3                       #数据成员"第三门课成绩"sc3
        self.avg = (s1 + s2 + s3)/3         #数据成员"平均成绩"avg

n = int(input())
s = []                                      #创建空列表 s
for i in range(n):
    a = input().split()                     #用输入数据创建列表 a
    a[1] = int(a[1])                        #第 1 个成绩转换为整数
    a[2] = int(a[2])                        #第 2 个成绩转换为整数
    a[3] = int(a[3])                        #第 3 个成绩转换为整数
    t = S(a[0],a[1],a[2],a[3])              #用输入的数据创建对象 t
    s.append(t)                             #往列表 s 中添加对象 t
for i in range(n - 1, - 1, - 1):            #逆序输出,下标从 n-1 到 0
    if s[i].avg < 60:continue               #平均分不及格则不处理
    #输出姓名及三门课成绩,最后留一个空格
    print(s[i].name,s[i].sc1,s[i].sc2,s[i].sc3,end = ' ')
    print("%.2f" % s[i].avg)                #平均分保留两位小数输出
```

运行结果:

```
3 ↵
zhangsan 80 75 65 ↵
lisi 65 52 56 ↵
wangwu 87 86 95 ↵
wangwu 87 86 95 89.33
zhangsan 80 75 65 73.33
```

例 6.3.2 成绩排序

第一行输入一个整数 n(n<100),接下来输入 n 行,每行是一个学生的姓名及其三门功课成绩(整数),要求根据三门功课的平均成绩从高分到低分输出每个学生的姓名、三门功课成绩及平均成绩(结果保留两位小数),若平均分相同则按姓名的字典序输出。

根据题意,每个学生对象应包含姓名及三门功课成绩等成员,而平均成绩可以不作为成员。方便起见,把平均成绩作为一个成员。输入并创建对象列表的方法与例 6.3.1 相同,输出时在循环中逐个输出每个对象的各个成员即可。因此,本例的关键是排序。列表排序可以使用其成员函数 sort(),但因为是对象列表,且排序涉及多关键字排序,可以写一个比较函数,并用 functools 模块中的 cmp_to_key()函数把比较函数转换为键函数作为 sort()函数的 key 参数。本题定义的比较函数 cmp()具有两个对象参数 a、b,题目首先要求按平均成绩从大到小排,则若两者的平均成绩不等,返回 b 的平均成绩减去 a 的平均成绩(若 b 的平均成绩小于 a 的平均成绩时返回负数,否则返回正数);在平均成绩相等时,要求按姓名从小到大排列,则若 a 的姓名小于 b 的姓名返回−1,否则返回 1,具体代码如下。

```
class S:                                    #定义类 S
    def __init__(self,name,s1,s2,s3):
        self.name = name                    #数据成员"姓名"name
        self.sc1 = s1                       #数据成员"第一门课成绩"sc1
        self.sc2 = s2                       #数据成员"第二门课成绩"sc2
        self.sc3 = s3                       #数据成员"第三门课成绩"sc3
        self.avg = (s1 + s2 + s3)/3         #数据成员"平均成绩"avg

def cmp(a,b):                               #比较函数 cmp()
    if a.avg!= b.avg:                       #若平均成绩不等,则按平均成绩降序
        return b.avg - a.avg
    if a.name < b.name:                     #若姓名不等,则按姓名字典序
        return -1
    else:
        return 1

from functools import cmp_to_key
n = int(input())
s = []                                      #创建空列表 s
for i in range(n):
    a = input().split()                     #用输入数据创建列表 a
    #用输入的数据创建对象 t
    t = S(a[0],int(a[1]),int(a[2]),int(a[3]))
    s.append(t)                             #往列表 s 中添加对象 t
```

```
s.sort(key = cmp_to_key(cmp))                    # 把比较函数 cmp()转换为键函数
for i in range(n):                               # 输出排序后的结果
    # 输出,平均成绩保留两位小数
    print(s[i].name,s[i].sc1,s[i].sc2,s[i].sc3," % .2f" % s[i].avg)
```

运行结果:

```
4 ↵
zhangsan 80 75 65 ↵
lisi 65 52 56 ↵
wangwu 87 86 95 ↵
Sunqi 81 60 79 ↵
wangwu 87 86 95 89.33
Sunqi 81 60 79 73.33
zhangsan 80 75 65 73.33
lisi 65 52 56 57.67
```

实际上,对于类对象列表的多关键字排序,可以有更简洁的表达:在类中重载小于成员函数__lt__(),在该函数中,依题意表达比较规则即可,具体代码如下。

```
class S:                                         # 定义类 S
    def __init__(self,name,s1,s2,s3):
        self.name = name                         # 数据成员"姓名"name
        self.sc1 = s1                            # 数据成员"第一门课成绩"sc1
        self.sc2 = s2                            # 数据成员"第二门课成绩"sc2
        self.sc3 = s3                            # 数据成员"第三门课成绩"sc3
        self.avg = (s1 + s2 + s3)/3              # 数据成员"平均成绩"avg
    def __lt__(self,other):                      # 重载__lt__()函数,按题意指定比较规则
        if self.avg!= other.avg:                 # 若平均成绩不等,则按平均成绩降序
            return self.avg > other.avg
        return self.name < other.name            # 若姓名不等,则按姓名字典序

n = int(input())
s = []                                           # 创建空列表 s
for i in range(n):
    a = input().split()                          # 用输入数据创建列表 a
    # 用输入的数据创建对象 t
    t = S(a[0],int(a[1]),int(a[2]),int(a[3]))
    s.append(t)                                  # 往列表 s 中添加对象 t
s.sort()
for i in range(n):                               # 输出排序后的结果
    # 输出,平均成绩保留两位小数
    print(s[i].name,s[i].sc1,s[i].sc2,s[i].sc3," % .2f" % s[i].avg)
```

运行结果:

```
5 ↵
zhangsan 80 75 65 ↵
```

```
lisi 65 52 56 ↵
wangwu 87 86 95 ↵
Sunqi 81 60 79 ↵
Qianyi 99 90 79 ↵
Qianyi 99 90 79 89.33
wangwu 87 86 95 89.33
Sunqi 81 60 79 73.33
zhangsan 80 75 65 73.33
lisi 65 52 56 57.67
```

6.4 OJ 题目求解

例 6.4.1 小霸王(HLOJ 1959)

Problem Description

幼儿园的老师给几位小朋友等量的长方体形橡皮泥,但有个小朋友(小霸王)觉得自己的橡皮泥少了,就从另一个小朋友那里抢了一些。请问,是哪个小霸王抢了哪个小朋友的橡皮泥?

Input

测试数据有多组。对于每组测试,首先输入一个整数 n(n≤500),然后输入 n 行,每行包括三个不超过 1000 的整数 l、w、h 和一个字符串 name(不超过 8 个字符且不含空格),其中,l、w、h 分别表示橡皮泥的长、宽、高,name 表示小朋友的姓名。当 n 等于-1 时,输入结束。

Output

对于每组测试,按"name1 took clay from name2."的格式输出一行,其中,name1 代表小霸王的名字,name2 代表被抢小朋友的名字,具体参考 Sample Output。

Sample Input	Sample Output
3 10 10 2 Jill 5 3 10 Will 5 5 10 Bill -1	Bill took clay from Will.

Source

ZOJ 1755

根据题意,需要找出拥有橡皮泥体积最大和最小的两位小朋友的名字。可以边输入边比较找到体积的最大值和最小值并记录相应名字。为了说明采用对象列表的基本用法,本题先创建对象列表,再在对象列表中找到最大、最小体积对应的下标。这里把名字和体积作为一个整体,由于长、宽、高在计算出体积后就不再需要,可以不作为类成员,因此类的数据成员包含名字和体积。另外,初始化函数__init__()的参数可以根据需要设计,例如本题的数据成员仅两个,但__init__()的参数除了自身对象 self 之外还有 4 个,具体代码如下。

```
class S:
    def __init__(self, l, w, h, name):
        self.volume = l * w * h                     # 数据成员体积 volume
        self.name = name                            # 数据成员姓名 name

while True:
    a = []                                          # 定义空列表
    n = int(input())                                # 输入人数 n
    if n == -1: break                               # n 等于 -1 则结束
    for i in range(n):
        t = input().split()                         # 输入数据并分隔存放于列表 t 中
                                                    # 在 a 中添加以列表 t 创建的对象
        a.append(S(int(t[0]),int(t[1]),int(t[2]),t[3]))
    j = 0                                           # j 存放最大体积对应的下标
    k = 0                                           # k 存放最小体积对应的下标
    for i in range(1,n):
        if a[i].volume > a[j].volume:               # 若下标 i 对应的体积大于下标 j 对应的体积
            j = i                                   # 则把 j 改为 i
        if a[i].volume < a[k].volume:               # 若下标 i 对应的体积小于下标 k 对应的体积
            k = i                                   # 则把 k 改为 i
    print("%s took clay from %s." % (a[j].name,a[k].name))
```

运行结果：

```
3↵
10 10 2 Jill↵
5 3 10 Will↵
5 5 10 Bill↵
Bill took clay from Will.
4↵
2 4 10 Cam↵
4 3 7 Sam↵
8 11 1 Graham↵
6 2 7 Pam↵
Graham took clay from Cam.
-1
```

例 6.4.2　解题排行(HLOJ 1925)

Problem Description

解题排行榜中，按解题总数生成排行榜。假设每个学生信息仅包括学号、解题总数；要求先输入 n 个学生的信息；然后按解题总数降序排列，若解题总数相同则按学号升序排列。

Input

首先输入一个正整数 T，表示测试数据的组数，然后是 T 组测试数据。

每组测试数据先输入一个正整数 n($1 \leqslant n \leqslant 100$)，表示学生总数。然后输入 n 行，每行包括一个不含空格的字符串 s(不超过 8 位)和一个正整数 d，分别表示一个学生的学号和解题总数。

Output

对于每组测试数据，输出最终排名信息，每行一个学生的信息：排名、学号、解题总数。每行数据之间留一个空格。注意：解题总数相同的学生其排名也相同。

Sample Input	Sample Output
1	1 0100 225
4	2 0001 200
0010 200	2 0010 200
1000 110	4 1000 110
0001 200	
0100 225	

首先设计类，根据题意对象包含两个成员，即学号 sno 和解题总数 total；然后是比较规则的表达，可以写一个比较函数 cmp：若 total 不等，则按 total 大者优先，否则按 sno 小者优先；再对按输入数据创建的对象列表排序(直接使用列表的 sort()函数，并指定其 key 参数为 cmp_to_key(cmp)的返回值)；最后是排名的处理，设排名变量 r 初值为 1，可以在按要求排好序之后先输出第一个人的排名及其 sno、total，从第二个人开始与前一个人的 total 相比，若不等则 r 改为序号(下标加 1)，否则 r 保持不变，具体代码如下。

```
class Stu:                                    #类定义
    def __init__(self,sno,total):             #初始化函数
        self.sno = sno                        #数据成员学号 sno
        self.total = total                    #数据成员解题总数 total

def cmp(x,y):                                 #比较函数
    if x.total!= y.total:                     #若解题总数不等,则按解题总数从大到小
        return y.total - x.total
    if x.sno <= y.sno:                        #若学号不等,则按学号从小到大
        return -1
    else:
        return 1

from functools import cmp_to_key              #引入函数 cmp_to_key()
T = int(input())                              #输入测试组数
for t in range(T):
    n = int(input())                          #输入人数
    a = []                                    #创建空列表
    for i in range(n):
        sno,total = input().split()           #输入数据
        a.append(Stu(sno,int(total)))         #根据输入数据创建对象并填加到列表中
    a.sort(key = cmp_to_key(cmp))             #列表 a 排序,比较函数转换为键函数
    r = 1                                     #名次变量
    print(r,a[0].sno,a[0].total)              #输出第 1 名
    for i in range(1,n):                      #输出其他名次信息
        if a[i].total!= a[i-1].total:         #若后者与前者的解题总数不等,则名次改为序号
```

```
        r = i + 1
    print(r,a[i].sno,a[i].total)
```


运行结果：

```
1 ↵
4 ↵
0010 200 ↵
1000 110 ↵
0001 200 ↵
0100 225 ↵
1 0100 225
2 0001 200
2 0010 200
4 1000 110
```

本题中的比较函数 cmp()是比较简洁的写法，其效果与以下比较函数相同。

```
def cmp(x,y):                  # 比较函数 cmp()
    if x.total < y.total:      # 若第一个参数的解题总数小于第二个参数的解题总数
        return 1               # 则返回正数表示逆序
    elif x.total > y.total:    # 若第一个参数的解题总数大于第二个参数的解题总数
        return -1              # 则返回负数表示正序
    # 若解题总数相等，则判断学号，若第一个参数的学号不大于第二个参数的学号
    elif x.sno <= y.sno:
        return -1              # 则返回负数表示正序
    else:                      # 若第一个参数的学号大于第二个参数的学号
        return 1               # 则返回正数表示逆序
```

若已清楚地理解本例的解法，则可以自行思考例 6.1.1 如何求解并编程实现。若遇到问题，可查阅该例的代码并分析原因。

本题也可采用重载类成员函数__lt__()的方法求解，代码留给读者自行实现。

例 6.4.3　确定最终排名(HLOJ 1926)

Problem Description

某次程序设计竞赛时，最终排名采用的排名规则如下。

根据成功做出的题数(设为 solved)从大到小排序，若 solved 相同则按输入顺序确定排名先后顺序(请结合 Sample Output)。请确定最终排名并输出。

Input

首先输入一个正整数 T，表示测试数据的组数，然后是 T 组测试数据。

每组测试数据先输入一个正整数 n($1 \leqslant n \leqslant 100$)，表示参赛队伍总数。然后输入 n 行，每行包括一个字符串 s(不含空格且长度不超过 50)和一个正整数 d($0 \leqslant d \leqslant 15$)，分别表示队名和该队的解题数量。

Output

对于每组测试数据，输出最终排名。每行一个队伍的信息：排名、队名、解题数量。

Sample Input
1
8
Team22 2
Team16 3
Team11 2
Team20 3
Team3 5
Team26 4
Team7 1
Team2 4

Sample Output
1 Team3 5
2 Team26 4
3 Team2 4
4 Team16 3
5 Team20 3
6 Team22 2
7 Team11 2
8 Team7 1

从题面看，本题的类定义包含队名和解题数两个数据成员。但是，由于题目要求“在解题数相同时按输入顺序确定名次”，因此可在类中增加一个数据成员“序号”，在比较函数中先按解题数比较，解题数相同再按输入顺序比较。排序直接使用列表的成员函数 sort()。另外，因为本题中的排名即排好序之后的顺序号，可以直接输出顺序号（下标加 1）而不需要做特别处理，具体代码如下。

```
class Team:                                       #类定义
    def __init__(self, name, solved, index):      #初始化函数
        self.name = name                          #数据成员队名 name
        self.solved = solved                      #数据成员解题数 solved
        self.index = index                        #数据成员序号 index

def cmp(a,b):                                     #比较函数
    if a.solved == b.solved:                      #若解题数相同，则按序号正序
        return a.index - b.index
    return b.solved - a.solved                    #若解题数不同，则按解题数逆序

from functools import cmp_to_key
T = int(input())
for t in range(T):
    n = int(input())
    a = []
    for i in range(n):                            #输入数据
        name,solved = input().split()
        t = Team(name,int(solved),i + 1)          #根据输入数据创建对象 t
        a.append(t)                               #往列表 a 中添加对象 t
    a.sort(key = cmp_to_key(cmp))                 #对象列表排序
    for i in range(n):                            #输出数据
        print(i + 1,a[i].name,a[i].solved)
```

运行结果：

```
1↲
8↲
Team22 2↲
```

```
Team16 3 ↵
Team11 2 ↵
Team20 3 ↵
Team3 5 ↵
Team26 4 ↵
Team7 1 ↵
Team2 4 ↵
1 Team3 5
2 Team26 4
3 Team2 4
4 Team16 3
5 Team20 3
6 Team22 2
7 Team11 2
8 Team7 1
```

本题也可采用重载类成员函数__lt__()的方法求解,代码留给读者自行实现。

例 6.4.4　获奖(HLOJ 1927)

Problem Description

在某次竞赛中,判题规则是按解题数从多到少排序,在解题数相同的情况下,按总成绩(保证各不相同)从高到低排序,取排名前 60%的参赛队(四舍五入取整)获奖,请确定某个队能否获奖。

Input

首先输入一个正整数 T,表示测试数据的组数,然后是 T 组测试数据。每组测试的第一行输入一个整数 n(1≤n≤15)和一个字符串 ms(长度小于 10 且不含空格),分别表示参赛队伍总数和想确定是否能获奖的某个队名;接下来的 n 行输入 n 个队的解题信息,每行一个一个字符串 s(长度小于 10 且不含空格)和两个整数 m,g(0≤m≤10,0≤g≤100),分别表示一个队的队名、解题数、成绩。当然,n 个队名中肯定包含 ms。

Output

对于每组测试,若队名为 ms 的队伍能获奖,则输出"YES",否则输出"NO"。引号不必输出。

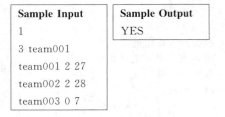

Sample Input	Sample Output
1 3 team001 team001 2 27 team002 2 28 team003 0 7	YES

本题排序直接调用对象列表的成员函数 sort(),因此编码的主要工作依然是根据排序规则写出比较函数 cmp()。另外,一个实数的四舍五入取整可以直接加上 0.5 再取其整数部分,具体代码如下。

```
class Team:                                  #类定义
    def __init__(s,name,solved,score):
        s.name = name                        #数据成员队名 name
        s.solved = solved                    #数据成员解题数 solved
        s.score = score                      #数据成员成绩 score

def cmp(x,y):                                #比较函数 cmp()
    if x.solved!= y.solved:                  #若解题数不等,则按解题数逆序
        return y.solved - x.solved
    return y.score - x.score                 #若解题数相等,则按成绩逆序

from functools import cmp_to_key
T = int(input())
for t in range(T):
    n,myName = input().split()
    n = int(n)
    a = []
    for i in range(n):                       #输入数据
        name,solved,score = input().split()
        t = Team(name,int(solved),int(score))
        a.append(t)
    a.sort(key = cmp_to_key(cmp))
    n = int(n * 0.6 + 0.5)                   #四舍五入取整
    for i in range(n):                       #在前 60%的队伍中查找队名
        if a[i].name == myName:              #若找到队名,则输出 YES 并结束循环
            print("YES")
            break
    else:                                    #若未找到队名,则输出 NO
        print("NO")
```

运行结果:

```
2↵
3 team001↵
team001 2 27↵
team002 2 28↵
team003 0 7↵
YES
3 team003↵
team001 2 27↵
team002 2 28↵
team003 0 7↵
NO
```

例 6.4.5　竞赛排名(HLOJ 1928)

Problem Description

某循环赛的比赛规则是胜者得 3 分,和者得 1 分,败者不得分。请根据各人总得分从高到低进行排名。

Input

首先输入一个正整数 T,表示测试数据的组数,然后是 T 组测试数据。每组测试先输入一个整数 n($2 \leqslant n \leqslant 100$),表示参赛人数,然后输入 $n \times (n-1)/2$ 行,每行一个比赛结果。每行比赛结果由 A、B、f 构成,A 和 B 为参赛人名(不含空格),f=1 表示 A 胜 B,f=0 表示 A 与 B 打和。由于总是将胜者排在前面,所以不存在 A 败于 B 的情况。

Output

对于每组测试,按名次分行输出,名次与名字之间以一个空格间隔,并列名次的名字在同一行输出,按字典序以一个空格隔开。

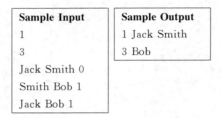

Sample Input
1
3
Jack Smith 0
Smith Bob 1
Jack Bob 1

Sample Output
1 Jack Smith
3 Bob

Source

ZJUTOJ 1330

本题要先考虑类如何设计,不能根据输入信息认为包含三个成员:两个姓名和一个整数 f。因为每个选手包含姓名和得分,这两者构成一个整体,所以类只需包含两个成员,即一个姓名和一个得分。本题的排序及比较函数与前两题类似。不同之处在于排序之前需先计算每位选手的总得分,这需要根据不同的情况来考虑:首先需要根据每个比赛结果考虑两位选手是否在此前已经出现过,如果没有出现过,可以算出其得分并把其放到列表的最后,若已经出现过则只需根据胜或和计算得分。方便起见,定义一个查找函数 find(),每输入一个比赛结果时分别对两个选手调用该函数。排名则类似例 6.4.2 的方法:先输出第一个选手,然后在输出后面的选手之前先看其得分是否与前一个选手不同,若不同则排名为其序号且在下一行输出,否则排名不变并在同一行输出,具体代码如下。

```
class Player:                                #类定义
    def __init__(s,name):
        s.name = name                        #数据成员姓名 name
        s.score = 0                          #数据成员成绩 score

def cmp(x,y):                                #比较函数 cmp()
    if x.score!= y.score:                    #若成绩不等,则按成绩逆序
        return y.score - x.score
    if x.name < y.name:                      #若成绩相等,则按姓名正序
        return -1
    else:
        return 1

#查找函数,在对象列表 a 中查找数据成员 name 等于参数 sname 的元素,返回其下标,若找不到则
返回 -1
def find(a,sname):
```

```
    n = len(a)
    for i in range(n):
        if a[i].name == sname:
            return i
    return -1

from functools import cmp_to_key
T = int(input())
for t in range(T):
    n = int(input())
    m = n * (n - 1)//2
    a = []
    for i in range(m):                          # 输入数据,创建对象并计算得分
        name1,name2,f = input().split()
        f = int(f)
        k1 = find(a,name1)                      # 查找 name1,找到返回下标,否则返回 - 1
        if k1 >= 0:
            k = k1
        else:
            k = len(a)
            a.append(Player(name1))             # 若未找到 name1 则添加到列表 a 的最后

        if f == 0:
            a[k].score += 1
        else:
            a[k].score += 3

        k2 = find(a,name2)                      # 查找 name2,找到返回下标,否则返回 - 1
        if k2 >= 0:
            k = k2
        else:
            k = len(a)
            a.append(Player(name2))             # 若未找到 name2,则添加到列表 a 的最后

        if f == 0:
            a[k].score += 1
    a.sort(key = cmp_to_key(cmp))
    r = 1
    print(r,a[0].name,end = '')                 # 输出第 1 名的排名及姓名
    for i in range(1,n):
        if a[i].score == a[i - 1].score:
            print('',a[i].name,end = '')
        else:
            print()
            r = i + 1
            print(r,a[i].name,end = '')
    print()
```

运行结果:

```
2↵
5↵
Jone Jack 0↵
Jone Smith 1↵
Jone Bob 0↵
Tom Jone 1↵
Jack Bob 0↵
Jack Smith 1↵
Tom Jack 1↵
Bob Smith 1↵
Tom Bob 1↵
Tom Smith 0↵
1 Tom
2 Bob Jack Jone
5 Smith
3↵
Jone Jack 1↵
Jone Smith 1↵
Smith Jack 0↵
1 Jone
2 Jack Smith
```

本题也可采用重载类成员函数__lt__()的方法求解,代码留给读者自行实现。

习　　题

一、选择题

1. 定义类的关键字是(　　)。

   A. class　　B. strut　　C. def　　D. for

2. 类中不包含的成员是(　　)。

   A. 私有成员　　B. 保护成员　　C. 公有成员　　D. 自有成员

3. 在 Python 语言中,类的私有成员以(　　)开头。

   A. __(两个下画线)　　B. _(一个下画线)　　C. private　　D. #

4. 关于类中的__init__()函数,说法正确的是(　　)。

   A. 第一个参数必须命名为 self

   B. 必须显式调用

   C. 创建对象时自动调用

   D. 属于保护成员

5. 若类中的成员函数(方法)具有三个参数,其中两个参数带默认值,则调用时不可能的参数个数是(　　)。

   A. 0　　B. 1　　C. 2　　D. 3

6. 以下代码段的执行结果是(　　)。

```
class St:
```

```
    def __init__(o,a,b):
        o._a = a
        o.__b = b
    def setb(o,b):
        o.__b = b
    def getb(o):
        return o.__b

s1 = St(0,1)
print(s1.__b)
```

A. 0　　B. 1　　C. 随机数　　D. 语句出错

7. 以下代码段的执行结果是(　　)。

```
class St:
    def __init__(o,a,b):
        o._a = a
        o.__b = b
    def setb(o,b):
        o.__b = b
    def getb(o):
        return o.__b

s = St(0,1)
s.setb(3)
print(s2.getb())
```

A. 0　　B. 1　　C. 3　　D. 语句出错

8. 以下代码段的执行结果是(　　)。

```
class St:
    def __init__(o,a,b):
        o._a = a
        o.__b = b
    def setb(o,b):
        o.__b = b
    def getb(o):
        return o.__b
s3 = St(0,1)
print(s3._a)
```

A. 0　　B. 1　　C. 随机数　　D. 语句出错

9. 根据以下的类定义和对象列表的创建,下列不能输出 Iris 的语句是(　　)。

```
class St:
    def __init__(obj,name,age):
        obj.name = name
        obj.age = age
s = [St("John",19),St("Iris",18),St("Mary",17),St("Jack",16)]
```

A. print(s[1].name)　　B. print(s[2].name)

C. print("%s" % s[1].name)　　D. print("{}".format(s[1].name))

10. 以下代码的执行结果是(　　)。

```
class St:
    def __init__(obj,name,age):
        obj.name = name
        obj.age = age

s = [St("John",19),St("Iris",18),St("Mary",17),St("Jack",16)]
t = 0
for i in s:
    t += i.age
t/ = 4
print(t)
```

A. 17　　B. 16　　C. 17.5　　D. 18

二、OJ编程题

本章OJ编程题要求使用对象列表完成。

1. 倒置排序(HLOJ 2010)

Problem Description

将一些整数按倒置值从小到大排序后输出。倒置是指把整数的各个数位倒过来构成一个新数,例如,13倒置成了31。若倒置值相同则按原数从小到大排序,例如130和13,倒置数都是31,则13排在130前面。

Input

首先输入一个正整数T,表示测试数据的组数,然后是T组测试数据。

每组测试先输入一个整数n(n≤80),然后输入n个非负整数。

Output

对于每组测试,结果占一行,输出排序后的结果,数据之间留一个空格。

Sample Input	Sample Output
2 4 83 13 24 36 4 99 100 123 12345	13 83 24 36 100 99 123 12345

Source

ZJUTOJ 1036

2. 学车费用(HLOJ 2064)

Problem Description

小明学开车后,才发现他的教练对不同的学员收取不同的费用。

小明想分别对他所了解到的学车同学的各项费用进行累加求出总费用,然后按下面的排序规则排序并输出,以便了解教练的收费情况。排序规则:先按总费用从多到少排序,若总费用相同则按姓名的ASCII码序从小到大排序,若总费用相同而且姓名也相同则按编号(即输入时的顺序号,从1开始编)从小到大排序。

Input

测试数据有多组,处理到文件尾。每组测试数据先输入一个正整数n(n≤20),然后是n

行输入，第 i 行先输入第 i 个人的姓名(长度不超过 10 个字符，且只包含大小写英文字母)，然后再输入若干个整数(不超过 10 个)，表示第 i 个人的各项费用，数据之间都以一个空格分隔，第 i 行输入的对应编号为 i。

Output

对于每组测试，在按描述中要求的排序规则进行排序后，按顺序逐行输出每个人的费用情况，包括：费用排名(从 1 开始，费用相同则排名也相同)、编号、姓名、总费用。每行输出的数据之间留一个空格。

Sample Input

```
3
Tom 2800 900 2000 500 600
Jack 3800 400 1500 300
Tom 6700 100
```

Sample Output

```
1 1 Tom 6800
1 3 Tom 6800
3 2 Jack 6000
```

3. 足球联赛排名(HLOJ 2062)

Problem Description

本赛季足球联赛结束了。请根据比赛结果，给队伍排名。排名规则：

(1) 先看积分，积分高的名次在前(每场比赛胜者得 3 分，负者得 0 分，平局各得 1 分)。

(2) 若积分相同，则看净胜球(该队伍的进球总数与失球总数之差)，净胜球多的排名在前。

(3) 若积分和净胜球都相同，则看总进球数，进球总数多的排名在前。

(4) 若积分、净胜球和总进球数都相同，则队伍编号小的排名在前。

Input

首先输入一个正整数 T，表示测试数据的组数，然后是 T 组测试数据。

每组测试先输入一个正整数 n(n<1000)，代表参赛队伍总数。方便起见，队伍以编号 1,2,…,n 表示。然后输入 $n\times(n-1)/2$ 行数据，依次代表包含这 n 个队伍之间进行单循环比赛的结果，具体格式为：i j p q，其中，i、j 分别代表两支队伍的编号($1\leqslant i<j\leqslant n$)，p、q 代表队伍 i 和队伍 j 的各自进球数($0\leqslant p,q\leqslant 50$)。

Output

对于每组测试数据，按比赛排名从小到大依次输出队伍的编号，每两个队伍之间留一个空格。

Sample Input

```
1
4
1 2 0 2
1 3 1 1
1 4 0 0
2 3 2 0
2 4 4 0
3 4 2 2
```

Sample Output

```
2 3 1 4
```

4. 节约有理(HLOJ 2063)

Problem Description

小明准备考研,要买一些书,虽然每个书店都有他想买的所有图书,但不同书店的不同图书打的折扣可能各不相同,因此价格也可能各不相同。因为资金所限,小明想知道不同书店价格最便宜的图书各有多少本,以便节约资金。

Input

首先输入一个正整数 T,表示测试数据的组数,然后是 T 组测试数据。

对于每组测试,第一行先输入两个整数 m,n(1≤m,n≤100),表示想要在 m 个书店买 n 本书;第二行输入 m 个店名(长度都不超过 20,并且只包含小写字母),店名之间以一个空格分隔;接下来输入 m 行数据,表示各个书店的售书信息,每行包含 n 个实数,代表对应的第 1~n 本书的价格。

Output

对于每组测试数据,按要求输出 m 行,分别输出每个书店的店名及其能够提供的最廉价图书的数量,店名和数量之间留一空格。当然,比较必须是在相同的图书之间才可以进行,并列的情况也算。

输出要求按最廉价图书的数量 cnt 从大到小的顺序排列,若 cnt 相同则按店名的 ASCII 码升序输出。

Sample Input

```
1
3 3
xiwangshop
kehaishop
xinhuashop
11.1 22.2 33.3
11.2 22.2 33.2
10.9 22.3 33.1
```

Sample Output

```
xinhuashop 2
kehaishop 1
xiwangshop 1
```

第7章　链　　表

7.1　链表概述

简言之,链表是结点构成的序列。每个结点包含数据域(存放数据本身)和指针域,如图 7-1 所示。

数据域	指针域

图 7-1　链表结点结构

在 C/C++ 中,链表的指针域存放下一个结点的地址。而在 Python 中,链表的指针域存放下一个结点对象。为描述方便起见,本章借用 C/C++中的“链接”“指向”等术语。

描述链表结点的类可以定义如下。

```
class Node:                                  #类定义
    def __init__(self, data = None):         #完成初始化的成员函数
        self.data = data                     #数据域,存放数据本身
        self.next = None                     #指针域,存放下一个结点对象
```

其中,数据成员 data 存放数据本身,数据成员 next 存放下一个结点对象,在初始化成员函数__init__()中初始化为空值 None(类似 C/C++中的空指针 NULL)。创建 Node 类型的对象时,自动调用该函数,根据传入的参数 data(默认值 None)初始化数据成员 data,并置数据成员 next 为空值 None。

本书讨论带头结点的单链表。头结点的数据域不存放有效数据,对于仅包含一个整型数据域的单链表,本书用特殊值−1 表示头结点的数据域。例如,共有 4 个数据结点(数据域存放有效数据,值分别为 1、2、3、4)的带头结点的单链表如图 7-2 所示。

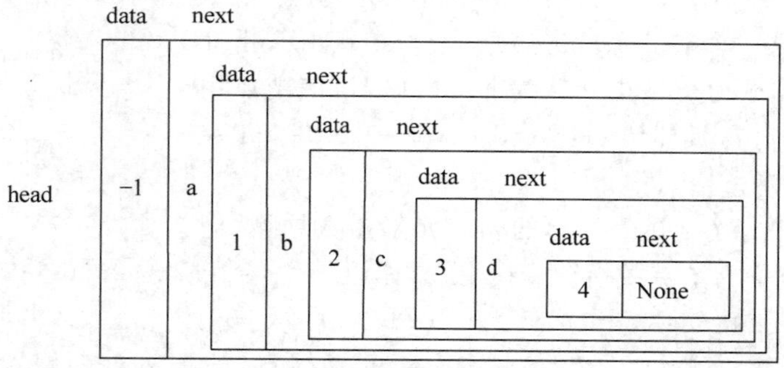

图 7-2　带头结点的单链表(本质表示)

在图 7-2 中,头结点以变量 head“指向”(实际上 head 是该结点对象的引用);其余结点分别设为 a、b、c、d。由于后一个结点(后继)存放在前一个结点(前驱)的指针域,前驱的指针域就“指向”后继,从而构成一个链表。在带头结点的单链表中,第一个数据结点的前趋是头结点,最后一个数据结点没有后继,其指针域的值为空值 None(链表结束标志)。

直观起见,以箭头表示“指向”,图 7-2 转换为图 7-3。与“指向”等表达相一致,本章把 head、a、b、c、d 等结点对象的引用(变量)称为“指针”。

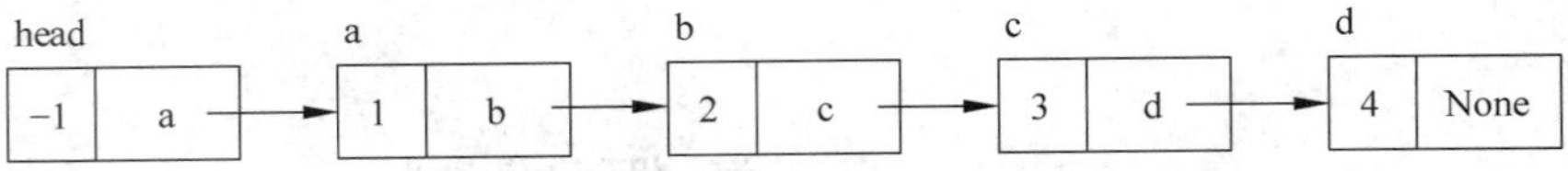

图 7-3 带头结点的单链表(直观表示)

在单链表中,前一结点的指针域“指向”后一结点(实际上前一结点的指针域变量是后一结点的引用),只能通过前一结点才能找到后一结点。因此,单链表的访问规则是**从头开始、顺序访问**。即从“指向”头结点的“头指针”head(实际上 head 就表示头结点)开始,逐个结点按顺序访问。

在单链表中,若在某个结点之后插入或删除结点,只需简单修改结点的“指向”而不必大量移动元素,因此插入和删除操作频繁时宜用链表结构。

实际上,每个结点也可以有若干个数据域和若干指针域。链表有单向链表(简称单链表)、双向链表(有两个指针域,分别指向前驱和后继)、循环链表等形式。本书仅讨论单链表。读者可在此基础上自行学习其他形式的链表。

7.2 创建单链表

在本节中,单链表中的结点类型为 7.1 节定义的类 Node。建立带头结点的单链表常用如下两种思想。

(1) 尾插法:新结点链接到尾结点之后,所得链表称为顺序链表。

(2) 头插法:新结点链接到头结点之后、第一个数据结点之前,所得链表称为逆序链表。

7.2.1 顺序链表

以建立如图 7-3 所示的带头结点的单链表为例,输入数据对应列表 a=[1, 2, 3, 4]。

第 1 步:建立一个空链表,仅包含一个头结点由头指针 head 指向,其数据域为-1、指针域为 None,同时,该结点用一个尾指针 tail 指向,具体语句:head=Node(-1);tail=head,如图 7-4 所示。

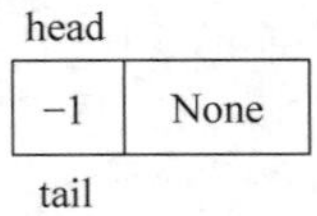

图 7-4 带头结点的空链表

第 2 步:以下标为 i(0≤i≤3)的列表元素为数据域(即数据域为 a[i])申请新结点由指针 p 指向(具体语句:p=Node(a[i]))并链接到尾指针 tail 所指结点之后,具体语句:tail→next=p,如图 7-5 所示。

第 3 步:把指针 p 指向的新结点置为新的尾结点,即把 p 的值赋给 tail,具体语句:tail=p,如图 7-6 所示。

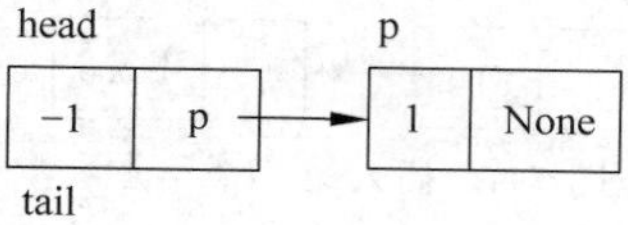

图 7-5　插入第 1 个结点

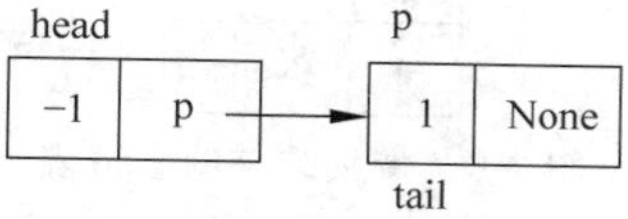

图 7-6　置新插入结点为尾结点

第 4 步：重复第 2、3 两步，直到所有数据结点都插入到链表中，如图 7-7 所示。

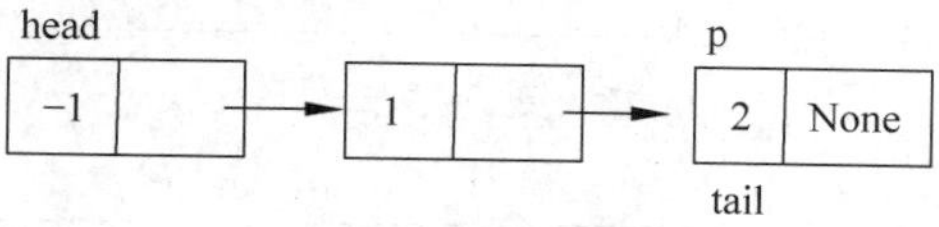

(a) 插入第2个结点

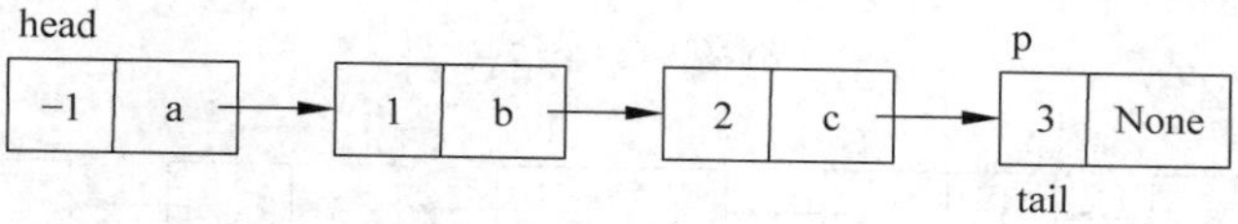

(b) 插入第3个结点

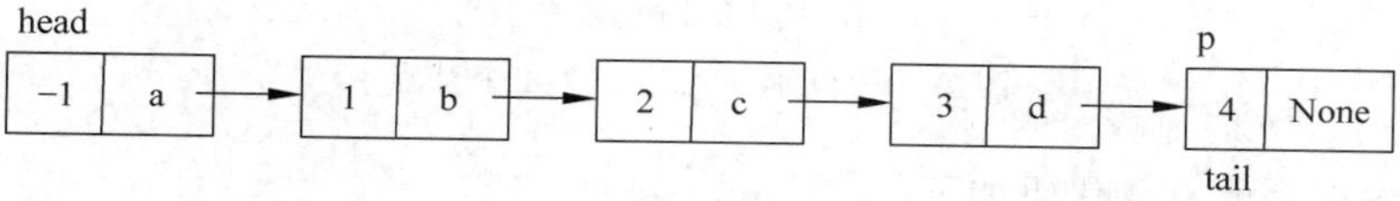

(c) 插入第4个结点

图 7-7　分别插入第 2、3、4 个结点

创建顺序链表的具体代码如下。

```
#创建顺序链表,新结点链接到表尾;函数返回头结点
def createByTail(a):                    #尾插法建立链表,以列表 a 中的元素为数据
    head = Node( - 1)                   #建立头结点 head,数据域为特殊值 - 1
    tail = head                         #当只有一个结点时,头结点也是尾结点
    for i in range(len(a)):             #扫描列表 a,取其中元素作为数据建立新结点
        p = Node(a[i])                  #取列表元素 a[i]作为数据建立新结点 p
        tail.next = p                   #新结点 p 链接到尾结点 tail 之后
        tail = p                        #新结点 p 成为新的尾结点
    return head                         #返回头结点
```

7.2.2　逆序链表

以建立如图 7-3 所示的带头结点的单链表为例，输入数据对应列表 a=[4, 3, 2, 1]。

第 1 步：建立一个空链表，仅包含一个头结点由头指针 head 指向，其数据域为−1、指针域为空值，具体语句如下：head=Node(−1)，如图 7-8 所示。

第 2 步：以下标为 i(0≤i≤3)的列表元素为数据域(即数据域为 a[i])申请新结点由指针 p 指向(具体语句：p=Node(a[i]))，并把该结点链接到第一个数据结点(head. next 指向，第一次为 None)之前(具体语句：p. next=head. next)、头结点之后(具体语句：head. next=p)，如图 7-9 所示。

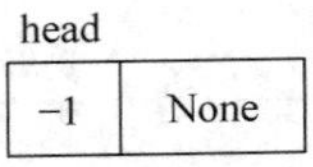

图 7-8　带头结点的空链表

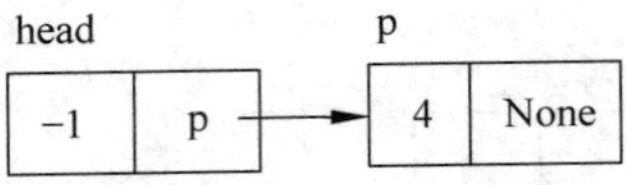

图 7-9　插入第 1 个结点

第 3 步：重复第 2 步，直到所有数据结点都插入到链表中，如图 7-10 所示。

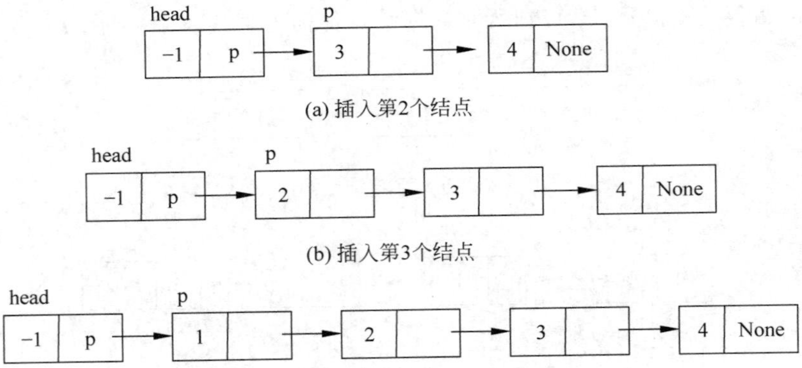

(a) 插入第2个结点

(b) 插入第3个结点

(c) 插入第4个结点

图 7-10　分别插入第 2、3、4 个结点

创建逆序链表的具体代码如下。

```
#创建逆序链表,新结点链接到头结点之后,第一个数据结点之前;函数返回头结点
def createByFront(a):                  #头插法建立链表,以列表 a 中的元素为数据
    head = Node( - 1)                  #建立头结点 head,数据域为特殊值 - 1
    for i in range(len(a)):            #扫描列表 a,取其中元素作为数据建立新结点
        p = Node(a[i])                 #取列表元素 a[i]作为数据建立新结点 p
        p.next = head.next             #新结点 p 链接到第一个数据结点(第一次为 None)之前
        head.next = p                  #新结点 p 链接到头结点 head 之后
    return head                        #返回头结点
```

7.3　单链表基本操作及其运用

在本节中，单链表中的结点类型为 7.1 节定义的类 Node。

7.3.1　基本操作的实现

1. 遍历

根据单链表的访问规则：从头开始、顺序访问，可以用一个指针 p 一开始指向头结点之后的结点，即第一个数据结点，在链表还未结束时不断访问 p 所指结点(此处为输出数据域的值)并往后指向下一个结点(语句：p＝p.next)，具体代码如下。

```
#遍历以 head 为头结点的带头结点的单链表
def output(head):                      #参数 head 为头结点
    p = head.next                      #p"指向"第一个数据结点
```

```
    while p!= None:                      # 当链表未结束,即 p 不等于空值 None
        if p!= head.next:                # 若 p 不等于其初值,则 p 不是第一个数据结点
            print(' ',end = '')          # 先输出一个空格
        print(p.data,end = '')           # 输出 p 结点的数据域
        p = p.next                       # p"指向"下一个结点
    print()                              # 数据输出完毕之后换行
```

2. 查找

在链表中查找结点的数据域值是否等于某个值 x,若找到,返回 True,否则返回 False。只需从第一个数据结点开始顺序查找,即逐个比较待查找的值 x 是否等于当前结点数据域的值,若相等则结束查找过程,按值查找的具体代码如下。

```
#按值查找,在 head 为头结点的单链表中查找数据域值为 x 的结点
def searchByVal(head,x):                 # 参数 head 为头结点,x 为待查找的数据
    p = head.next                        # p"指向"第一个数据结点
    flag = False                         # 标记变量设为 False,表示尚未查找成功
    while p!= None:                      # 当链表未结束,即 p 不等于空值 None
        if p.data == x:                  # 若结点 p 的数据域值与 x 相等,则查找成功
            flag = True                  # 标记变量改为 True,表示查找成功
            break                        # 查找成功则结束循环
        p = p.next                       # p"指向"下一个结点
    return flag                          # 返回标记变量的值
```

此代码是按值查找的,如果要找第 i 个结点,要如何修改此代码呢?显然,可以通过计数器的方法,每当 p“指向”一个数据结点则计数器加 1,直到计数器的值等于 i(查找成功)或 p 的值等于 None(查找失败)为止。具体代码留给读者自行完成。

3. 插入结点

此处的插入操作是在头结点为 head 的链表的第 i 个结点之后插入数据域值为 x 的结点。首先需要从头开始找到第 i 个结点(设由 p“指向”),然后在其后插入新结点(设由 q“指向”)。设 i=2、x=5,则插入前后的示意图如图 7-11 所示。

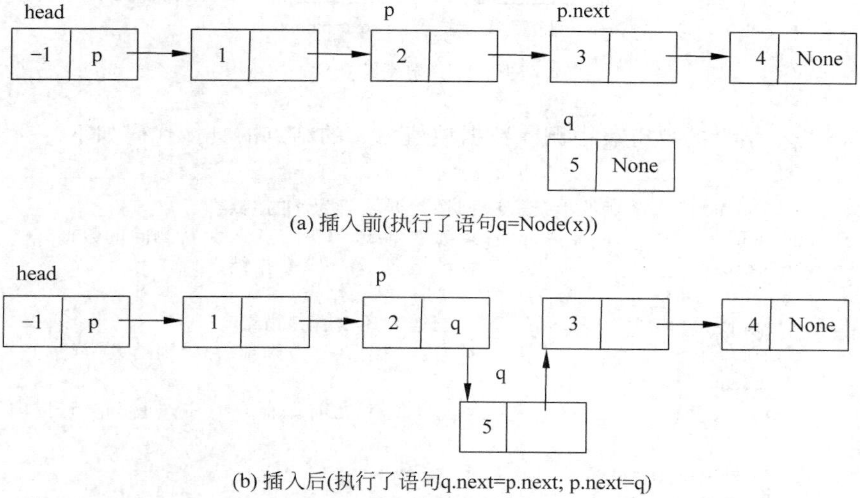

图 7-11 插入结点

插入结点的具体代码如下。

```
#插入,在 head 为头结点的单链表的第 i 个结点之后插入数据域值为 x 的结点
def insert(head,i,x):              #参数 head 为头结点,x 为待插入的数据,i+1 为待插入的位置
    p = head                       #p 指向头结点
    while i > 0 and p!= None:      #当还没找到第 i 个结点且链表还没结束时往下查找
        p = p.next                 #p"指向"下一个结点
        i -= 1                     #计数器减 1
    if i < 0 or p == None:         #若参数 i 太小或太大则返回
        return
    q = Node(x)                    #以 x 为数据域创建结点由 q"指向"
    q.next = p.next                #把结点 q 链接到结点 p 的后继结点之前
    p.next = q                     #把结点 q 链接到结点 p 之后
```

在 insertAfter()函数中,参数 i 相当于一个计数器;例如,当链表共 n=4 个数据结点时,若 i=3,则 i 从 3 到 1 进行循环,while 循环共执行了 3 次。调用 insertAfter()函数进行测试,可以发现在头(i=0)、中(0<i<n)、尾(i=n)三处之后都能插入成功;而 i 小于 0 或 i 超过有效数据结点个数时则不做插入操作。通过调用 insertAfter()函数,可以建立顺序或逆序链表。

4. 删除操作

此处的删除操作是在头结点为 head 的链表中删除数据域值为 x 的结点。首先需要从头开始找到该结点(设由 p"指向"),为便于删除操作,设置一个指针 q 始终指向 p 所指结点的前驱,然后只要把 p 所指结点的后继 p.next 赋值给 p 所指结点的前驱的指针域 q.next 即可完成删除操作。设 x 为 3,则删除前后的示意图如图 7-12 所示。

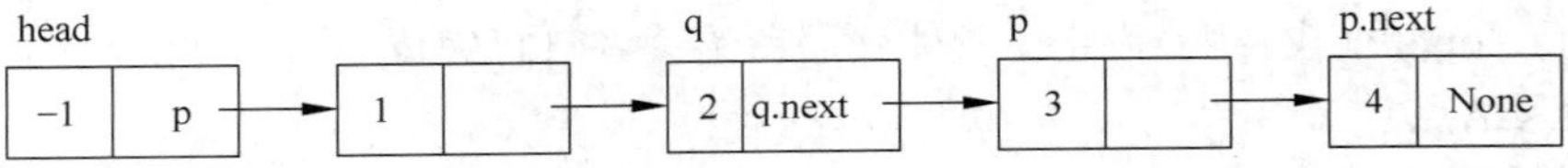

(a) 删除前

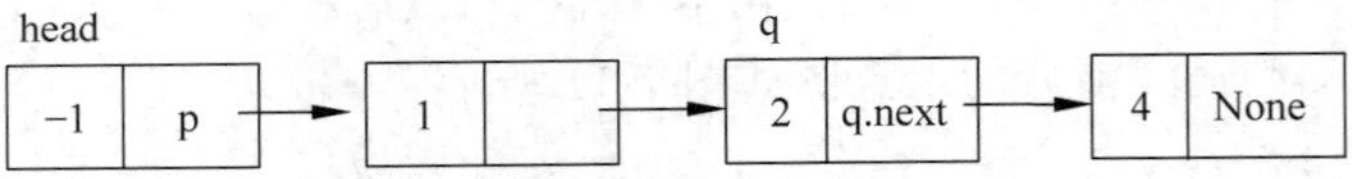

(b) 删除后(执行了语句q.next=p.next)

图 7-12 删除结点

在 head 为头结点的单链表中删除数据域值为 x 的结点的具体代码如下。

```
#删除结点,在 head 为头结点的单链表中删除数据域值为 x 的结点
def delete(head,x):                 #参数 head 为头结点,x 为待删除的数据
    p = head.next                   #p"指向"第一个数据结点
    q = head                        #q"指向"头结点
    while p!= None:                 #当链表还没有扫描结束
        if p.data == x:             #若找到结点 p 为待删结点,则结束循环
            break
        q = p                       #p 往下走之前保存在 q 中,即使得 q"指向"结点 p 的
前驱
        p = p.next                  #p"指向"下一个结点
```

```
    if p == None:                    # 若不存在待删结点,则返回
        return
    q.next = p.next                  # 删除结点 p
```

在 delete()函数中,设置了两个指针 q 和 p,在 p 往下(右侧)走之前,先把其值保存在 q 中,则在 p 往下走后,q 始终指向 p 所指结点的前驱。调用 delete()函数进行测试,可以发现在头(第一个数据结点)、中、尾(最后一个数据结点)三处都能删除成功;而未找到目标 x 时则不做删除操作。若要删除第 i 个结点,则可以使用一个计数器变量(若一开始 p"指向"头结点,则其初值为 0),此后每当执行 p=p.next 时计数器加 1,在找到第 i 个结点之后进行删除结点的操作。

5. 调用示例

定义了创建链表与操作链表的函数之后,就可以进行调用这些函数。函数定义如前所述,调用示例如下。

```
a = list(map(int,input().split()))
n = a[0]
a = a[1:]
h = createByTail(a)            # 创建顺序链表
output(h)                      # 遍历链表
h = createByFront(a)           # 创建逆序链表
output(h)                      # 遍历链表
e = int(input())               # 输入待查找的数据,设输入 3
if searchByVal(h,e) == True:   # 按值查找
    print("found")
else:
    print("not found")
insert(h,3,9)                  # 在第 3 个结点之后插入数据域值为 9 的结点(最后一个结点)
output(h)                      # 遍历链表
insert(h,2,7)                  # 在第 2 个结点之后插入数据域值为 7 的结点(中间结点)
output(h)                      # 遍历链表
insert(h,0,1)                  # 在第 0 个结点之后插入数据域值为 1 的结点(第一个结点)
output(h)                      # 遍历链表
delete(h,3)                    # 删除数据域值为 3 的结点(中间结点)
output(h)                      # 遍历链表
delete(h,9)                    # 删除数据域值为 9 的结点(最后一个结点)
output(h)                      # 遍历链表
delete(h,1)                    # 删除数据域值为 1 的结点(第一个结点)
output(h)                      # 遍历链表
```

运行结果:

```
3 2 3 5↵
2 3 5
5 3 2
3↵
found
5 3 2 9
```

```
5 3 7 2 9
1 5 3 7 2 9
1 5 7 2 9
1 5 7 2
5 7 2
```

注意,此处仅给出调用示例,在完整的程序中还需要把被调用的各个函数(如前所述)定义在调用之前。

7.3.2 基本操作的应用

例 7.3.1 顺序建立链表

在一行上输入一个整数 n 及 n 个整数,按照输入的顺序建立单链表,并遍历所建立的单链表,输出这些数据(数据之间留一个空格)。

Sample Input	Sample Output
5 1 2 3 4 5	1 2 3 4 5

本题可以直接调用 createByTail()函数建立顺序链表,再调用 output()函数遍历链表,具体代码如下。

```
class Node:                               #结点定义
    def __init__(self, data):
        self.data = data                  #存放数据本身
        self.next = None                  #存放下一个结点对象

#创建顺序链表,新结点链接到表尾;函数返回头结点
def createByTail(a):                      #尾插法建立链表,以列表 a 中的元素为数据
    head = Node(-1)                       #建立头结点 head,数据域为特殊值 -1
    tail = head                           #当只有一个结点时,头结点也是尾结点
    for i in range(len(a)):               #扫描列表 a,取其中元素作为数据建立新结点
        p = Node(a[i])                    #取列表元素 a[i]作为数据建立新结点 p
        tail.next = p                     #新结点 p"链接"到尾结点 tail 之后
        tail = p                          #新结点 p 成为新的尾结点
    return head                           #返回头结点

#遍历以 head 为头结点的单链表
def output(head):                         #参数 head 为头结点
    p = head.next                         #p"指向"第一个数据结点
    while p!= None:                       #当链表未扫描结束,即 p 不等于空值 None
        if p!= head.next:                 #若 p 不等于其初值,则 p 不是第一个数据结点
            print(' ',end = '')           #先输出一个空格
        print(p.data,end = '')            #输出 p 结点的数据域
        p = p.next                        #p"指向"下一个结点
    print()                               #数据输出完毕之后换行

a = list(map(int, input().split()))
n = a[0]
```

```
    a = a[1:]
    h = createByTail(a)              # 创建顺序链表
    output(h)                        # 遍历链表
```

运行结果：

```
8 1 2 3 4 5 6 7 8↵
1 2 3 4 5 7 7 8
```

另外，本题也可以多次调用 insert()函数建立链表，具体代码如下。

```
class Node:                          # 结点定义
    def __init__(self, data):
        self.data = data             # 存放数据本身
        self.next = None             # 存放下一个结点对象

# 插入结点，在 head 为头结点的单链表的第 i 个结点之后插入数据域值为 x 的结点
def insert(head, i, x):              # 参数 head 为头结点，x 为待插入的数据，i + 1 为待插入的位置
    p = head                         # p"指向"头结点
    while i > 0 and p!= None:        # 当还没找到第 i 个结点且链表还没扫描结束时往下查找
        p = p.next                   # p"指向"下一个结点
        i -= 1                       # 计数器减 1
    if i < 0 or p == None:           # 若 i 太小或太多则返回
        return
    q = Node(x)                      # 以 x 为数据域创建结点由 q"指向"
    q.next = p.next                  # 把结点 q 链接到结点 p 的后继结点之前
    p.next = q                       # 把结点 q 链接到结点 p 之后

# 遍历以 head 为头结点的单链表
def output(head):                    # 参数 head 为头结点
    p = head.next                    # p"指向"第一个数据结点
    while p!= None:                  # 当链表未扫描结束，即 p 不等于空值 None
        if p!= head.next:            # 若 p 不等于其初值，则 p 不是第一个数据结点
            print(' ', end = '')     # 先输出一个空格
        print(p.data, end = '')      # 输出 p 结点的数据域
        p = p.next                   # p"指向"下一个结点
    print()                          # 数据输出完毕之后换行

a = list(map(int, input().split()))
n = a[0]
a = a[1:]
h = Node(-1)                         # 建立头结点
for i in range(n):                   # 进行 n 次循环，每次插入一个新结点到表尾
    insert(h, i, a[i])
output(h)                            # 遍历链表
```

运行结果：

```
10 1 2 3 4 5 6 7 8 9 10↵
1 2 3 4 5 6 7 8 9 10
```

因为此处调用insert()函数每次把新结点插入到尾结点之后,每次都需要遍历链表找到最后一个结点,这种方法的时间效率要低于直接调用createByTail()函数。

例7.3.2 逆序建立链表

在一行上输入一个整数n及n个整数,按照输入的逆序建立单链表,并遍历所建立的单链表,输出这些数据(数据之间留一个空格)。

Sample Input	Sample Output
5 1 2 3 4 5	5 4 3 2 1

本题可以直接调用createByFront()函数建立逆序链表,再调用output()函数遍历链表,具体代码如下。

```
class Node:                          #结点定义
    def __init__(self, data):
        self.data = data             #存放数据本身
        self.next = None             #存放下一个结点对象

#创建逆序链表,新结点链接到头结点之后,第一个数据结点之前;函数返回头结点
def createByFront(a):                #头插法建立链表,以列表a中的元素为数据
    head = Node(-1)                  #建立头结点head,数据域为特殊值-1
    for i in range(len(a)):          #扫描列表a,取其中元素作为数据建立新结点
        p = Node(a[i])               #取列表元素a[i]作为数据建立新结点p
        p.next = head.next           #新结点p"链接"到第一个数据结点(第一次为None)之前
        head.next = p                #新结点p"链接"到头结点head之后
    return head                      #返回头结点

#遍历以head为头结点的单链表
def output(head):                    #参数head为头结点
    p = head.next                    #p"指向"第一个数据结点
    while p!= None:                  #当链表未扫描结束,即p不等于空值None
        if p!= head.next:            #若p不等于其初值,则p不是第一个数据结点
            print(' ',end = '')      #先输出一个空格
        print(p.data,end = '')       #输出p结点的数据域
        p = p.next                   #p"指向"下一个结点
    print()                          #数据输出完毕之后换行

a = list(map(int, input().split()))
n = a[0]
a = a[1:]
h = createByFront(a)                 #创建逆序链表
output(h)                            #遍历链表
```

运行结果:

```
10 1 2 3 4 5 6 7 8 9 10↵
10 9 8 7 6 5 4 3 2 1
```

另外,本题也可以多次调用insert()函数建立链表,具体代码如下。

```
class Node:                         #结点定义
    def __init__(self, data):
        self.data = data            #存放数据本身
        self.next = None            #存放下一个结点对象

#插入结点,在 head 为头结点的单链表的第 i 个结点之后插入数据域值为 x 的结点
def insert(head,i,x):               #参数 head 为头结点,x 为待插入的数据,i+1 为待插入的位置
    p = head                        #p"指向"头结点
    while i > 0 and p!= None:       #当还没找到第 i 个结点且链表还没扫描结束时往下查找
        p = p.next                  #p"指向"下一个结点
        i -= 1                      #计数器减 1
    if i < 0 or p == None:          #若 i 太小或太多则返回
        return
    q = Node(x)                     #以 x 为数据域创建结点由 q"指向"
    q.next = p.next                 #把结点 q 链接到结点 p 的后继结点之前
    p.next = q                      #把结点 q 链接到结点 p 之后

#遍历以 head 为头结点的单链表
def output(head):                   #参数 head 为头结点
    p = head.next                   #p"指向"第一个数据结点
    while p!= None:                 #当链表未扫描结束,即 p 不等于空值 None
        if p!= head.next:           #若 p 不等于其初值,则 p 不是第一个数据结点
            print(' ',end = '')     #先输出一个空格
        print(p.data,end = '')      #输出 p 结点的数据域
        p = p.next                  #p"指向"下一个结点
    print()                         #数据输出完毕之后换行

a = list(map(int, input().split()))
n = a[0]
a = a[1:]
h = Node(-1)                        #建立头结点
for i in range(n):                  #进行 n 次循环,每次插入一个新结点到头结点之后
    insert(h,0,a[i])
output(h)                           #遍历链表
```

运行结果:

```
7 1 2 3 4 5 6 7↵
7 6 5 4 3 2 1
```

因为此处调用 insert()函数把新结点插入到头结点之后,这种方法的时间效率与直接调用 createByFront()函数相当。

7.4 OJ 题目求解

例 7.4.1 单链表就地逆置(HLOJ 1933)

Problem Description

输入多个整数,以-1 作为结束标志,顺序建立一个带头结点的单链表,之后对该单链表进行就地逆置(不增加新结点),并输出逆置后的单链表数据。

Input

首先输入一个正整数 T,表示测试数据的组数,然后是 T 组测试数据。每组测试输入多个整数,以-1 作为该组测试的结束(-1 不处理)。

Output

对于每组测试,输出逆置后的单链表数据(数据之间留一个空格)。

Sample Input
1
1 2 3 4 5 -1

Sample Output
5 4 3 2 1

若是在线做题只求得到 AC 反馈,则可以直接建立逆序链表并遍历输出。这里采用先建立顺序链表,然后再逆置链表的方法。逆置链表的思想类似于建立逆序链表,区别在于后者是把每个新建的结点链接到头结点之后,而前者是把原有链表中的数据结点从第一个开始依次取下来链接到新链表的头结点(也是原链表的头结点)之后,具体代码如下。

```
class Node:                             #定义类
    def __init__(self, data):
        self.data = data
        self.next = None

def createByTail(a):                    #创建顺序链表,a 为整型列表
    head = Node(-1)
    tail = head
    for i in range(len(a)):
        p = Node(a[i])
        tail.next = p
        tail = p
    return head

#逆置链表,每次取下原链表的第一个数据结点链接到新链表的头结点之后,第一个数据结点之前
def reverse(head):                      #head 为头结点
    p = head.next                       #p"指向"第一个数据结点
    head.next = None                    #头结点指针域置为空值
    while p!= None:                     #当链表还没有扫描结束
        q = p                           #q"指向"结点 p(原链表的第一个数据结点)
        p = p.next                      #p"指向"下一个结点
        q.next = head.next              #结点 q 链接到第一个数据结点(第一次为 None)之前
        head.next = q                   #结点 q 链接到头结点之后

def output(head):                       #遍历链表,head 为头结点
    p = head.next
    while p!= None:
        if p!= head.next:
            print(' ',end = '')
        print(p.data,end = '')
        p = p.next
```

```
    print()

T = int(input())
for t in range(T):
    a = list(map(int, input().split()))
    a = a[:len(a) - 1]                      # 把最后一个数 - 1 去掉,也可写为 a = a[: - 1]
    h = createByTail(a)
    reverse(h)
    output(h)
```

运行结果：

```
1↵
1 2 3 4 5 -1↵
5 4 3 2 1
```

读者可以自行比较 reverse()函数与 createByFront()函数的异同之处，也可以画出链表就地逆置的示意图加深理解 reverse()函数。

例 7.4.2　查找图书(HLOJ 1934)

Problem Description

将给定的若干本图书的信息(书号、书名、定价)按输入的先后顺序加入到一个单链表中。然后遍历单链表，寻找并输出价格最高的图书信息。若存在相同的定价，则按原始顺序全部输出。

Input

首先输入一个正整数 T，表示测试数据的组数，然后是 T 组测试数据。每组测试的第一行输入正整数 n，表示有 n 本不同的书。接下来 n 行分别输入一本图书的信息。其中，书号由长度等于 6 的纯数字构成；而书名则由长度不超过 50 且不含空格的字符串组成，价格包含两位小数。

Output

对于每组测试，输出价格最高的图书信息(书号、书名、定价)，数据之间用一个空格隔开，定价的输出保留两位小数。

Sample Input	Sample Output
1 4 023689 Dataclassure 26.50 123456 FundamentalsOfDataclassure 76.00 157618 FundamentalsOfC++Language 24.10 057618 OpereationSystem 76.00	123456 FundamentalsOfDataclassure 76.00 057618 OpereationSystem 76.00

本题可以先建立顺序链表，然后遍历链表找到最高价格，再遍历一遍链表输出价格等于最高价格的图书信息，具体代码如下。

```
class Node:                                  # 类定义,包含书号、书名和价格等数据成员
    def __init__(self, bno = "",bname = "",bprice = 0.0):
        self.bno = bno
        self.bname = bname
        self.bprice = bprice
        self.next = None

def createByTail(n):                         # 创建链表
    head = Node()                            # 建立头结点
    tail = head                              # tail 指向尾结点(此时也是头结点)
    for i in range(n):                       # 循环 n 次
        t = input().split()                  # 输入图书信息
        t[2] = float(t[2])                   # 价格转换为实数
        p = Node(t[0],t[1],t[2])             # 建立新结点
        tail.next = p                        # 新结点链接到表尾
        tail = p                             # 新结点成为尾结点
    return head                              # 返回头结点

def solve(head):                             # 查找最高价格的图书并输出
    p = head.next                            # p 指向第一个数据结点
    maxPrice = 0
    while p!= None:                          # 找最高价格,保存在 maxPrice 中
        if p.bprice > maxPrice:
            maxPrice = p.bprice
        p = p.next
    p = head.next                            # p 再次指向第一个数据结点
    while p!= None:                          # 把价格等于最高价格的图书信息输出
        if p.bprice == maxPrice:
            print("%s %s %.2f" % (p.bno,p.bname,p.bprice))
        p = p.next

T = int(input())
for t in range(T):
    n = int(input())
    h = createByTail(n)
    solve(h)
```

运行结果:

```
1 ↵
4 ↵
023689 Dataclassure 26.50 ↵
123456 FundamentalsOfDataclassure 76.00 ↵
157618 FundamentalsOfC++Language 24.10 ↵
057618 OpereationSystem 76.00 ↵
123456 FundamentalsOfDataclassure 76.00
057618 OpereationSystem 76.00
```

例 7.4.3　保持链表有序(HLOJ 1935)

Problem Description

对于输入的若干学生的信息,按学号顺序从小到大建立有序链表,最后遍历链表,并按顺序输出学生信息。

Input

首先输入一个正整数 T,表示测试数据的组数,然后是 T 组测试数据。每组测试数据首先输入一个正整数 n(1≤n≤100),表示学生的个数。然后输入 n 行信息,分别是学生的学号和姓名,其中,学号是 8 位的正整数(保证各不相同),姓名是长度不超过 10 且不含空格的字符串。

Output

对于每组测试,按顺序输出学生信息,学号和姓名之间留一个空格(参看 Sample Output)。

Sample Input	Sample Output
1 3 20080108 Zhangsan 20070328 Lisi 20070333 Wangwu	20070328 Lisi 20070333 Wangwu 20080108 Zhangsan

本题的求解可以考虑两种思路,第一种是在建立顺序或逆序链表后进行排序;第二种是在每次输入数据时在已有链表(初始是空链表)中查找插入位置并插入新结点。按照第二种思路,对于每个新结点的学号,若大于链表中结点的学号则往下查找,否则结束查找并把新结点插入,具体代码如下。

```
class Node:                                #类定义
    def __init__(self, sno, sname):
        self.sno = sno
        self.sname = sname
        self.next = None

def output(head):                          #遍历链表
    p = head.next
    while p!= None:
        print(p.sno,p.sname)
        p = p.next

def keepSorted(n):                         #在输入数据的过程中保持链表有序
    head = Node("","")                     #建立头结点
    for i in range(n):                     #循环 n 次
        a,b = input().split()              #输入学号、姓名
        q = Node(a,b)                      #建立新结点
        p = head                           #p 指向头结点
        while p.next!= None:               #当 p 尚未达最后一个结点
```

```
            if p.next.sno >= q.sno:         # 若 p 结点的后继的学号大于或等于新结点 q 的学号
                break                       # 则结束循环
            p = p.next                      # p 指向下一个结点
        q.next = p.next                     # 新结点 q 链接到 p.next 结点之前
        p.next = q                          # 新结点 q 链接到 p 结点之后
    return head                             # 返回头结点

T = int(input())
for t in range(T):
    n = int(input())
    h = keepSorted(n)
    output(h)
```

运行结果：

```
1↵
3↵
20080108 Zhangsan↵
20070328 Lisi↵
20070333 Wangwu↵
20070328 Lisi
20070333 Wangwu
20080108 Zhangsan
```

若新结点的学号大于链表中的所有学号，则 while 循环不成立而结束循环，此时 p.next 为 None，新结点链接到链表的最后，成为链表的尾结点。

本章内容是进一步学习 Python 版数据结构的重要基础，希望读者熟练掌握。

习　　题

一、选择题

1. 带头结点的单链表的访问规则是(　　)。

A. 随机访问　　　　B. 从头结点开始，顺序访问

C. 从尾结点开始，逆序访问　　　　D. 可以顺序访问，也可以逆序访问

2. 带头结点的单链表的结点结构 Node 包含数据域 data 和指针域 next，非空链表的 next 域存放的是(　　)。

A. 下一个结点　　　　B. 下一个结点的数据域

C. 下一个结点的地址　　　　D. 下一个结点的指针域

3. 带头结点的单链表的结点结构 Node 包含数据域 data 和指针域 next，头结点为 head，则第一个数据结点的数据域是(　　)。

A. head.next　　　　B. head.data

C. head.next.data　　　　D. head.next.next

4. 带头结点的单链表的结点结构 Node 包含数据域 data 和指针域 next，头结点为 head，判断链表为空的条件是(　　)。

A. head. next＝None

B. head＝None

C. head. next！＝None

D. head. next＝＝None

5. 带头结点的单链表的结点结构 Node 包含数据域 data 和指针域 next，判断结点 p 为尾结点（最后一个结点）的条件是（　　）。

A. p. next＝＝None

B. p＝None

C. p. next！＝None

D. p. next＝None

6. 带头结点的单链表的结点结构 Node 包含数据域 data 和指针域 next，当前结点为 p，则使 p 成为下一个结点的语句是（　　）。

A. p. next＝p. next. next

B. p. next＝p

C. p＝p. next

D. p＝p. next. next

7. 带头结点的单链表的结点结构 Node 包含数据域 data 和指针域 next，当前结点为 p，要把新结点 q 链接到 p 结点之后的语句是（　　）。

A. q. next＝p　　B. p. next＝q　　C. p. next＝q. next　　D. p＝q. next

8. 带头结点的单链表的结点结构 Node 包含数据域 data 和指针域 next，头结点为 head，要把 p 结点链接到头结点之后的语句是（　　）。

A. head. next＝p；p. next＝head. next

B. p. next＝head. next；head. next＝p

C. head. next＝p

D. p. next＝head. next

9. 带头结点的单链表的结点结构 Node 包含数据域 data 和指针域 next，已知 p、q、r 分别为链表中从前往后连续的三个结点，下面删去 q 结点的语句错误的是（　　）。

A. p. next＝q. next

B. p. next＝r

C. p. next＝p. next. next

D. p. next＝r. next

二、OJ 编程题

本章的 OJ 编程题都要求使用链表完成。

1. 输出链表偶数结点（HLOJ 2072）

Problem Description

先输入 N 个整数，按照输入的顺序建立链表。然后遍历并输出偶数位置上的结点信息。

Input

首先输入一个正整数 T，表示测试数据的组数，然后是 T 组测试数据。

每组测试的第一行输入整数的个数 N(2≤N≤100)；第二行依次输入 N 个整数。

Output

对于每组测试，输出该链表偶数位置上的结点的信息。

Sample Input	Sample Output
1 8 12 56 4 6 55 15 33 62	56 6 15 62

2. 使用链表进行逆置(HLOJ 2073)

Problem Description

对于输入的若干学生的信息,利用链表进行存储,并将学生的信息逆序输出。

要求将学生的完整信息存放在链表的结点中。通过链表的操作完成信息的逆序输出。

Input

首先输入一个正整数T,表示测试数据的组数,然后是T组测试数据。

每组测试数据首先输入一个正整数n,表示学生的个数(1≤n≤100);然后是n行信息,分别表示学生的姓名(不含空格且长度不超过10的字符串)和年龄(正整数)。

Output

对于每组测试,逆序输出学生信息(参看Sample Output)。

Sample Input	Sample Output
1 3 Zhangsan 20 Lisi 21 Wangwu 20	Wangwu 20 Lisi 21 Zhangsan 20

3. 链表排序(HLOJ 2074)

Problem Description

请以单链表存储n个整数,并实现这些整数的非递减排序。

Input

测试数据有多组,处理到文件尾。每组测试输入两行,第一行输入一个整数n(0<n<100),第二行输入n个整数。

Output

对于每组测试,输出排序后的结果,每两个数据之间留一个空格。

Sample Input	Sample Output
6 3 5 1 2 8 6	1 2 3 5 6 8

4. 合并升序单链表(HLOJ 2075)

Problem Description

各依次输入递增有序若干个不超过100的整数,分别建立两个单链表,将这两个递增的有序单链表合并为一个递增的有序链表。要求结果链表仍使用原来两个链表的存储空间,不另外占用其他的存储空间。合并后的单链表中不允许有重复的数据。然后输出合并后的单链表。

Input

首先输入一个正整数T,表示测试数据的组数,然后是T组测试数据。每组测试数据首先在第一行输入数据个数n;再在第二行和第三行分别输入n个依次递增有序的不超过100的整数。

Output

对于每组测试，输出合并后的单链表，每两个数据之间留一个空格。

Sample Input	Sample Output
2	1 3 4 5 6 7 8 9 10 12
5	1 2 3 5 6 7 8 9
1 3 5 7 9	
4 6 8 10 12	
5	
1 3 5 6 7	
2 3 6 8 9	

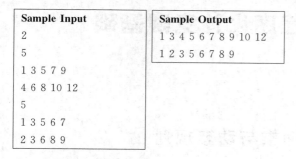

5. 拆分单链表(HLOJ 2076)

Problem Description

输入若干个绝对值不超过100的整数，建立单链表A，设计算法将单链表A分解为两个具有相同结构的链表B、C，其中，B表的结点为A表中值小于零的结点，而C表的结点为A表中值大于零的结点(链表A的元素类型为整型，要求B、C表利用A表的结点，不另外占用其他的存储空间，若采用带头结点的单链表实现则允许再申请一个头结点)。然后分两行按原数据顺序输出链表B和C。测试数据保证每个结果链表至少存在一个元素。

Input

首先输入一个正整数T，表示测试数据的组数，然后是T组测试数据。每组测试数据在一行上输入数据个数n及n个不含整数0且绝对值不超过100的整数。

Output

对于每组测试，分两行按原数据顺序输出链表B和C，每行中的每两个数据之间留一个空格。

Sample Input	Sample Output
1	−26 −69 −69 −96 −11
10 49 53 −26 79 −69 −69 18 −96 −11 68	49 53 79 18 68

6. 约瑟夫环(HLOJ 2078)

Problem Description

有n个人围成一圈(编号为1～n)，从第1号开始进行1、2、3报数，凡报3者就退出，下一个人又从1开始报数……直到最后只剩下一个人时为止。请问此人原来的位置是多少号？请用单链表或循环单链表完成。

Input

测试数据有多组，处理到文件尾。每组测试输入一个整数n(5≤n≤100)。

Output

对于每组测试，输出最后剩下那个人的编号。

Sample Input	Sample Output
69	68

第 8 章　程序设计竞赛基础

8.1　递推与动态规划

例 8.1.1　铺满方格(HLOJ 1936)

Problem Description

有一个 1×n 的长方形,由边长为 1 的 n 个方格构成,例如,当 n=3 时为 1×3 的方格长方形如图 8-1 所示。求用 1×1、1×2、1×3 的骨牌铺满方格的方案总数。

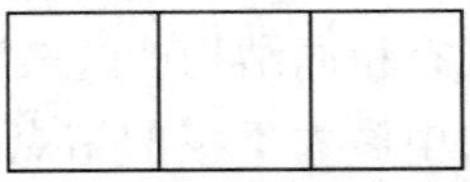

图 8-1　1×3 的方格长方形

Input

测试数据有多组,处理到文件尾。每组测试输入一个整数 n(1≤n≤50)。

Output

对于每组测试,输出一行,包含一个整数,表示用骨牌铺满方格的方案总数。

Sample Input	**Sample Output**
3	4

本题是一个递推问题。若长方形方格原长为 n－1,则增加一个方格使得长度为 n 时,可以考虑分别用三种骨牌去铺该方格,若用 1×1 的骨牌,则铺法数与长度为 n－1 时相同,若用 1×2 的骨牌,则铺法数与长度为 n－2 时相同,若用 1×3 的骨牌,则铺法数与长度为 n－3 时相同,如图 8-2 所示。

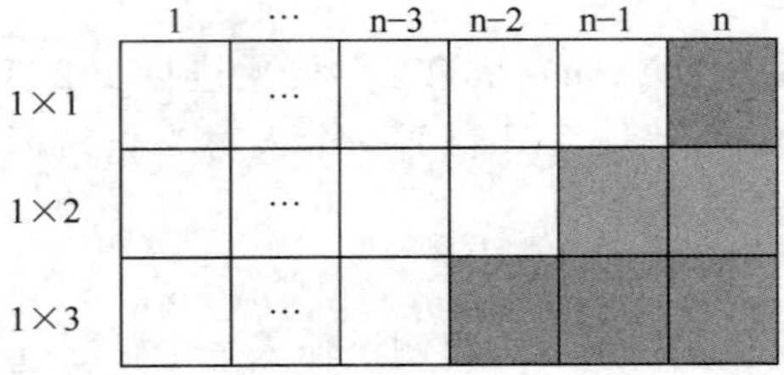

图 8-2　三种骨牌铺第 n 个方格的示意图

因此可得用三种骨牌铺满方格的方案总数的递推式：f(n)＝f(n－1)＋f(n－2)＋f(n－3)(n≥4)。又可知 n=1、2、3 时的铺法总数分别为 1、2、4,因此本题具体代码如下。

```
N = 50
a = [0] * (N + 1)                    # 创建长度为 N + 1 的全 0 结果列表
a[1] = 1
a[2] = 2
a[3] = 4
for i in range(4, N + 1):            # 当前项等于其前三项之和
    a[i] = a[i - 1] + a[i - 2] + a[i - 3]

try:
    while True:
        n = int(input())
        print(a[n])                  # 从结果列表中直接取出结果并输出
except EOFError:pass
```

运行结果：

```
3↵
4
20↵
121415
50↵
10562230626642
```

实际上，对于 Python 而言，整型数据能够表达的范围足够大，一般不必考虑数据溢出问题，因此，对于更大的长方形长度，修改本程序中 N 的初值即可正确求解。

例 8.1.2　数塔(HLOJ 1966)

Problem Description

数塔如图 8-3 所示，每一步只能走到下一行相邻的结点(图中有数字的方格)，求从最顶层走到最底层所经过的所有结点的数字之和的最大值(最大和)。

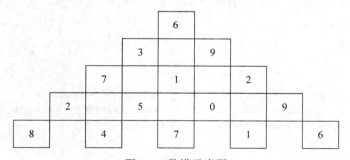

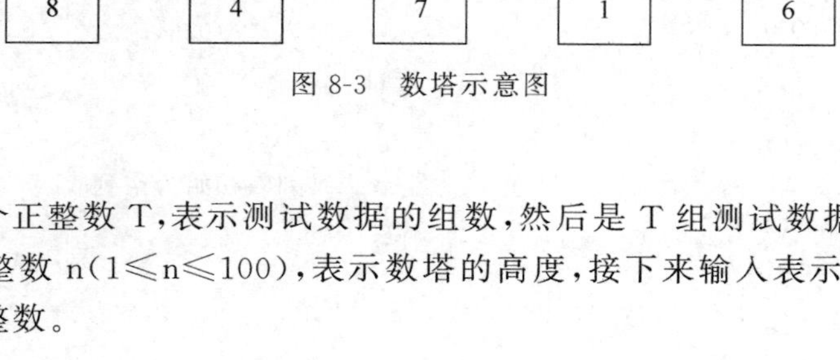

图 8-3　数塔示意图

Input

首先输入一个正整数 T，表示测试数据的组数，然后是 T 组测试数据。每组测试数据第一行输入一个整数 n($1 \leqslant n \leqslant 100$)，表示数塔的高度，接下来输入表示数塔的数字，共 n 行，第 i 行有 i 个整数。

Output

对于每组测试,输出一行,包含一个整数,表示从最顶层走到最底层能得到的最大和。

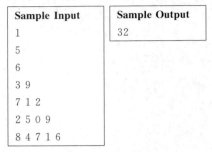

Sample Input

```
1
5
6
3 9
7 1 2
2 5 0 9
8 4 7 1 6
```

Sample Output

```
32
```

Source

HDOJ 2084

若采用穷举法,从上往下逐条路径求和之后再找最大值,则时间效率低。本题可以考虑动态规划(Dynamic Programming,DP)的方法。动态规划的基本思想是采用一个表记录所有已解子问题的解,并在此后尽可能地利用这些子问题的解。例 8.1.1 中,在得到递推式之后,把各项保存在一维列表中以便后续计算,实际上已经体现了 DP 的思想。对于 DP,一般需考虑四个方面(四要素):状态,转移方程,初值(边界),结果。

数塔可采用二维列表表示,示意图如图 8-4 所示。

下标	0	1	2	3	4
0	6				
1	3	9			
2	7	1	2		
3	2	5	0	9	
4	8	4	7	1	6

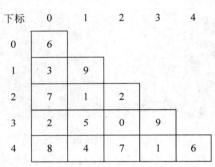

图 8-4　二维列表表示的数塔

本题从下往上计算(从倒数第二行开始,每个结点只能从下一行相邻两个数中的大者走上来),取第一行数据为结果,此时 DP 的四要素如下。

(1) 状态:用 f(i, j)表达,表示到达 i 行 j 列时的最大值。

(2) 转移方程:f(i, j)=f(i, j)+max(f(i+1, j), f(i+1, j+1)),其中,$0 \leqslant j \leqslant i < n-1$。

(3) 初值:输入的 f(n−1, j),其中,$0 \leqslant j < n$。

(4) 结果:f(0, 0)。

具体代码如下。

```
def solve(a,n):
    for i in range(n - 2, - 1, - 1):            #从倒数第二行开始计算
        for j in range(0,i + 1):                #从下一行的两个可能位置中的大者走上来
            a[i][j] += max(a[i + 1][j],a[i + 1][j + 1])
    print(a[0][0])

T = int(input())
for t in range(T):
    a = []                                      #二维列表初始为空列表
    n = int(input())
    for i in range(n):
```

```
        b = list(map(int, input().split()))          # 用输入的每行数据创建一个一维列表 b
        a.append(b)                                  # 把 b 添加到 a 中
    solve(a,n)                                       # 调用 solve()函数
```

运行结果：

```
1↵
5↵
7↵
3 8↵
8 1 0↵
2 7 4 4↵
4 5 2 6 5↵
30
```

例 8.1.3　最长有序子序列（HLOJ 1965）

Problem Description

对于给定一个数字序列 (a1,a2,…,an)，如果满足 a1＜a2＜…＜an，则称该序列是有序的。若在序列 (a1,a2,…,an) 中删除若干元素得到的子序列是有序的，则称该子序列为一个有序子序列。有序子序列中长度最大的即为最长有序子序列。

例如，(1,3,5)、(3,5,8)、(1,3,5,9)等都是序列 (1,7,3,5,9,4,8) 的有序子序列；而(1,3,5,9)、(1,3,5,8)、(1,3,4,8)都是序列 (1,7,3,5,9,4,8)的一个最长有序子序列，长度为 4。

请编写程序，求出给定数字序列中的最长有序子序列的长度。

Input

首先输入一个正整数 T，表示测试数据的组数，然后是 T 组测试数据。每组测试数据第一行输入一个整数 n(1≤n≤1000)，第二行输入 n 个整数，数据范围都在[0,10 000]，数据之间以一个空格分隔。

Output

对于每组测试，输出 n 个整数所构成序列的最长有序子序列的长度。每两组测试的输出之间留一个空行。

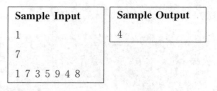

Sample Input	Sample Output
1 7 1 7 3 5 9 4 8	4

Source

ZOJ 2136

本题求最长有序(升序)子序列(Longest Ordered Subsequence，LOS)的长度，也是一个 DP 入门题。此处的 LOS 又可称为最长上升子序列(Longest Increased Subsequence，LIS)。

设 n 个整数存放在 v 列表中,DP 的四要素如下。

(1) 状态:以 f(i)表达,表示以下标为 i 的元素(v[i])为尾元素的最长上升子序列的长度。

(2) 转移方程:f(i)=max(f(j)+1, f(i)),其中,0≤j<i 且 v[i]>v[j]。

转移方程说明:寻找以某个 v[j](0≤j<i)结尾的最长的上升子序列,然后将 v[i]添加到该子序列的尾部,构成更长的有序子序列(长度增 1)。

(3) 初值:f(i)=1,其中,0≤i<n,每个数本身可以构成长度为 1 的上升序列。

(4) 结果:max(f(i)),其中,0≤i<n。

编程实现时,可以增加一个辅助列表 f,f[i]表示以 v[i]结尾的最长上升子序列的长度,则 f[0]=1,i 从 1 到 n-1 进行循环,用 v[i]与其之前的数据 v[j](0≤j≤i-1)比较,若 v[i]>v[j],则 f[i]的值可以在其原值与 f[j]+1 之间取大者。例如,样例输入对应的列表情况如下。

v	1	7	3	5	9	4	8
f	1	2	2	3	4	3	4

具体代码如下。

```
def los(v):
    n = len(v)
    f = [1] * n                          #结果列表各个元素置为 1
    for i in range(1,n):                 #从第 2 个数(下标为 1)开始考虑
        for j in range(0,i):             #与下标为 i 之前的数
            if v[i]> v[j] and f[j] + 1 > f[i]:
                                         #若当前数大于其前数且后者长度加 1 大于当前长度
                f[i] = f[j] + 1          #则置当前长度为其前长度加 1
    return max(f)                        #返回结果数组中的最大值

T = int(input())
for t in range(T):
    n = int(input())
    a = list(map(int,input().split()))
    if t > 0: print()
    print(los(a))
```

运行结果:

```
2↵
10↵
22 88 35 19 98 94 85 42 75 95↵
5

13↵
258 142 334 265 167 178 223 423 276 285 203 162 216↵
6
```

考虑到上升子序列的有序性，可以在上升子序列中二分查找当前所考虑元素的位置，从而提高程序的运行效率，具体代码如下。

```
def bs(a,key):                          #二分查找
    i=0                                 #指向查找区间的第一个数
    j=len(a)-1                          #指向查找区间的最后一个数
    while i<=j:                         #当查找区间还有数据
        mid=(i+j)//2                    #计算中间位置
        if a[mid]==key:                 #若待查找的数等于中间位置的数,则查找成功
            return mid                  #返回中间位置作为插入位置
        elif key<a[mid]:j=mid-1         #若待查找的数小于中间位置的数,则到左半区间查找
        else:i=mid+1                    #若待查找的数大于中间位置的数,则到右半区间查找
    return i                            #返回插入位置

def losBs(a,n):                         #基于二分查找的最长有序子序列
    res=[a[0]]                          #第一个数放入结果列表
    for i in range(1,n):                #从第二个数开始考虑
        k=len(res)-1                    #k为当前结果列表最后一个数的下标
        if a[i]>res[k]:                 #若当前数大于结果列表的最后一个数
            res.append(a[i])            #则直接把当前数放到结果列表的最后
        else:
            j=bs(res,a[i])              #二分查找插入位置
            res[j]=a[i]                 #把当前数放入插入位置
    return len(res)                     #返回结果列表的长度

T=int(input())
for t in range(T):
    n=int(input())
    a=list(map(int,input().split()))
    if t>0: print()
    print(losBs(a,n))
```

运行结果：

```
2↵
10↵
22404 880 28358 19924 16986 27942 23385 28142 25553 27060↵
5

13↵
25894 14243 3345 26568 16782 17836 22381 4237 2763 28535 2031 16259 516↵
5
```

在这种方法中，结果列表 res 存放的是一个最长上升子序列。若题目要求输出最长上升子序列，则把结果列表 res 输出即可。

例 8.1.4　0-1 背包问题(HLOJ 1937)

Problem Description

给定 n 种物品(每种仅一个)和一个容量为 c 的背包，要求选择物品装入背包，使得装入

背包中物品的总价值最大。

Input

测试数据有多组,处理到文件尾。每组测试数据输入三行,第一行为两个整数 n($1 \leqslant n \leqslant 400$)和 c($1 \leqslant c \leqslant 1500$),分别表示物品数量与背包容量,第二行为 n 个物品的重量 w_i($1 \leqslant i \leqslant n$),第三行为这 n 个物品的价值 v_i($1 \leqslant i \leqslant n$)。物品重量、价值都为整数。

Output

对于每组测试,在一行上输出一个整数,表示装入背包的最大总价值。

Sample Input
4 9
2 3 4 5
3 4 5 7

Sample Output
12

本题依然是一个 DP 入门题,可通过填表方法进行分析。样例输入对应的物品情况如下。

下标	0	1	2	3
重量 w	2	3	4	5
价值 v	3	4	5	7
数量	1	1	1	1

由于背包容量为 9,装入背包可能达到的容量范围区间为[0, 9],若无物品,则可知价值必为 0,因此可以构造得到初始二维表如下。

	0	1	2	3	4	5	6	7	8	9
0	0	0	0	0	0	0	0	0	0	0
1	0	0	0	0	0	0	0	0	0	0
2	0	0	0	0	0	0	0	0	0	0
3	0	0	0	0	0	0	0	0	0	0
4	0	0	0	0	0	0	0	0	0	0

从第一种物品(下标为 0)开始,逐一考虑某种物品是否装入背包。若某物品重量不大于剩余容量且装入后能使总价值增大,则装入该物品,否则不装入该物品,从而得到如下的结果表。

	0	1	2	3	4	5	6	7	8	9
0	0	0	0	0	0	0	0	0	0	0
1	0	0	3	3	3	3	3	3	3	3
2	0	0	3	4	4	7	7	7	7	7
3	0	0	3	4	5	7	8	9	9	12
4	0	0	3	4	5	7	8	10	11	12

因此,若背包容量为 c,n 种物品的重量、价值分别在 w、v 列表中,则 0-1 背包问题的 DP 四要素如下。

(1) 状态：以 f(i, j)表达，表示使用前 i 种物品构成背包容量为 j 时能获得的最大价值。

(2) 转移方程：f(i, j)=max(f(i-1, j), f(i-1, j-w[i-1])+v[i-1])，其中，f(i-1, j)(1≤i≤n,0≤j≤c)表示不装入(用)第 i 种物品(下标为 i-1)，f(i-1, j-w[i-1])+v[i-1](1≤i≤n,w[i-1]≤j≤c)表示用第 i 种物品。

(3) 初值：f(0, j)=0，其中，0≤j≤c。

(4) 结果：f(n, c)。

```
def knapsack(c,w,v):
    n = len(w)                                  # 求得物品数 n
    f = [[0] * (c + 1) for i in range(n + 1)]   # f 是二维结果列表,初始为全 0
    for i in range(1,n + 1):                    # 逐步考虑前 i(1~n)种物品
        for j in range(c + 1):                  # 对每种容量 j(0~c)进行计算
            if j < w[i - 1]:                    # 若剩余容量 j 小于第 i 种物品的质量
                f[i][j] = f[i - 1][j]           # 则不放入第 i 种物品,结果与考虑前 i - 1 种物品同
            else:                               # 若第 i 种物品可放入,则在放与不放中取大者
                f[i][j] = max(f[i - 1][j],f[i - 1][j - w[i - 1]] + v[i - 1])
    print(f[n][c])

try:
    while True:
        n,c = map(int, input().split())
        w = list(map(int,input().split()))
        v = list(map(int,input().split()))
        knapsack(c,w,v)
except EOFError:pass
```

运行结果：

```
10 24 ↵
4 4 4 3 5 6 3 12 12 22 ↵
1 18 4 12 15 14 24 11 10 4 ↵
83
25 100 ↵
42 6 48 13 38 124 8 17 41 25 41 26 47 41 171 25 7 30 35 7 17 32 45 27 38 ↵
49 19 53 40 22 4 36 20 49 25 61 48 67 34 57 52 46 45 33 41 20 38 34 58 63 ↵
292
```

上面的代码中，第 i 种物品的下标为 i-1。注意到当前行数据的计算仅与上一行数据有关，因此可用两个一维(滚动)列表的方法。实际上，0-1 背包问题可以仅用一个一维列表求解，此时 DP 的四要素如下。

(1) 状态：f(j)，表示当前考虑到下标为 i 的物品时构成背包容量 j 所能获得的最大价值。

(2) 转移方程：f(j)=max(f(j), f(j-w[i])+v[i])，其中，前者 f(j)(0≤j≤c)表示不用下标为 i 的物品，后者 f(j-w[i])+v[i](0≤i<n,w[i]≤j≤c)表示用下标为 i 的物品。

(3) 初值：f(j)=0，0≤j≤c。

(4) 结果：f(c)。

具体代码如下。

```
def knapsack(c,w,v):
    n = len(w)
    f = [0] * (c + 1)                                   #结果列表清 0
    for i in range(n):                                  #逐个物品进行考虑
        for j in range(c,w[i] - 1, - 1):               #剩余容量 j 从 c 到 w[i]考虑
            f[j] = max(f[j],f[j - w[i]] + v[i])        #在放与不放两种情况中取大者
    print(f[c])


try:
    while True:
        n,c = map(int, input().split())
        w = list(map(int,input().split()))
        v = list(map(int,input().split()))
        knapsack(c,w,v)
except EOFError:pass
```

运行结果:

```
5 10↵
2 2 6 5 4↵
6 3 5 4 6↵
15
5 10↵
3 1 5 9 3↵
6 6 2 13 2↵
19
```

需要注意的是,为保证每种物品最多只用一次,背包的容量应从 c 到 w[i]进行逆序循环。因为考虑下标为 i 的物品(重量为 w[i])时,对于背包容量 j(c≥j≥w[i])若考虑放入该物品,则背包的剩余容量(j−w[i])因尚未计算而不可能放入该物品,从而能够保证下标为 i 的物品最多仅用一个。若背包的容量改为从 w[i]到 c 进行顺序循环,则每种物品都可以重复使用任意个,从而成为完全背包问题。

8.2 简单数学问题与高精度处理

在 C/C++语言中处理起来比较烦琐的高精度处理问题,在 Python 语言中可以通过简单的循环语句实现,能够很好地精简代码,节省比赛时间。

例 8.2.1 奇数平方和(HLOJ 1964)

Problem Description

输入一个奇数 n,请计算:$1^2+3^2+5^2+\cdots+n^2$。测试数据保证结果不会超出 $2^{32}-1$。

Input

测试数据有多组,处理到文件尾。每组测试数据输入一个奇数 n。

Output

对于每组测试,输出奇数的平方和。

Sample Input	Sample Output
3	10

Source

HDOJ 2139

本题可以逐个累加奇数的平方,具体代码如下。

```
try:
    while True:
        n = int(input())
        res = 0                        # 累加单元 res 清 0
        for i in range(1,n + 1,2):     # i 从 1 到 n 共循环 n 次,每次把 i ** 2 加到 res 中
            res += i ** 2
        print(res)
except EOFError:pass
```

运行结果:

```
21 ↵
1771
1001 ↵
167668501
10001 ↵
166766685001
11 ↵
286
```

也可以使用奇数平方和公式求解,奇数平方和公式如下。

$1^2+3^2+\cdots+k^2=k(k+1)(k+2)/6$ (其中: k 为奇数)

具体代码如下。

```
try:
    while True:
        n = int(input())
        res = n * (n + 1) * (n + 2)//6              # 使用奇数平方和公式
        print(res)
except EOFError:pass
```

运行结果:

```
11 ↵
286
123 ↵
317750
199999 ↵
1333333333300000
```

例 8.2.2　幂次取余(HLOJ 1963)

Problem Description

给定三个正整数 A,B 和 C,求 A^B mod C 的结果,其中,mod 表示求余数。

Input

首先输入一个正整数 T,表示测试数据的组数,然后是 T 组测试数据。每组测试数据输入三个正整数 A,B,C(A,B,C≤1 000 000)。

Output

对于每组测试,输出计算后的结果,每组测试的输出占一行。

Sample Input	Sample Output
2 3 3 5 4 4 6	2 4

Source

HDOJ 1420

本题可以考虑同余的性质:

$$(A\times A\times\cdots\times A)\%C=(A\times\cdots\times(A\times(A\%C))\%C\cdots)\%C$$

置连乘单元 res 初值为 1,之后 res 每乘一次 A 就对 C 求余一次,具体代码如下。

```
T = int(input())
for t in range(T):
    a,b,c = map(int,input().split())
    res = 1                        # 连乘单元 res 初值置为 1
    for i in range(b):             # 循环 b 次
        res = (res * a) % c        # res 每乘一次 a 就对 c 求余一次
    print(res)
```

运行结果:

```
2 ↵
123 100 19 ↵
9
1000000 1000000 12345 ↵
145
```

实际上,若本题类似上面第二个输入的测试数据较多,则采用如上代码在线提交可能得到超时反馈。如何避免超时呢?还记得第 5 章讨论的快速幂吗?利用快速幂,可以有效提高程序的时间效率,从而避免超时,具体代码如下。

```
def f(m,n,k):                      # 用快速幂求 m^n % k
    if n == 0:
        return 1
    else:
```

```
        t = f(m,n//2,k) % k                    #递归调用,用 t 暂存递归调用的结果
        if n % 2 == 0:
            return t * t % k
        else:
            return t * t * m % k

T = int(input())
for t in range(T):
    a,b,c = map(int,input().split())
    print(f(a,b,c))
```

运行结果：

```
4 ↵
123 100 19 ↵
9
1000000 1000000 12345 ↵
145
900000 9000 12345 ↵
3585
456789 666 4 ↵
1
```

例 8.2.3　大斐波数(HLOJ 1960)

Problem Description

斐波那契数列是这样定义的：f(1)=1；f(2)=1；f(n)=f(n−1)+f(n−2)(n≥3)。所以斐波那契数列为 1,1,2,3,5,8,13…

输入一个整数 n,求斐波那契数列的第 n 项。

Input

首先输入一个正整数 T,表示测试数据的组数,然后输入 T 组测试数据。每组测试数据输入一个整数 n(1≤n≤1000)。

Output

对于每组测试,在一行上输出斐波那契数列的第 n 项 f(n)。

Sample Input	Sample Output
2 4 5	3 5

Source

HDOJ 1715

本题运用空间换时间的思想,先一次性把 1000 以内所有的项求出来存放在列表中,然后在输入数据 n 后以 n 为下标直接从列表中取出结果并输出,具体代码如下。

```
n = 1000
a = [0] * (n + 1)                    # 一次性把所有的项计算出来存放在列表中,下标从 1 开始用
a[1] = 1                             # 第 1 项为 1
a[2] = 1                             # 第 2 项为 1
for i in range(3, n + 1):            # 从第 3 项开始等于前两项之和
    a[i] = a[i - 1] + a[i - 2]

T = int(input())
for i in range(T):
    n = int(input())
    print(a[n])                      # 输入 n 后直接取下标为 n 的列表元素的值
```

运行结果:

```
4 ↲
10 ↲
55
50 ↲
12586269025
100 ↲
354224848179261915075
200 ↲
280571172992510140037611932413038677189525
```

例 8.2.4　大数和(HLOJ 1961)

Problem Description

输入若干整数,计算它们的和。

Input

测试数据有多组。对于每组测试,首先输入一个整数 n(n≤100),接着输入 n 个整数(位数可能达到 200,也可能是负数)。若 n=0,则输入结束。

Output

对于每组测试,输出 n 个整数之和,每个结果单独占一行。

Sample Input	Sample Output
2 43242342342342 —1234567654321 0	42007774688021

Source

ZJUTOJ 1214

本题直接累加输入的各个整数即可,较之 C/C++语言大大节省了代码量,具体代码如下。

```
while True:
    n = int(input())
    if n == 0:break
    sum = 0                                 # 累加单元清 0
    for i in range(n):
        t = int(input())                    # 输入的数字字符串转换为整数
        sum += t                            # 逐个累加输入的数据
    print(sum)
```

运行结果：

```
3 ↵
43242342342342 ↵
- 1234567654321 ↵
88443776415689304140932017133780436 ↵
88443776415689304140974024908468457
```

例 8.2.5　n!（HLOJ 1962）

Problem Description

输入一个非负整数 n,求 n!。

$$n! = \begin{cases} 1, & n=0,1 \\ 1\times 2\times \cdots \times n, & n\geqslant 2 \end{cases}$$

Input

测试数据有多组,处理到文件尾。每组测试数据输入一个整数 n(0⩽n⩽10 000)。

Output

对于每组测试,输出整数 n 的阶乘。

Sample Input	Sample Output
5	120

Source

HDOJ 1042

本题若每输入一个 n 都使用迭代法从 1 开始连乘到 n,则在线提交可能得到超时(TLE)反馈。可以一次性把结果计算出来存放在列表中,先设置前两项为 1(下标为 0、1),然后下标 i 从 2 到 n 循环,使得当前项等于前一项与 i 的乘积。输入数据之后,直接从列表中取得结果并输出即可。

```
n = 10000
a = [0] * (n + 1)                           # 创建全 0 列表
a[0] = 1                                    # 0!= 1
a[1] = 1                                    # 1!= 1
for i in range(2,n + 1):                    # i!= (i - 1)! * i
```

```
    a[i] = a[i - 1] * i

try:
    while True:
        n = int(input())
        print(a[n])                #输入数据 n 后直接从列表取得结果 a[n]并输出
except EOFError:pass
```

运行结果:

```
5 ↵
120
50 ↵
30414093201713378043612608166064768844377641568960512000000000000
```

8.3 贪心法与回溯法

例 8.3.1 最少失约(HLOJ 1942)

Problem Description

某天,诺诺有许多活动需要参加。但由于活动太多,诺诺无法参加全部活动。请帮诺诺安排,以便尽可能多地参加活动,减少失约的次数。假设:在某一活动结束的瞬间就可以立即参加另一个活动。

Input

首先输入一个整数 T,表示测试数据的组数,然后是 T 组测试数据。每组测试数据首先输入一个正整数 n,代表当天需要参加的活动总数,接着输入 n 行,每行包含两个整数 i 和 j(0≤i<j<24),分别代表一个活动的起止时间。

Output

对于每组测试,在一行上输出最少的失约总数。

Sample Input	Sample Output
1 3 1 4 3 5 3 8	2

本题是贪心法的入门题。贪心法总是做出当前最优的选择。本题的贪心策略是优先选择结束时间最早的活动。因此可以根据结束时间从小到大排序,若下一个活动的开始时间不小于当前活动的结束时间,则可以参加该活动。数据存放在列表中,每个元素是一个字典,包含两个键"start"和"end",值则分别为输入的两个整数。排序规则采用 lambda 匿名函数指定按键"end"排序,具体代码如下。

```
T = int(input())
for t in range(T):
    s = []                                          # 创建空列表
    n = int(input())
    for i in range(n):                              # 输入数据,构造字典列表
        a,b = map(int,input().split())
        s.append({"start":a,"end":b})               # 列表中添加键分别为"start"和"end"的字典
    s.sort(key = lambda x:x["end"])                 # 按键"end"从小到大排序
    cnt = 1                                         # 第一个活动(最早结束的)肯定可以参加
    curEnd = s[0]["end"]                            # 当前结束时间为第一个活动的结束时间
    for i in range(1,n):                            # 扫描后面的活动
        if s[i]["start"]> = curEnd:                 # 若后面活动的开始时间不小于当前结束时间
            cnt += 1                                # 则参加该活动
            curEnd = s[i]["end"]                    # 置当前结束时间为刚参加活动的结束时间
    print(n - cnt)                                  # 失约数为活动总数减去可参加的活动数
```

运行结果:

```
3↵
2↵
1 3↵
3 5↵
0
5↵
1 4↵
3 5↵
3 8↵
5 9↵
12 14↵
2
12↵
1 2↵
3 5↵
0 4↵
6 8↵
7 13↵
4 6↵
9 10↵
9 12↵
11 14↵
15 19↵
14 16↵
18 20↵
5
```

例 8.3.2　n 皇后问题(HLOJ 1944)

Problem Description

要求在 n×n 格的棋盘上放置彼此不会相互攻击的 n 个皇后。按照国际象棋的规则,皇后可以攻击与之处在同一行或同一列或同一斜线上的任何棋子。

Input

测试数据有多组,处理到文件尾。对于每组测试,输入棋盘的大小 n(1<n<12)。

Output

对于每组测试,输出满足要求的方案个数。

Sample Input	Sample Output
4	2

本题是回溯法的入门题。回溯法的基本思想是:按照条件不断向前搜索,当到达某一位置发现不能前进或者肯定不是最优时,则回退到上一个位置并重新进行选择和搜索。在搜索过程中得到的最优解就是结果。

本题可以逐行逐列尝试能否放下一个皇后,若能放,则继续尝试下一行,否则回退到上一行换一个位置继续尝试,若完成最后一行的放置,则表示得到一种解决方案。例如,n=4 时,可能的解决方案如图 8-5 所示(其中,Q 表示皇后)。

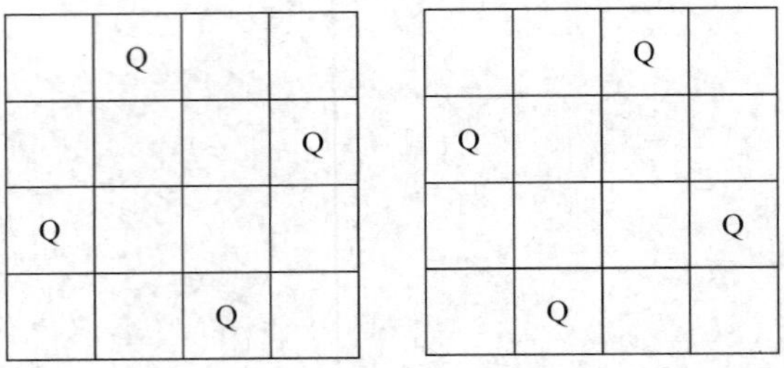

图 8-5　4 皇后问题的解决方案

具体代码如下。

```
cnt = 0
N = 12
res = [ - 1] * N

def check(row):                                  #检查第 row 行是否可以放置
    col = res[row]
    for i in range(row):
        if res[i] == col:return False            #同列
        if i - res[i] == row - col:return False  #同主对角线,行列之差相等
        if i + res[i] == row + col:return False  #同次对角线,行列之和相等
    return True

def dfs(row,n):                                  #在 n * n 的棋盘上从第 row 行开始放置尝试
    if row == n:                                 #若所有行都已放置完毕,则计数器加 1
        global cnt                               #因待更新的 cnt 是全局变量,故声明之
        cnt += 1
        #output(res,n)                           #若需要输出具体方案,则把注释符号#去掉
        return
    for i in range(n):                           #逐列尝试
```

```
        res[row] = i                        #尝试在第 row 行的第 i 列放置一个皇后
        if check(row):dfs(row + 1,n)        #若第 row 行的第 i 列可放置,则考虑下一行
        res[row] = - 1                      #还原第 row 行数据

try:
    while True:
        n = int(input())
        cnt = 0                             #计数器清 0
        dfs(0,n)                            #调用 dfs()函数
        print(cnt)
        res = [ - 1] * N                    #res 列表所有元素重新置为 - 1
except EOFError:pass
```

运行结果：

```
4↲
2
8↲
92
10↲
724
11↲
2680
```

由于 dfs()函数中需要更新全局变量 cnt 的值,因此该函数中使用语句"global cnt"声明该全局变量。若本题需要输出具体解决方案,则可以输出列表 res 中的各个元素。

若在线提交超时,则可先一次性把所有结果保存在列表中,输入数据了再从其中取出结果并输出。

8.4 搜索入门

例 8.4.1 畅通工程(HLOJ 1941)

Problem Description

某省政府调查城镇交通状况,得到现有城镇道路统计表,表中列出了每条道路直接连通的城镇。省政府"畅通工程"的目标是使全省任何两个城镇间都可以相互可达(但不一定有直接的道路相连,只要互相间接通过道路可达即可)。问最少还需要建设多少条道路?

Input

测试数据有多组。对于每组测试,先输入两个正整数,分别是城镇数目 n(<1000)和道路数目 M;随后的 M 行对应 M 条道路,每行给出一对正整数,分别是该条道路直接连通的两个城镇的编号。为简单起见,城镇从 1 到 n 编号。

注意:两个城市之间可以有多条道路相通,也就是说如下输入也是合法的。

```
3 3
1 2
1 2
```

2 1

当 n 为 0 时,输入结束。

Output

对于每组测试,输出一行,包含一个整数,表示最少还需要建设的道路数目。

Sample Input	Sample Output
4 2 1 3 4 3 0	1

Source

浙大计算机研究生复试上机考试—2005 年

HDOJ 1232

本题中的第一个需解决的问题是图的表示。图由顶点集和边集构成。n 个顶点的图,可用一个 n×n 的邻接矩阵(二维列表)表示,若顶点之间无边则相应元素为 0,否则为 1。设连通图(图中的边都没有方向,从任意一顶点出发都能访遍图中所有顶点)以二维列表 mat 表示,若两个顶点 i,j 之间有边,即顶点 i 到 j 有边,顶点 j 到 i 也有边,则 mat[i][j]=1 且 mat[j][i]=1。

本题本质上是求非连通图共有几个连通子图。可以采用连通图的深度优先搜索(Depth First Search,DFS)或广度/宽度优先搜索(Breadth First Search,BFS)的方法求解。

DFS 的方法如下。

(1) 访问起始顶点 s。

(2) 依次从 s 的未被访问的邻接点(一条边的两个顶点互为邻接点)出发,对图进行 DFS;直至图中所有顶点都被访问。

若是非连通图,则一次 DFS 之后图中尚有顶点未被访问,此时可从中选择未被访问的顶点出发继续 DFS,直到图中所有顶点均被访问为止。每完成一次 DFS,则连通分量个数增 1。对于顶点是否访问过,可以采用标记列表的方法:标记列表元素初值都设为 False,一旦访问了某个顶点就把其对应的标记列表元素值置为 True,具体代码如下。

```
def dfs(s,n):                  #连通图的深度优先搜索,s是起点,n是顶点总数
    visited[s] = True          #起点标记为已访问
    for i in range(n):
                  #逐个点检查,若该点与s之间有边且未访问过,则从该点出发继续深度优先搜索
        if mat[s][i] == 1 and visited[i] == False:
            dfs(i,n)


while True:
    s = input()                #输入字符串,若为0则结束循环
    if s == "0":
        break
```

```
    n,m = map(int,s.split())
    visited = [False] * n     #标记列表
    #构造全 0 的邻接矩阵
    mat = [[0] * n for i in range(n)]
    for i in range(m):            #根据输入的边,置邻接矩阵的相应元素为 1
        a,b = map(int,input().split())
        a -= 1
        b -= 1
        mat[a][b] = mat[b][a] = 1
    cnt = 0                       #计数器 cnt 用于统计子图数,初值置为 0
    for i in range(n):            #逐个点检查,若该点未访问过,则从该点出发继续深搜,且子图数加 1
        if visited[i] == False:
            dfs(i,n)
            cnt += 1
    print(cnt - 1)                #需修的道路数为子图数减 1
```

运行结果:

```
5 2↵
1 2↵
3 5↵
2
```

本题还可以使用 BFS 的方法求解。

BFS 的方法如下。

(1) 访问起始顶点 s。

(2) 对 s 的所有未被访问的邻接点(设为 $v_1, v_2, \cdots, v_k$)进行访问,并按照先后的顺序再依次访问 $v_i(1 \leqslant i \leqslant k)$的邻接点;直至图中所有顶点都被访问。

这种方法中,对于任意两个顶点 i,j,若 i 在 j 之前访问,则 i 的所有未被访问的邻接点将在 j 的所有未被访问的邻接点之前访问,具有"先进先出"的特点,因此可借助"队列"数据结构实现。队列是一种限定插入操作只能在表尾(队尾)而删除操作只能在表头(队头)进行的线性结构。模块 queue 中的类 Queue 实现队列的功能,需先用以下语句导入方可使用。

```
from queue import Queue      #从队列 queue 导入队列类 Queue
```

类 Queue 的常用成员函数如表 8-1 所示。

表 8-1 Queue 常用成员函数

函　数	说　明
empty()	判断队列是否为空,是则返回 True,否则返回 False
get()	队头元素出队,且返回队头元素
put(val)	将 val 入队,使其成为队尾元素
qsize()	队列中的元素个数

对于非连通图,可以多次选择未被访问的顶点出发进行 BFS,直到所有顶点都被访问。而顶点是否被访问依然采用标记列表的方法,本题采用 BFS 方法的具体代码如下。

```
from queue import Queue                  #从队列模块 queue 导入队列类 Queue

def bfs(s,n):                            #连通图的广度优先搜索,s 是起点,n 是顶点总数
    q = Queue()                          #创建空队列
    visited[s] = True                    #起点标记为已访问
    q.put(s)                             #起点入队
    while q.empty() == False:            #当队列非空
        f = q.get()                      #出队,且队头元素置于 f 中
        #逐个点检查,若该点与队头元素之间有边且未访问过,则把该点标记并入队
        for i in range(n):
            if mat[f][i] == 1 and visited[i] == False:
                visited[i] = True
                q.put(i)

while True:
    s = input()                          #输入字符串,若为 0 则结束循环
    if s == "0":
        break
    n,m = map(int,s.split())             #输入的字符串分隔为顶点数 n 和边数 m
    visited = [False] * n                #标记列表
    #构造全 0 的邻接矩阵
    mat = [[0] * n for i in range(n)]
    for i in range(m):                   #根据输入的边,置邻接矩阵的相应元素为 1
        a,b = map(int,input().split())
        a -= 1
        b -= 1
        mat[a][b] = mat[b][a] = 1
    cnt = 0                              #计数器 cnt 用于统计子图数,初值置为 0
    #逐个点检查,若该点未访问过,则从该点出发继续广度优先搜索,且子图数加 1
    for i in range(n):
        if visited[i] == False:
            bfs(i,n)
            cnt += 1
    print(cnt - 1)                       #需修的道路数为子图数减 1
```

运行结果:

```
5 3↲
1 2↲
3 5↲
4 2↲
1
```

在 BFS 中,先访问起始顶点,然后访问 1 步能到达的顶点,再访问 2 步能到达的顶点,……可见,BFS 依照路径长度递增的顺序访问各个顶点。

另外,模块 queue 中的类 LifoQueue 实现栈(具有“后进先出”特点的线性结构,其插入、

删除操作都只能在栈顶进行)的功能,而类 PriorityQueue 实现优先队列的功能。

下面给出栈的简单使用代码。

```
from queue import LifoQueue                  # 导入 queue 模块中的类 LifoQueue
sq = LifoQueue()                             # 创建空栈
n = int(input())
for i in range(n):
    sq.put(i + 1)                            # 入栈
print(sq.qsize())                            # 取得栈的大小(元素个数)
cnt = 0
while sq.empty() == False:                   # 当栈非空时循环
    t = sq.get()                             # 出栈,栈顶元素置于 t 中
    cnt += 1
    if cnt > 1:print(' ',end = '')
    print(t,end = '')
print()
```

运行结果:

```
5↵
5
5 4 3 2 1
```

优先队列中默认按值小的元素优先放在队头位置。下面给出优先队列的简单使用代码。

```
from queue import PriorityQueue              # 导入 queue 模块中的类 PriorityQueue
pq = PriorityQueue()                         # 创建空的优先队列
a = list(map(int,input().split()))
for i in range(len(a)):
    pq.put(a[i])                             # 入优先队列(默认按值小的优先)
print(pq.qsize())                            # 取得优先队列的大小(元素个数)
cnt = 0
while pq.empty() == False:                   # 当优先队列非空时循环
    t = pq.get()                             # 出队,队头元素置于 t 中
    cnt += 1
    if cnt > 1:print(' ',end = '')
    print(t,end = '')
print()
```

运行结果:

```
9 7 1 5 3↵
5
1 3 5 7 9
```

对于问题"输入一个整数 n,再输入 n 个学生的姓名和年龄,要求按年龄从大到小输出

学生信息,若年龄相同则按姓名字典序输出”,如何用优先队列求解呢？因为优先队列默认按值小的优先,不符合该问题的要求,此时可创建包含两个数据成员 name 和 age 的类,并在类中重载小于成员函数__lt__(),指定优先规则,具体代码如下。

```
class Stu:                                 #类定义
    def __init__(self, name, age):         #初始化函数__init__()
        self.name = name
        self.age = age
    def __lt__(self, other):               #重载小于函数__lt__(),指定优先规则
        if self.age!= other.age:           #若年龄不等,则按年龄从大到小
            return self.age > other.age
        return self.name < other.name      #若年龄相等,则按姓名从小到大
from queue import PriorityQueue            #导入 queue 模块中的类 PriorityQueue
pq = PriorityQueue()                       #创建空的优先队列
n = int(input())
for i in range(n):                         #输入并创建对象入队,按方法__lt__()指定规则优先
    name,age = input().split()
    age = int(age)
    pq.put(Stu(name,age))                  #入队
while pq.empty() == False:                 #当优先队列非空时循环
    t = pq.get()                           #出队,队头元素置于 t 中
    print(t.name,t.age)
```

运行结果:

```
5↵
Jack 17↵
Iris 16↵
Bob 17↵
Tom 20↵
Josee 20↵
Josee 20
Tom 20
Bob 17
Jack 17
Iris 16
```

例 8.4.2　迷宫问题之能否走出(HLOJ 1938)

Problem Description

小明某天不小心进入了一个迷宫(如图 8-6 所示),请帮他判断能否走出迷宫。

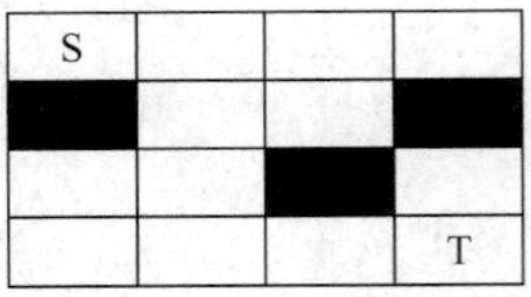

图 8-6　迷宫示意图

Input

测试数据有多组,处理到文件尾。每组测试数据首先输入两个数 n,m(0<n,m≤100),代表迷宫的高和宽,然后 n 行,每行 m 个字符,各字符的含义如下。

'S'代表小明现在所在的位置；'T'代表迷宫的出口；'#'代表墙,不能走；'.'代表路,可以走。

Output

对于每组测试,若能成功脱险,输出“YES”,否则输出“NO”。引号不必输出。

Sample Input	Sample Output
4 4 S... #..# ..#. ...T	YES

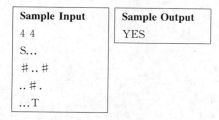

例 8.4.1 是从顶点出发进行搜索。本题也是一个搜索问题,但需要从迷宫具体位置(包含行、列信息)出发进行搜索。为此,可以设计一个类,表达迷宫中一个位置的信息。为方便表达上、下、左、右四个方向,设计一个二维增量列表 dir。设当前位置是(x,y),则上、下、左、右四个位置如图 8-7 所示。

下标	0	1	2
0		x−1, y	
1	x, y−1	x, y	x, y+1
2		x+1, y	

图 8-7　方向数组增量示意图

因此,方向增量列表可以创建如下。

```
dir = [[0,1],[1,0],[0, - 1],[ - 1,0]]        #对应右、下、左、上四个方向
```

为避免重复走到相同位置而陷入死循环,使用一个二维标记列表 visited。是否成功走出迷宫可以采用一个标记变量来记录。本题可以采用 DFS 或 BFS 的方法实现。

本题采用 DFS 方法求解的具体代码如下。

```
dir = [[0,1],[1,0],[0, - 1],[ - 1,0]]        #方向增量列表
class Pos:
    def __init__(self,x,y):                  #成员 x,y,分别表示行坐标、列坐标
        self.x = x
        self.y = y

def check(x,y):                              #检查(x,y)是否是 m 行 n 列迷宫中的可走点
    if x < 0 or x > = m or y < 0 or y > = n:     #若不在迷宫中,则不可走
        return False
    if visited[x][y] == True:                #若已走过,则不可走
        return False
    if mat[x][y] == '#':                     #若遇到特殊字符#,则不可走
        return False
    return True

def dfs(s,t):                                #深度优先搜索,s 是起点,t 是终点
    if s.x == t.x and s.y == t.y:            #若找到终点,则标记变量 success 置为 True 并返回
        global success
        success = True
        return
    visited[s.x][s.y] = True                 #起点标记为已访问
    #右、下、左、上四个相邻点逐个检查,若可走,则再从该点开始深度优先搜索
    for i in range(4):
```

```
            newx = s.x + dir[i][0]
            newy = s.y + dir[i][1]
            if check(newx,newy) == True:
                dfs(Pos(newx,newy),t)

try:
    while True:
        m,n = map(int,input().split())          # 输入的字符串分隔为行数 m 和列数 n
        visited = []                            # 标记列表
        mat = []                                # 迷宫列表
        for i in range(n):                      # 构造全'0'的迷宫列表,全 False 的标记列表
            t = ['0'] * n
            mat.append(t)
            t = [False] * n
            visited.append(t)
        s = Pos(0,0)                            # s 是起点,坐标点设为(0,0)
        t = Pos(m - 1,n - 1)                    # t 是终点,坐标点设为(m - 1,n - 1)
        for i in range(m):                      # 输入 m 行,找到起点、终点字符并记录各自的位置
            mat[i] = input()
            for j in range(n):
                if mat[i][j] == 'S':
                    s.x = i
                    s.y = j
                elif mat[i][j] == 'T':
                    t.x = i
                    t.y = j
        success = False                         # 全局变量置为 False
        dfs(s,t)                                # 调用深度优先搜索
        if success == True:
            print("YES")
        else:
            print("NO")
except EOFError:pass
```

运行结果:

```
4 4↵
S...↵
#..#↵
..#.↵
...T↵
YES
4 4↵
S...↵
#..#↵
..#.↵
..#T↵
NO
```

本题也可采用 BFS 方法求解，具体代码如下。

```
from queue import Queue                     #从队列模块 queue 导入队列类 Queue
dir = [[0,1],[1,0],[0,-1],[-1,0]]           #方向增量列表
class Pos:
    def __init__(self,x,y):                 #成员 x,y 分别表示行坐标、列坐标
        self.x = x
        self.y = y

def check(x,y):                             #检查(x,y)是否是 m 行 n 列迷宫中的可走点
    if x < 0 or x >= m or y < 0 or y >= n:  #若不在迷宫中,则不可走
        return False
    if visited[x][y] == True:               #若已走过,则不可走
        return False
    if mat[x][y] == '#':                    #若遇到特殊字符#,则不可走
        return False
    return True

def bfs(s,t):                               #广度优先搜索,s 是起点,t 是终点
    q = Queue()                             #创建空队列
    visited[s.x][s.y] = True                #起点标记为已访问
    q.put(s)                                #起点入队
    while q.empty() == False:               #当队列非空
        f = q.get()                         #取队头元素,置于 f 中
        if f.x == t.x and f.y == t.y:       #若找到终点,则返回"YES"
            return "YES"
        #右、下、左、上四个相邻点逐个检查,若可走,则把该点入队
        for i in range(4):
            newx = f.x + dir[i][0]
            newy = f.y + dir[i][1]
            if check(newx,newy) == False:
                continue
            nextPos = Pos(newx,newy)
            visited[nextPos.x][nextPos.y] = True
            q.put(nextPos)
    return "NO"                             #未找到终点,则返回"NO"
try:
    while True:
        m,n = map(int,input().split())      #输入的字符串分隔为行数 m 和列数 n
        visited = []                        #标记列表
        mat = []                            #迷宫列表
        for i in range(n):                  #构造全'0'的迷宫列表,全 False 的标记列表
            t = ['0'] * n
            mat.append(t)
            t = [False] * n
            visited.append(t)
        s = Pos(0,0)                        #s 是起点
        t = Pos(m-1,n-1)                    #t 是终点
        for i in range(m):                  #输入 m 行,找到起点、终点字符并记录各自的位置
            mat[i] = input()
```

```
                for j in range(n):
                    if mat[i][j] == 'S':
                        s.x = i
                        s.y = j
                    elif mat[i][j] == 'T':
                        t.x = i
                        t.y = j
            res = bfs(s,t)
            print(res)
    except EOFError:pass
```

运行结果:

```
4 4↵
S...↵
#..#↵
..#.↵
...T↵
YES
4 4↵
S...↵
#..#↵
..#.↵
..#T↵
NO
```

例 8.4.3　迷宫问题之几种走法(HLOJ 1939)

Problem Description

小明某天不小心进入了一个迷宫(如图 8-6 所示),请帮他判断能否走出迷宫,如果可能,则输出一共有多少种不同的走法(对于某种特定的走法,必须保证不能多次走到同一个位置)。如果不能走到出口,则输出 impossible。每次走只能是上、下、左、右 4 个方向之一。

Input

测试数据有多组,处理到文件尾。每组测试数据首先输入两个整数 n,m(0<n,m≤100),代表迷宫的高和宽,然后 n 行,每行 m 个字符,各字符的含义如下。

'S'代表小明现在所在的位置;'T'代表迷宫的出口;'#'代表墙,不能走;'.'代表路,可以走。

Output

对于每组测试,输出一共有多少种不同的走法,若不能走出则输出"impossible"。

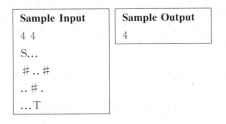

Sample Input	Sample Output
4 4 S... #..# ..#. ...T	4

本题与例 8.4.2 的不同之处在于不再是找到出口即结束搜索，而是需要统计找到出口的方案数，因此可以把例 8.4.2 采用 DFS 求解的代码中的标记变量 success 改为计数器变量 cnt，每当找到出口则计数器增 1，然后回溯到上一个位置继续搜索，具体代码如下。

```
dir = [[0,1],[1,0],[0,-1],[-1,0]]                 # 方向增量列表
class Pos:
    def __init__(self,x,y):                       # 成员 x,y,分别表示行坐标、列坐标
        self.x = x
        self.y = y

def check(x,y):                                   # 检查(x,y)是否是 m 行 n 列迷宫中的可走点
    # 若不在迷宫中,则不可走
    if x < 0 or x >= m or y < 0 or y >= n:
        return False
    if visited[x][y] == True:                     # 若已走过,则不可走
        return False
    if mat[x][y] == '#':                          # 若遇到特殊字符#,则不可走
        return False
    return True

def dfs(s,t):                                     # 深度优先搜索,s 是起点,t 是终点
    if s.x == t.x and s.y == t.y:                 # 若找到终点,则计数器变量增 1
        global cnt
        cnt += 1

    visited[s.x][s.y] = True                      # 起点标记为已访问
    # 右、下、左、上四个相邻点逐个检查,若可走,则再从该点开始深度优先搜索
    for i in range(4):
        newx = s.x + dir[i][0]
        newy = s.y + dir[i][1]
        if check(newx,newy) == True:
            dfs(Pos(newx,newy),t)
    visited[s.x][s.y] = False                     # 恢复现场,以便求其他解
try:
    while True:
        # 输入的字符串分隔为行数 m 和列数 n
        m,n = map(int,input().split())
        visited = []                              # 标记列表
        mat = []                                  # 迷宫列表
        for i in range(n):                        # 构造全'0'的迷宫列表,全 False 的标记列表
            t = ['0'] * n
            mat.append(t)
            t = [False] * n
            visited.append(t)
        s = Pos(0,0)                              # s 是起点,坐标点设为(0,0)
        t = Pos(m-1,n-1)                          # t 是终点,坐标点设为(m-1,n-1)
        for i in range(m):                        # 输入 m 行,找到起点、终点字符并记录各自的位置
```

```
            mat[i] = input()
            for j in range(n):
                if mat[i][j] == 'S':
                    s.x = i
                    s.y = j
                elif mat[i][j] == 'T':
                    t.x = i
                    t.y = j
        cnt = 0                          # 全局变量 cnt 置为 0
        dfs(s,t)                         # 调用深度优先搜索函数
        if cnt > 0:                      # 若 cnt == 0,则走不通,否则输出走法数
            print(cnt)
        else:
            print("impossible")
    except EOFError:pass
```

运行结果:

```
4 4↵
S...↵
#..#↵
..#.↵
...T↵
4
4 4↵
S...↵
#..#↵
..#.↵
..#T↵
impossible
```

例 8.4.4　迷宫问题之最短时间(HLOJ 1940)

Problem Description

小明某天不小心进入了一个迷宫(如图 8-6 所示),请帮他计算走出迷宫的最少时间。规定每走一格需要一个单位时间,如果不能走到出口,则输出 impossible。每次走只能是上、下、左、右四个方向之一。

Input

测试数据有多组,处理到文件尾。每组测试数据首先输入两个数 n,m($0<n,m\leqslant 100$),代表迷宫的高和宽,然后 n 行,每行 m 个字符,各字符的含义如下。

'S'代表小明现在所在的位置;'T'代表迷宫的出口;'#'代表墙,不能走;'.'代表路,可以走。

Output

对于每组测试,输出走出迷宫的最少时间,若不能走出则输出“impossible”。

Sample Input
4 4
S...
#..#
..#.
...T

Sample Output
6

本题要求走出迷宫的最少时间，由于每步耗费一个单位时间，本质上是求走出迷宫的最短步数。由于 BFS 是按照路径长度依次递增的策略进行的，即起点步数为 0，走到其上、下、左、右四个相邻位置的步数为 1，再走到这四个位置的相邻位置的步数为 2，……因此，一旦用 BFS 找到出口，此时的步数就是最短的。为记录走到某个位置的步数，在表达迷宫中一格信息的类中增加步数成员 steps，具体代码如下。

```
from queue import Queue                 #从队列模块 queue 导入队列类 Queue
dir = [[0,1],[1,0],[0,-1],[-1,0]]       #方向增量列表
class Pos:
    #x,y,steps 等三个成员，分别表示行坐标、列坐标及从起点走到该点的步数
    def __init__(self,x,y,steps):
        self.x = x
        self.y = y
        self.steps = steps

def check(x,y,m,n):                     #检查(x,y)是否是 m 行 n 列迷宫中的可走点
    if x<0 or x>=m or y<0 or y>=n:      #若不在迷宫中，则不可走
        return False
    if visited[x][y] == True:           #若已走过，则不可走
        return False
    if mat[x][y] == '#':                #若遇到特殊字符#，则不可走
        return False
    return True

def bfs(s,t):                           #广度优先搜索，s 是起点，t 是终点
    q = Queue()                         #创建空队列
    visited[s.x][s.y] = True            #起点标记为已访问
    q.put(s)                            #起点入队
    while q.empty() == False:           #当队列非空
        f = q.get()                     #取队头元素，置于 f 中
        if f.x == t.x and f.y == t.y:   #若找到终点，则返回其步数
            return f.steps
        #右、下、左、上四个相邻点逐个检查，若可走，则把该点入队
        for i in range(4):
            newx = f.x + dir[i][0]
            newy = f.y + dir[i][1]
            if check(newx,newy,m,n) == False:
                continue
            nextPos = Pos(newx,newy,f.steps + 1)
            visited[nextPos.x][nextPos.y] = True
            q.put(nextPos)
```

```
        return "impossible"                # 未找到终点,则返回"impossible"
try:
    while True:
        m,n = map(int,input().split())
        visited = []                       # 标记列表
        mat = []                           # 迷宫列表
        for i in range(n):                 # 构造全'0'的迷宫列表,全 False 的标记列表
            t = ['0'] * n
            mat.append(t)
            t = [False] * n
            visited.append(t)
        s = Pos(0,0,0)                     # s 是起点
        t = Pos(m - 1,n - 1,0)             # t 是终点
        for i in range(m):                 # 输入 m 行,找到起点、终点字符并记录各自的位置
            mat[i] = input()
            for j in range(n):
                if mat[i][j] == 'S':
                    s.x = i
                    s.y = j
                elif mat[i][j] == 'T':
                    t.x = i
                    t.y = j
        res = bfs(s,t)
        print(res)
except EOFError:pass
```

运行结果:

```
4 4↲
S...↲
#..#↲
..#.↲
...T↲
6
4 4↲
S...↲
#..#↲
..#.↲
..#T↲
impossible
```

习　　题

OJ 编程题

1. 骨牌铺方格(HDOJ 2046)

Problem Description

在 2×n 的一个长方形方格中,用一个 1×2 的骨牌铺满方格,输入 n,输出铺放方案的

总数。例如 n=3 时，为 2×3 长方形方格如图 8-8 所示，骨牌的铺放方案有 3 种。

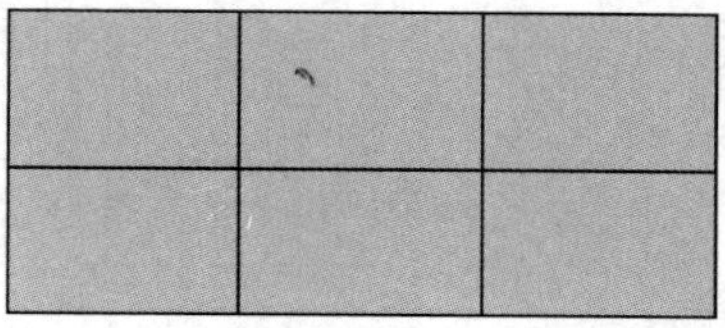
图 8-8　2×3 的长方形方格

Input

测试数据有多组，处理到文件尾。每组测试输入一个整数 n(0<n≤50)，表示长方形方格的规格是 2×n。

Output

对于每组测试，请输出铺放方案的总数，每组测试的输出占一行。

Sample Input	Sample Output
3	3

2. 最少拦截系统(HLOJ 2083)

Problem Description

有一种导弹拦截系统，不论第一发导弹多高都能拦截，但是以后只能拦截不超过前一发高度的导弹。已知 n 个依次飞来导弹的高度，请计算最少需要多少套这种拦截系统才能拦截所有导弹。

Input

测试数据有多组，处理到文件尾。每组测试数据首先输入导弹总个数 n(小于 100 的正整数)，接着输入 n 个导弹依次飞来的高度(不大于 30 000 的正整数，用空格分隔)。

Output

对于每组测试，输出拦截所有导弹最少需要多少套这种拦截系统。

Sample Input	Sample Output
8 6 5 7 2 3 8 1 4	3

Source

ZJUTOJ 1099

3. 最大连续子序列(HDOJ 1231)

Problem Description

给定 K 个整数的序列{ n_1, n_2, …, n_K }，其任意连续子序列可表示为{ n_i, n_{i+1}, …, n_j }，其中，1≤i≤j≤K。最大连续子序列是所有连续子序列中元素和最大的一个。例如，给定序列{ −2, 11, −4, 13, −5, −2 }，其最大连续子序列为{ 11, −4, 13 }，最大和为 20。

要求编写程序得到最大和，并输出子序列的第一个元素和最后一个元素。

Input

测试数据有多组。每组测试数据输入两行，第一行给出一个正整数 K(0<K<10 000)，第二行给出 K 个整数，中间用空格分隔。当 K 为 0 时，输入结束。

Output

对于每组测试，在一行里输出最大和、最大连续子序列的第一个和最后一个元素，数据之间用空格分隔。如果最大连续子序列不唯一，则输出序号 i 和 j 最小的那个。若所有 K 个元素都是负数，则定义其最大和为 0，再输出整个序列的第一个和最后一个元素。

Sample Input	Sample Output
6 −2 11 −4 13 −5 −2 0	20 11 13

4. 聚会(HLOJ 2091)

Problem Description

某天,小鲵请朋友们到酒店聚餐,发现大家心仪的食物共有 n 种。小鲵共有 m 元,n 种食物的价格已知,且每种食物最多可以点一次。请问他最多能花掉多少钱?

Input

测试数据有多组,处理到文件尾。对于每组测试,第一行输入一个正整数 n($0<n\leqslant 20$),表示心仪食物的种数,第二行输入 n 种食物的价格,第三行输入一个正整数 m($0<m\leqslant 20\,000$),表示小鲵身上的所有钱。

Output

对于每组测试,输出一行,包含一个整数,表示当天小鲵最多能花掉多少钱。

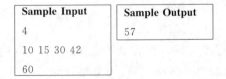

Sample Input	Sample Output
4 10 15 30 42 60	57

5. 新猴子吃桃(HLOJ 2084)

Problem Description

猴子第一天摘下若干个桃子,当即吃了一半,还不过瘾,又多吃了 1 个,第二天早上又将剩下的桃子吃掉一半,又多吃了 1 个。以后每天早上都吃了前一天剩下的一半加 1 个。到第 n 天早上想再吃时,只剩下 k 个桃子了。求第一天共摘了多少桃子。

Input

首先输入一个正整数 T,表示测试数据的组数,然后是 T 组测试数据。每组测试输入两个正整数 n,k($1\leqslant n\leqslant 1000$,$0\leqslant k<10$)。

Output

对于每组测试,在一行上输出第一天共摘了多少个桃子。

Sample Input	Sample Output
1 101 3	6338253001141147007483516026878

6. 大整数 A+B(HDOJ 1002)

Problem Description

输入两个整数 A、B,求 A+B。

Input

首先输入一个正整数 T,表示测试数据的组数,然后是 T 组测试数据。每组测试输入两个正整数 A、B。整数可能很大,但每个整数的位数不会超过 1000。

Output

对于每组测试输出两行数据；第一行输出"Case ＃：",＃表示测试组号,第二行输出形式为“A+B = Sum”,Sum 表示 A+B 的结果。每两组测试数据之间空一行。

Sample Input	Sample Output
1 1 2	Case 1： 1 + 2 = 3

7. 大数的乘法(HLOJ 2095)

Problem Description

输入一个大正整数和一个正整数,求它们的积。

Input

测试数据有多组,处理到文件尾。每组测试输入一个大正整数 A(位数不会超过 1000)和一个正整数 B(int 范围)。

Output

对于每组测试,输出 A 与 B 的乘积。

Sample Input	Sample Output
112233445566778899 998	112008978675645341202

Source

ZJUTOJ 1027

8. Catalan 数(HLOJ 2085)

Problem Description

把 n 的 Catalan(卡特兰)数表示为 h(n),则有 $h(1)=1, h(n)=C_{2n}^{n}/(n+1)(n>1)$。

Input

测试数据有多组,处理到文件尾。每组测试输入一个正整数 $n(1\leqslant n\leqslant 100)$。

Output

对于每组测试,在一行上输出 n 的 Catalan 数 h(n)。

Sample Input	Sample Output
3	5

9. 最佳组队问题(HLOJ 2088)

ProblemDescription

双人混合 ACM 程序设计竞赛即将开始,因为是双人混合赛,故每支队伍必须由 1 男 1 女组成。现在需要对 n 名男队员和 n 名女队员进行配对。由于不同队员之间的配合优势不一样,因此,如何组队成了大问题。

给定 $n\times n$ 优势矩阵 P,其中,P[i][j]表示男队员 i 和女队员 j 进行组队的竞赛优势($0<P[i][j]<10\,000$)。设计一个算法,计算男女队员最佳配对法,使组合出的 n 支队伍的竞赛优势总和达到最大。

Input

测试数据有多组,处理到文件尾。每组测试数据首先输入 1 个正整数 $n(1\leqslant n\leqslant 9)$,接下来输入 n 行,每行 n 个数,分别代表优势矩阵 P 的各个元素。

Output

对于每组测试,在一行上输出 n 支队伍的竞赛优势总和的最大值。

Sample Input	Sample Output
3 10 2 3 2 3 4 3 45	18

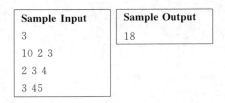

10. 几桌(HLOJ 2086)

Problem Description

某天小明邀请了许多朋友参加聚会,由于有些朋友之间互不认识,这些互不认识的人不愿意坐同一张桌,但是如果甲认识乙,且乙认识丙,那么甲和丙就算是认识的。请计算至少需要多少张桌子,才能让所有人都坐下来。

Input

首先输入一个整数 T,表示测试数据的组数,然后是 T 组测试数据。每组测试首先输入两个整数 n、m(1≤n,m≤1000),n 表示朋友数,朋友从 1 到 n 编号,m 表示认识关系数量。然后输入 m 行,每行两个整数 A、B(A!=B),表示编号为 A、B 的两人互相认识。

Output

对于每组测试,输出至少需要多少张桌子。

Sample Input	Sample Output
1 5 3 1 2 2 3 4 5	2

Source

HDOJ 1213

11. 石油勘查(HLOJ 2087)

Problem Description

通过卫星拍摄的照片可以发现油田,因为油田具有自己的特征。如果油田相邻,则算作同一块油田(上,下,左,右,左上,右上,左下,右下均算作相邻)。

Input

首先输入一个整数 T,表示测试数据的组数,然后是 T 组测试数据。对于每组测试,首先输入两个正整数 n,m (1≤n,m<100),表示照片的高和宽,然后是 n 行 m 列的数据。其中,@代表普通地面,* 代表油田。

Output

对于每组测试,输出油田总数。注意,相邻油田看作属于同一块。

Sample Input
1
5 5
@@@@ *
@ ** @ *
@ * @@ *
** * @ *
** @@ *

Sample Output
2

12. 迷宫问题之最短时间(HLOJ 2080)

Problem Description

小明某天不小心进入了一个迷宫(如图 8-6 所示),请帮他计算走出迷宫的最短的时间。规定每走一格需要 1 个单位时间。如果不能走到出口,则输出 impossible。每次能走的仅有上、下、左、右 4 个方向。

Input

测试数据有多组,处理到文件尾。每组测试数据首先输入两个整数 n,m(0＜n,m≤100),代表迷宫的高和宽,然后 n 行,每行 m 个字符,其中各字符的含义如下。

'S'代表小明现在所在的位置;'T'代表迷宫的出口;'#'代表墙,不能走;'.'代表路,可以走;'d'代表该位置有怪物,需额外使用 d(1≤d≤9)个单位时间消灭怪物后方可进入该位置。

Output

对于每组测试,输出走出迷宫的最短时间,若不能走出则输出“impossible”。

Sample Input
4 4
S8..
.1.#
#.#.
...T

Sample Output
7

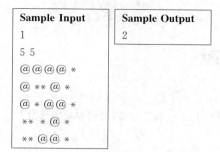

参 考 文 献

[1] 黄龙军,沈士根,胡珂立,等.大学生程序设计竞赛入门——C/C++程序设计(微课视频版)[M].北京:清华大学出版社,2020.

[2] 陈春晖,翁恺,季江民.Python程序设计[M].杭州:浙江大学出版社,2019.

[3] 周元哲.Python 3.x程序设计基础[M].北京:清华大学出版社,2020.

[4] 吕云翔,郭颖美,孟爻.数据结构(Python版)[M].北京:清华大学出版社,2019.

[5] 裘宗燕.数据结构与算法:Python语言描述[M].北京:机械工业出版社,2016.

图书资源支持

感谢您一直以来对清华版图书的支持和爱护。为了配合本书的使用，本书提供配套的资源，有需求的读者请扫描下方的“书圈”微信公众号二维码，在图书专区下载，也可以拨打电话或发送电子邮件咨询。

如果您在使用本书的过程中遇到了什么问题，或者有相关图书出版计划，也请您发邮件告诉我们，以便我们更好地为您服务。

我们的联系方式：

地　　址：北京市海淀区双清路学研大厦 A 座 714

邮　　编：100084

电　　话：010-83470236　010-83470237

客服邮箱：2301891038@qq.com

QQ：2301891038（请写明您的单位和姓名）

资源下载：关注公众号“书圈”下载配套资源。

资源下载、样书申请

书圈

获取最新书目

观看课程直播